《河北省渤海粮仓科技示范工程》系列丛书

河北省渤海粮仓科技示范工程

——知识产权

· 王慧军　郑小六　主编 ·

中国农业科学技术出版社

图书在版编目（CIP）数据

河北省渤海粮仓科技示范工程．知识产权／王慧军，郑小六主编．—北京：中国农业科学技术出版社，2019.5
（《河北省渤海粮仓科技示范工程》系列丛书）
ISBN 978-7-5116-4174-8

Ⅰ．①河…　Ⅱ．①王…②郑…　Ⅲ．①低产土壤-粮食作物-高产栽培-栽培技术-研究-沧州　Ⅳ．①S51

中国版本图书馆 CIP 数据核字（2019）第 082600 号

责任编辑　李　雪　周丽丽
责任校对　马广洋

出 版 者　中国农业科学技术出版社
　　　　　北京市中关村南大街 12 号　邮编：100081
电　　话　（010）82105169（编辑室）　（010）82109702（发行部）
　　　　　（010）82109709（读者服务部）
传　　真　（010）82106626
网　　址　http://www.castp.cn
经 销 者　各地新华书店
印 刷 者　北京建宏印刷有限公司
开　　本　787mm×1 092mm　1/16
印　　张　21
字　　数　480 千字
版　　次　2019 年 5 月第 1 版　2019 年 5 月第 1 次印刷
定　　价　100.00 元

《河北省渤海粮仓科技示范工程——知识产权》
编写人员

主　编：王慧军　郑小六

编写人员：（按姓氏笔画排序）

马俊永　王　燕　王永强　王秀萍　王凯辉

王树林　平文超　冯国艺　吕　苪　任晓瑞

刘　猛　刘贞贞　刘忠宽　刘贵波　刘振宇

刘敬科　祁　虹　杨玉锐　杨志杰　李　谦

李文治　李顺国　吴　枫　闵文江　宋世佳

张　峰　张　谦　张玉宗　张国新　陈　丽

岳明强　姚晓霞　夏雪岩　党红凯　徐玉鹏

徐俊杰　黄素芳　曹彩云　阎旭东　智健飞

鲁雪林　蒲娜娜　籍俊杰

《河北省渤海粮仓科技示范工程》系列丛书
编写说明

渤海粮仓科技示范工程是由科技部、中国科学院联合河北、山东、辽宁、天津等省市共同实施的国家科技支撑计划项目。河北省是项目实施的主要区域，覆盖面积占总面积的 60%，涉及沧州、衡水、邢台、邯郸 4 市和曹妃甸区共计 43 个县（市），耕地面积 3 387 万亩（1 亩 ≈ 667 m^2，1 hm^2 = 15 亩。全书同），占全省耕地面积的 34%。河北省政府依托科技部项目实施了河北省渤海粮仓科技示范工程，将其作为河北省战略性增粮工程，连续 5 年将该项工作写入省委"一号文件"和政府工作报告。

该示范工程共组织了包括中国科学院、中国农业大学、河北省农林科学院、沧州市农林科学院、衡水市农业科学研究院、邢台市农业科学研究院、邯郸市农业科学院、河北省农业技术推广总站、示范县技术站以及相关企业、新型经营主体等 192 家单位参加。工程依照"技术研发、成果转化、示范推广"3 个层次设立课题，其中，设立技术研发课题 9 个、成果转化课题 110 个、示范推广县 43 个，研发一批关键技术，转化一批科技成果，并在项目区 43 个县大面积示范推广。

项目实施以来，共申请专利 52 项，已获授权 42 项，其中发明专利 8 项；制定地方标准 22 项，软件著作权 4 项；发表学术论文 130 余篇，出版专著 8 部，出版主推技术系列科教片 15 部，培养科研技术骨干、研究生 37 人，培训技术人员、新型经营主体负责人、农民等 5 万人次以上；培育扶植新型经营主体 65 个，扶植企业 96 家。建立百亩试验田 40 个，千亩示范方 110 个，万亩辐射区 95 个，形成技术模式 8 项，转化适用成果 110 项。在沧州、衡水、邯郸、邢台 4 市累计推广 5 197 万亩，增粮 47.6 亿 kg，节水 41.4 亿 m^3，节本增效 109 亿元。

2016 年 7 月，河北省渤海粮仓科技示范工程创新团队被中共河北省委、省政府评为"高层次创新团队"，2017 年 1 月，河北省渤海粮仓科技示范工程创新团队获"2016 年度河北十大经济风云人物"创新团队奖。国家最高科学技术奖获得者李振声院士评价河北渤海粮仓项目：技术模式突出，措施有力，成效显著，工作走在了全国前列。

为了记述河北省渤海粮仓科技示范工程实施以来的工作实践和基本经验，我们汇集了工程所取得的成果，分为《河北省渤海粮仓科技示范工程——管理实践与探索》《河北省渤海粮仓科技示范工程——论文汇编》《河北省渤海粮仓科技示范工程——知识产权》《河北省渤海粮仓科技示范工程——新型实用技术》《河北省渤海粮仓科技示范工程——成果转化与基地建设》5 本丛书出版，旨在归纳总结工作，力求为今后重点科技工程项目实施提供一些借鉴。我们对整个工程实施制作了专题片，感兴趣的读者可扫描以下二维码观看。

编　者

2019 年 3 月

目　录

地方标准

专利及著作权

附　录

地方标准

玉米宽窄行一穴双株增密高产种植技术规程
DB13/T 2181—2015

2014-02-03 发布　2015-03-01 实施

前　言

本标准按照 GB/T 1.1—2009 给出的规则起草。

本标准由沧州市质量技术监督局提出。

本标准起草单位：沧州市农林科学院

本标准主要起草人：黄素芳　阎旭东　徐玉鹏　岳明强　杨红旗　杨树昌　刘振敏
王喜民　赵忠祥　王秀领

1　范　围

本标准规定了玉米宽窄行一穴双株增密高产种植技术的术语和定义、种植技术、播后田间管理、收获等。

本标准适用于黑龙港流域玉米种植区。

2　规范性引用文件

下列文件对于本文件的应用是必不可少的。凡是注日期的引用文件，仅注日期的版本适用于本文件。凡是不注日期的引用文件，其最新版本（包括所有的修改单）适用于本文件。

GB 4404.1—2008　粮食作物种子　第 1 部分：禾谷类

GB 4285　农药安全使用标准

GB 5084　农田灌溉水质标准

GB 8321　（所有部分）农药合理使用标准

NY/T 496　肥料合理使用准则　通则

3　术语定义

下列术语和定义适用于本文件。

3.1　宽窄行种植

玉米播种采用宽行和窄行交替的种植方式。利于通风透光，避免群体郁闭。

3.2　一穴双株

玉米穴播，每穴留两株，穴内株间距≤3 cm，两株紧靠生长的种植方式。

4　适宜环境条件

选择肥力中等偏上，土层深厚、排水良好的土壤。春播、夏播均可。

5　种植技术

5.1　播前准备

5.1.1　精细整地

玉米适播期内，当耕层（0～20 cm）土壤含水量达到田间最大持水量的 60%～70%时，采用深松+旋耕的整地方式，深松每 2～3 年一次，深度 40 cm 以上。播前旋耕，耕深 15 cm，达到土壤细碎，地面平整。

5.1.2　施足底肥

旋耕前均匀撒施有机肥 1 000 ～ 1 500 kg/亩（1 亩≈667 m²，全书同），根据地力，底施纯 N 3～6 kg/亩，P_2O_5 5 kg/亩，K_2O 3 kg/亩，$ZnSO_4$ 1 kg/亩。肥料的使用应符合 NY/T 496 的规定。

5.1.3　品种选择

选择国家或省品种审定委员会审定的适宜本区域种植的具有耐密、抗倒、抗病、优质高产特性玉米品种。春播生育期 125 d 左右，夏播生育期 96 d 左右。种子质量应符合 GB 4404.1—2008 中一级规定，其中发芽率 92%以上。

5.1.4　种子处理

种子包衣，或采用杀虫、杀菌药剂拌种。

5.2　播　种

5.2.1　土壤墒情

耕层（0～20 cm）土壤含水量达到田间最大持水量的 60%～70%时即可播种。

5.2.2　播种时期

春播土壤表层 5 cm 地温稳定通过 10℃以上时播种。夏播宜早，小麦收获后及时播种。

5.2.3　种植模式

采用宽窄行种植模式，宽行 70 cm，窄行 40 cm，穴距 40 cm，每穴 2 株。

5.2.4　种植密度

种植密度 6 000 株/亩。

5.2.5　播种方式

用玉米双株播种机播种。播深 3～5 cm，播深一致，播后镇压。

6　播后田间管理

6.1　化学除草

播后出苗前喷施除草剂，亩用 50%乙草胺乳油 100～120 mL，对水 30～50 kg 喷施。

6.2　追　肥

于玉米大喇叭口期，追施纯 N 9～11 kg/亩，采取沟施方式。雨后追施或施后浇水。

6.3　化　控

于玉米 8～10 叶期，喷施缩节胺等药剂控制株高，以防倒伏。

6.4 浇水、排涝

玉米关键时期（大喇叭口期、抽穗期）必须保证水分供应，水质应符合 GB 5084 的规定。雨季注意及时排涝。

6.5 病虫害防治

6.5.1 农药的使用准则

应符合 GB 4285、GB/T 8321（所有部分）的规定。

6.5.2 病害防治

6.5.2.1 粗缩病 在灰飞虱迁飞高峰期，用 3%啶虫脒乳油，或用 10%吡虫啉可湿性粉剂，或用 25%吡蚜酮 2 000 倍液，每亩 40 kg 叶面喷雾。

6.5.2.2 锈病 在发病初期，用 15%粉锈宁可湿性粉剂 100 g 对水 60 kg/亩喷雾。

6.5.2.3 褐斑病 在玉米 3～5 叶期，用 15%粉锈宁可湿性粉剂 1 000 倍液，每亩 30 kg 连续喷雾 2 次。

6.5.3 虫害防治

6.5.3.1 二点委夜蛾 在幼虫 2 龄前用 20%氯虫苯甲酰胺悬浮剂 4 500 倍液、20%灭多威乳油 1 000 倍液，每亩 45 kg 全田均匀喷雾。同期防治玉米蓟马、灰飞虱。

6.5.3.2 玉米螟 心叶末期用 90%敌百虫 800～1 000 倍液，或用 75%辛硫磷乳剂 1 000 倍液，每亩 40 kg 均匀喷雾。

6.5.3.3 黏虫 苗期百株有虫 20～30 个，生长中后期百株有虫 50～100 个时，用 2.5%溴氰菊酯乳油，或用 20%速灭相乳油 1 500～2 000 倍液，每亩 40 kg 均匀喷雾。

6.5.3.4 蚜虫 用 25%噻虫嗪水分散粉剂 1 000～2 000 倍液，或用 10%吡虫啉可湿性粉剂 1 000 倍液，或用 50%抗蚜威可湿性粉剂 2 000 倍液，每亩 40 kg 均匀喷雾。

7 收 获

玉米达到完熟期后即可收获。及时晾晒、脱粒，贮存。

夏玉米—大豆间作种植技术规程
DB13/T 2182—2015

2014-02-03 发布　2015-03-01 实施

前　言

本标准按照 GB/T 1.1—2009 给出的规则起草。

本标准由沧州市质量技术监督局提出。

本标准起草单位：沧州市农林科学院

本标准主要起草人：徐玉鹏　岳明强　阎旭东　王秀领　黄素芳　孔德平　刘忠宽　林长青　刘艳昆　肖宇　芮松青　刘振敏

1　范　围

本标准规定了夏玉米—大豆间作种植的术语和定义、种植技术、播后田间管理、收获等。

本标准适用于河北省夏玉米夏大豆种植区。

2　规范性引用文件

下列文件对于本文件的应用是必不可少的。凡是注日期的引用文件，仅注日期的版本适用于本文件。凡是不注日期的引用文件，其最新版本（包括所有的修改单）适用于本文件。

GB 4404.1—2008　粮食作物种子　第 1 部分：禾谷类

GB 4401.2—2010　粮食作物种子　第 2 部分：豆类

GB 4285　农药安全使用标准

GB 5084　农田灌溉水质标准

GB/T 8321　（所有部分）农药合理使用标准

NY/T 496　肥料合理使用准则　通则

3　术语定义

下列术语和定义适用丁本义件。

3.1　间　作

在同一地块上，隔株、隔行或隔畦同时栽培两种或者两种以上生育期相近的作物，以充分利用地力、光能、热能等，提高单位面积产量与经济效益。

3.2　夏玉米与大豆间作种植方式

通过夏玉米、大豆带状种植，在保持玉米亩株数基本不变的条件下，在玉米行间种植一定面积的大豆的种植方式。

4 种植技术

4.1 播前准备

4.1.1 精细整地

玉米适播期内，当耕层（0～20 cm）土壤含水量达到田间最大持水量的60%～70%时，采用深松+旋耕的整地方式，深松每2～3年一次，深度40 cm以上。播前旋耕，耕深15 cm，达到土壤细碎，地面平整。播前镇压，形成上虚下实的土壤结构，利于大豆出苗。

4.1.2 施足底肥

根据地力，旋耕前底施纯N 3～5 kg/亩，P_2O_5 3～5 kg/亩，K_2O 3～5 kg/亩，$ZnSO_4$ 1 kg/亩。肥料的使用应符合NY/T 496的规定。

4.1.3 品种选择

玉米品种：选择国家或省品种审定委员会审定的适宜本区域种植的具有耐密、抗倒、抗病、优质高产特性的玉米品种，夏播生育期96 d左右。种子质量应符合GB 4404.1—2008中一级要求。

大豆品种：选用有限结荚习性或亚有限结荚习性的高产、矮秆、早熟的夏大豆品种。种子质量应符合GB 4404.2—2010中一级要求。

4.1.4 种子处理

种子包衣，或采用杀虫、杀菌药剂拌种。

4.2 播 种

4.2.1 土壤墒情

耕层（0～20 cm）土壤含水量达到田间最大持水量的60%～70%时即可播种。

4.2.2 播种时期

播种宜早，小麦收获后及时播种。

4.2.3 种植模式

玉米采用宽窄行播种，玉米大行距160 cm，小行距34 cm，株距17 cm。玉米宽行间种植3行大豆，大豆行距40 cm，株距10 cm，距玉米40 cm。

4.2.4 种植密度

玉米种植密度4 000株/亩，大豆种植密度10 000株/亩。

4.2.5 播种方式

夏玉米与大豆按条播方式，使用播种机播种。玉米播深3～5 cm，大豆播深3～4 cm，要求播深一致，播后镇压。

5 播后田间管理

5.1 化学除草

播后出苗前喷施除草剂，亩用50%乙草胺乳油100～120 mL对水30～50 kg喷施。

5.2 追 肥

玉米大喇叭口期，于玉米行间追施纯N 9～11 kg/亩，采取沟施方式。雨后追施或施后浇水。大豆生育后期，叶面喷施 1%～2% 的尿素溶液和 0.2%～0.5% 的磷酸二氢钾溶液。

5.3 化 控

于玉米 8～10 叶期，喷施缩节胺等药剂控制株高，以防倒伏。

5.4 浇水、排涝

大豆开花期必须保证水分供应，水质应符合 GB 5084 的规定。雨季注意及时排涝。

5.5 病虫害防治

5.5.1 农药的使用准则

应符合 GB 4285、GB/T 8321（所有部分）的规定。

5.5.2 玉米主要病虫害

5.5.2.1 主要病害防治 褐斑病在玉米 3～5 叶期，用 15% 粉锈宁可湿性粉剂 1 000 倍液，每亩 30 kg 连续喷雾 2 次。锈病在发病初期，用 15% 粉锈宁可湿性粉剂 100 g 对水 60 kg/亩喷雾。

5.5.2.2 主要虫害防治 二点委夜蛾在幼虫 2 龄前用 20% 氯虫苯甲酰胺悬浮剂 4 500 倍液、20% 灭多威乳油 1 000 倍液，每亩 45 kg 全田均匀喷雾，同期防治玉米蓟马、灰飞虱；玉米螟心叶末期用 90% 敌百虫 800～1 000 倍液，或用 75% 辛硫磷乳剂 1 000 倍液，每亩 40 kg 均匀喷雾；黏虫苗期百株有虫 20～30 个，生长中后期百株有虫 50～100 个时，用 2.5% 溴氰菊酯乳油，或用 20% 速灭相乳油 1 500～2 000 倍液，每亩 40 kg 均匀喷雾；蚜虫用 25% 噻虫嗪水分散粉剂 1 000～2 000 倍液，或用 10% 吡虫啉可湿性粉剂 1 000 倍液，或用 50% 抗蚜威可湿性粉剂 2 000 倍液，每亩 40 kg 均匀喷雾。

5.5.3 大豆主要病虫害防治

5.5.3.1 主要病害防治 选用抗病品种，花叶病在发病初期喷施每亩用 2% 菌克毒克水剂 150 g 或 20% 病毒 A 可湿性粉剂 60 g。对水 30 kg 均匀喷雾，或 7—8 月结合治蚜喷施。孢囊线虫病采用大豆根保菌剂拌种。

5.5.3.2 主要虫害防治 大豆食心虫当上年虫食率达到 5% 以上时，用高效氯氰菊酯每亩 15～20 mL 对水 30～40 kg 进行均匀喷雾。蚜虫点片发生并有 5%～10% 的植株卷叶或有蚜株率达到 50% 时，每亩用 10% 的吡虫啉 15 g，或用 1.8% 阿维菌素制剂或混剂 15 mL，对水 30～40 kg 均匀喷雾。棉铃虫用 75% 的辛硫磷乳剂 1 000 倍液，或用 48% 毒死蜱乳油 500～1 000 倍液，每亩 30 kg 均匀喷雾。豆天蛾可用黑光灯诱杀成虫，或用 4.5% 的氯氰菊酯 2 000 倍液，每亩 30 kg 均匀喷雾。

6 收 获

玉米达到完熟期后即可收获。大豆进入黄熟末期到完熟期，叶片全部脱落，茎秆和豆荚已干并呈黑褐色时收获。及时晾晒、脱粒。

春玉米起垄覆膜侧播种植技术规程
DB13/T 2183—2015

2014-02-03 发布   2015-03-01 实施

前 言

本标准按照 GB/T 1.1—2009 给出的规则起草。

本标准由沧州市质量技术监督局提出。

本标准起草单位：沧州市农林科学院

本标准主要起草人：阎旭东　王秀领　黄素芳　徐玉鹏　肖宇　潘宝军　唐淑霞　刘金镯　芮松青　陈善义　岳明强　刘振敏　刘震

1 范 围

本标准规定了春玉米起垄覆膜侧播种植技术的术语和定义、适宜环境条件、技术要点、播后田间管理、收获等。

本标准适用于黑龙港流域雨养旱作及非充分灌溉区春玉米种植。

2 规范性引用文件

下列文件对于本文件的应用是必不可少的。凡是注日期的引用文件，仅注日期的版本适用于本文件。凡是不注日期的引用文件，其最新版本（包括所有的修改单）适用于本文件。

GB 4285 农药安全使用标准

GB 4404.1—2008 粮食作物种子 第 1 部分：禾谷类

GB/T 8321（所有部分） 农药合理使用标准

GB/T 23348 缓释肥料

NY/T 496 肥料合理使用准则 通则

3 定 义

下列定义适用于本文件。

3.1 起垄覆膜侧播

指于起垄后垄上覆膜，膜侧沟内播种的春玉米种植方式。

3.2 一穴双株

玉米穴播，每穴留两株，穴内株间距≤3 cm，两株紧靠生长的种植方式。

4 适宜环境条件

选择土层深厚、排水良好的土壤。采用单株播种方式选择肥力中等以下的土壤；采用一穴双株播种方式选择肥力中等偏上的土壤。

5 技术要点

5.1 播前准备

5.1.1 施足底肥

结合旋耕，施有机肥 1 000～1 500 kg/亩，$ZnSO_4$ 肥 1.5 kg/亩，肥料的使用应符合 NY/T 496 的规定；选用具有缓释性能的肥料（N∶P∶K＝26∶10∶12）60 kg/亩，缓释肥质量应符合 GB/T 23348 的规定。

5.1.2 精细整地

采用深松+旋耕的整地方式，每 2～3 年深松 1 次，深度 40 cm 以上。播前结合施底肥旋耕，耕深 15 cm。精细整地，要求土壤细碎，地面平整。

5.1.3 品种选择

选择国家或省品种审定委员会审定的适宜本区域种植的具有耐密、抗倒、抗病、优质高产特性的中晚熟玉米品种。种子质量应符合 GB 4404.1—2008 中一级规定，其中发芽率 92% 以上。

5.1.4 种子处理

种子包衣，或采用杀虫、杀菌药剂拌种。

5.2 播 种

5.2.1 适期足墒播种

土壤 5 cm 地温稳定通过 7℃，耕层（0～20 cm）土壤含水量达到田间最大持水量的 60%～70% 时即可播种。

5.2.2 起垄覆膜播种

采用起垄覆膜播种一体机播种，垄底宽 70 cm，垄高 10～15 cm，垄距 40 cm，垄上覆 80 cm 宽、厚 0.008 mm 可降解薄膜（降解天数 125～130 d）。贴膜两侧各播 1 行玉米，参见图 1。单株播种，株距 24 cm；双株播种，穴距 40 cm。播深 3～5 cm，播后镇压。

5.2.3 种植密度

单株种植密度为 5 000 株/亩，双株种植密度为 6 000 株/亩。

6 播后田间管理

6.1 化学除草

播后出苗前垄沟内喷施除草剂，亩用 50% 乙草胺乳油 100～120 mL，对水 30～50 kg 喷施。

6.2 化 控

于玉米 8～10 叶期，喷施缩节胺等药剂控制株高，以防倒伏。

6.3 排 涝

雨季注意及时排涝。

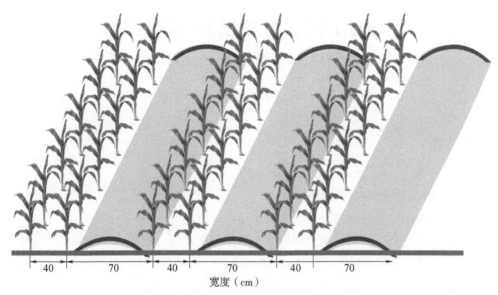

图1　春玉米起垄覆膜侧播种植模式示意图

6.4　病虫害防治

6.4.1　农药的使用准则

应符合 GB 4285、GB/T 8321（所有部分）的规定。

6.4.2　病害防治

6.4.2.1　粗缩病　在灰飞虱迁飞高峰期，用 3% 啶虫脒乳油，或 10% 吡虫啉可湿性粉剂，或用 25% 吡蚜酮 2 000 倍液，每亩 40 kg 叶面喷雾。

6.4.2.2　锈病　在发病初期，用 15% 粉锈宁可湿性粉剂 100 g 对水 60 kg/亩喷雾。

6.4.2.3　褐斑病　在玉米 3～5 叶期，用 15% 粉锈宁可湿性粉剂 1 000 倍液，每亩 30 kg 连续喷雾两次。

6.4.3　虫害防治

6.4.3.1　二点委夜蛾　在幼虫 2 龄前用 20% 氯虫苯甲酰胺悬浮剂 4 500 倍液、20% 灭多威乳油 1 000 倍液，每亩 45 kg 全田均匀喷雾。同期防治玉米蓟马、灰飞虱。

6.4.3.2　玉米螟　心叶末期用 90% 敌百虫 800～1 000 倍液，或用 75% 辛硫磷乳剂 1 000 倍液，每亩 40 kg 均匀喷雾。

6.4.3.3　黏虫　苗期百株有虫 20～30 个，生长中后期百株有虫 50～100 个时，用 2.5% 溴氰菊酯乳油，或用 20% 速灭相乳油 1 500～2 000 倍液，每亩 40 kg 均匀喷雾。

6.4.3.4　蚜虫　用 25% 噻虫嗪水分散粉剂 1 000～2 000 倍液，或用 10% 吡虫啉可湿性粉剂 1 000 倍液，或用 50% 抗蚜威可湿性粉剂 2 000 倍液，每亩 40 kg 均匀喷雾。

7　收　获

玉米达到完熟期后即可收获。及时晾晒、脱粒、贮存。

饲用小黑麦栽培技术规程
DB13/T 2188—2015

2015-05-11 发布 2015-07-01 实施

前 言

本标准按照 GB/T 1.1—2019 给出的规则起草。

本标准由河北省农林科学院提出。

本标准起草单位：河北省农林科学院旱作农业研究所

本标准主要起草人：刘贵波 谢楠 游永亮 赵海明 李源 翟兰菊 李爱国 张胜古 王广才 冯进华

1 范 围

本标准规定了饲用小黑麦栽培的播前准备、播种、田间管理及收获方法。

本标准适用于河北省平原农区冬性饲用小黑麦的种植生产。

2 规范性引用文件

下列文件对于本文件的应用是必不可少的。凡是注日期的引用文件，仅所注日期的版本适用于本文件。凡是不注日期的引用文件，其最新版本（包括所有的修改单）适用于本文件。

GB 15671—1995 主要农作物包衣种子技术条件

GB 4285—1989 农药安全使用标准

GB/T 6142—2008 禾本科草种子质量分级

GB/T 8321.1—7 农药合理使用准则

NY/T 496—2010 肥料合理使用准则通则

3 术语和定义

下列术语和定义适用于本文件。

3.1 饲用小黑麦

饲用小黑麦（*Triticosecale wittmack*）是由硬粒小麦（*T. durum*）或波斯小麦（*T. persicum*）与黑麦（*Secale cereale*）远缘杂交，经过染色体加倍形成的六倍体饲用作物。

3.2 拔节期

50%的植株第一个茎节露出地面 1～2 cm 时的时期。

3.3 抽穗期

50%植株的穗顶由上部叶鞘伸出而显露于外时的时期。

3.4 乳熟期

50%以上植株的籽粒内充满乳汁，并接近正常大小时的时期。

4 播种前准备

4.1 种子准备

4.1.1 品种选用

选用国家或省级审定的冬性饲用小黑麦品种。

4.1.2 种子质量

种子质量符合 GB/T 6142—2008 的规定。

4.1.3 种子处理

播前将种子晾晒 1～2 d，每天翻动 2～3 次。地下虫害易发区可使用药剂拌种或种子包衣进行防治，采用甲基辛硫磷拌种防治蛴螬、蝼蛄等地下害虫，种子包衣方法参照 GB 15671—1995。

4.2 整 地

4.2.1 整地保墒

精细整地应达到地面平整、无坷垃。播前墒情要求，0～20 cm 土壤含水量：黏土 20%为宜，壤土 18%为宜，沙土 15%为宜。

4.2.2 基肥施用

结合整地施足基肥。肥料的使用符合 NY/T496—2010 的规定。有机肥可于上茬作物收获后施入，并及时深耕；化肥应于播种前，结合地块旋耕施用。化肥每亩施用量 N 7～8 kg、P_2O_5 6～9 kg、K_2O 2～2.5 kg。施用有机肥的地块每亩增施腐熟有机肥 3～4 m^3。实施秸秆还田地块每亩增施化肥 N 2～4 kg。

5 播 种

5.1 播种期

冀中南地区 10 月上旬，其他地区 9 月中旬至 10 月上旬。

5.2 播种方式

以条播为主，行距 18～20 cm。一般采用小麦播种机播种。

5.3 播种量

一般每亩播种 10 kg。

5.4 播种深度

播种深度控制在 3～4 cm，播后及时镇压。

6 田间管理

6.1 灌 溉

越冬前视墒情灌冻水 1 次，确保安全越冬，利于次年早春返青。春季返青期至拔节期之间需灌水 1 次。刈割后，结合追肥进行灌溉。每次灌水量每亩 30～45 m^3。

6.2 追　肥

刈割 1 次时，结合春季灌水每亩追施 N 9.3～11.3 kg；多次刈割时在拔节期或刈割后，每亩追施 N 4.7～5.7 kg。

6.3 杂草防除

返青后及时防除杂草。

6.4 虫害防治

根据虫害发生情况，及时进行虫害防治，农药使用须符合 GB 4285—1989 和 GB/T 8321.1—7 的规定。蚜虫一般在抽穗期发生危害，防治优先选用植物源农药，可使用 0.3% 的印楝素 6～10 mL/亩；或用 10% 的吡虫啉 20～30 g/亩。在刈割前 15 d 内不得使用农药。

7　收　获

7.1 刈割期

根据利用目的确定饲用小黑麦的刈割期，青饲可在植株拔节后期或株高达 30 cm 左右时刈割，可刈割 2 次。青贮、调制干草时，在乳熟期一次性刈割。

7.2 留茬高度

全年刈割 2 次的，第一次刈割应留茬，留茬高度一般为 3～5 cm。

7.3 刈割方法

一次性刈割采用机械刈割；刈割两次的第一茬应当人工刈割。

谷子农机农艺结合生产技术规程
DB13/T 2268—2015

2015-11-06 发布　　2016-01-01 实施

前　言

本标准按照 GB/T1.1—2009 给出的规则起草。

本标准由河北省农林科学院提出。

本标准起草单位：1. 河北省农林科学院谷子研究所；2. 河北省农业机械化研究所有限公司

本标准主要起草人：李顺国　杨志杰　夏雪岩　程汝宏　师志刚　吴海岩　刘焕新　刘猛　赵宇　李霄鹤　焦海涛

1　范　围

本规程规定了谷子农机农艺结合的术语和定义、产地环境、播前准备、播种、田间管理、病虫害防治及收获等。

本标准适用于河北省谷子生产。

2　规范性引用文件

下列文件对于本文件的应用是必不可少的。凡是注日期的引用文件，仅注日期的版本适用于本文件。凡是不注日期的引用文件，其最新版本（包括所有的修改单）适用于本文件。

GB/T 17997—2008　农药喷雾机（器）田间操作规程及喷洒质量评定

NY/T 499—2002　旋耕机作业质量

NY/T 496—2010　肥料合理使用准则通则

DB13/310—1997　无公害农产品产地环境质量标准

DB13/T 840—2007　无公害谷子（粟）主要病虫害防治技术规程

DB13/T 1134—2009　谷子简化栽培技术规程

DB13/T 1059—2009　杂交谷子栽培技术规程

DB13/T 1694—2012　谷子脱粒机

DB13/T 1730—2013　谷田杂草综合防治技术规程

3　术语和定义

下列术语和定义适用于本文件。

谷子农机农艺结合

是指应用适合谷子生理特性和农艺要求的作业机械，提高生产效率，减轻劳动强度；选用适合机械作业的品种和栽培模式，实现农机作业的可行性和高效性。通过农机农艺配合，实现谷子的轻简化生产目标。

4 产地环境

产地环境符合 DB13/310—1997。

5 播前准备

5.1 整 地

5.1.1 农艺要求

春播在前茬收获后及时翻耕，深度 20～25 cm，镇压。播前结合旋耕施底肥，深度 10～15 cm，镇压，要求施肥均匀，耕层上实下塇，土壤细碎，地表平整。底肥符合 NY/T 496—2010 规定，按照 DB13/T 1134—2009、DB13/T 1059—2009 执行。夏播麦茬地免耕播种。

5.1.2 农机规范

旋耕施肥机作业质量按 NY/T 499—2002 标准执行。夏播谷田使用联合收获机收获小麦，麦秸经过粉碎后均匀地抛撒在地表，残留麦茬用秸秆还田机粉碎。

5.2 品种选择

选择适合机械化生产的谷子品种，优先采用抗除草剂品种。

6 播 种

6.1 农艺要求

播种深度 3～5 cm，播后随即镇压，行距 45～50 cm，播种量根据品种说明调节。

6.2 农机规范

平原区采用与拖拉机配套的多行谷子精量播种机，其中麦茬地使用具有单体仿形功能的免耕播种机，播深均匀一致；丘陵山区小地块采用人畜力牵引的播种机。要求播种机可调播量范围为 0.2～1.0 kg/亩。

7 田间管理

7.1 间苗、除草

常规品种通过机械精量播种实现免间苗或少间苗，除草按照 DB13/T 1730—2013 执行；抗除草剂常规品种间苗除草按照 DB13/T 1134—2009 执行，抗除草剂杂交种间苗除草按照杂交种标准执行。

7.2 中耕追肥

7.2.1 农艺要求

已采取化学除草措施的地块在苗高 35～45 cm 时进行中耕施肥，亩追施尿素 15～20 kg。未采取化学除草措施的地块在苗高 15～25 cm 时中耕除草一次，在苗高 35～45 cm 时中耕施肥一次。

7.2.2 农机规范

采用与 14.7~25.7 kW 四轮拖拉机配套的谷子中耕施肥机，完成行间松土、除草、施肥、培土等工序。丘陵山区小地块采用微耕机或人畜力牵引机具进行作业。中耕后要求土块细碎，沟垄整齐，肥料裸露率≤5%，行间杂草除净率≥95%，伤苗率≤5%，中耕除草施肥深度 3～5 cm。

8 病虫害防治

8.1 农艺要求

病虫害防治按 DB13/T 840—2007 执行。

8.2 农机规范

平原区、具备作业条件的丘陵山区可采用中小型拖拉机配套的悬挂喷杆式喷雾机，也可采用人力背负式喷雾器进行作业。喷药机械作业质量符合 GB/T 17997—2008 要求。

9 收 获

9.1 农艺要求

在蜡熟末期收获。

9.2 农机规范

小地块采用分段收获方式，即割晒机割倒后晾晒 3 d 左右后采用脱粒机脱粒；大地块采用谷物联合收获机收获。

9.2.1 割晒

按照谷子割晒机使用说明书的规定进行操作。作业要求：割茬高度≤100 mm；总损失率≤3%；铺放质量 90°±20°。

9.2.2 脱粒

按照谷子脱粒机使用说明书进行操作。脱粒机符合 DB13/T 1694—2012 性能指标。

9.2.3 联合收获

优先选用切流式谷物联合收获机，更换谷子收获专用分禾器，调整脱粒滚筒与分离筛间隙，调整风机风量。作业质量：留茬高度≤200 mm；总损失率≤4%；破碎率≤3%；含杂率≤5%。

谷子集雨高效生产技术规程
DB13/T 2269—2015

2015-11-06 发布   2016-01-01 实施

前 言

本标准按照 GB/T1.1—2009 给出的规则起草。

本标准由河北省农林科学院提出。

本标准起草单位：河北省农林科学院谷子研究所

本标准主要起草人：夏雪岩 李顺国 程汝宏 刘猛 师志刚 赵宇 宋世佳 任晓利 刘斐 南春梅

1 范 围

本规程规定了谷子集雨高效生产的术语和定义、产地环境、播前准备、播种、田间管理、病虫害防治及收获等技术要求。

本规程适用于河北省谷子生产。

2 规范性引用文件

下列文件对于本文件的应用是必不可少的。凡是注日期的引用文件，仅注日期的版本适用于本文件。凡是不注日期的引用文件，其最新版本（包括所有的修改单）适用于本文件。

GB4404.1—2008 粮食作物种子—禾谷类种子质量标准

DB13/310—1997 无公害农产品产地环境质量标准

DB 13/T 840—2007 无公害谷子（粟）主要病虫害防治技术规程

DB13/T 1059—2009 杂交谷子栽培技术规程

DB 13/T 1134—2009 谷子简化栽培技术规程

DB13/T 1730—2013 谷田杂草综合防治技术规程

3 术语和定义

下列术语和定义适用于本文件。

3.1 谷子集雨高效生产技术

特指集微垄膜侧沟播或全膜穴播等地膜覆盖及其配套措施于一体，实现旱地谷子集雨保墒高效生产的综合技术。

3.2 微 垄

指垄高 10～15 cm，垄底宽 30～40 cm 的垄背。

4 产地环境

常年降水量 350～550 mm，无霜期大于 135 d，有效积温 ≥ 2 500℃，产地环境符合 DB13/310—1997 的规定。

5 播前准备

5.1 施底肥

5.1.1 微垄膜侧沟播

在中等地力条件下，每亩底施腐熟有机肥 1 500～2 000 kg，氮磷钾复合肥（N：P_2O_5：K_2O = 22：8：15）30～40 kg，或缓控释肥（N：P_2O_5：K_2O = 18：7：13）40～50 kg。

5.1.2 全膜穴播

在中等地力条件下，每亩底施腐熟有机肥 2 000～3 000 kg，氮磷钾复合肥（N：P_2O_5：K_2O = 22：8：15）50～60 kg，或缓控释肥（N：P_2O_5：K_2O = 18：7：13）60～70 kg。

5.2 整 地

在前茬作物收获后，灭茬并深耕深翻土壤 20～25 cm。镇压、耙耱保墒，使土壤细碎、地表平整无根茬。

5.3 品种选择

选择适合当地种植的抗旱、抗倒、优质、高产品种，膜侧沟播优先选用抗拿捕净或咪唑乙烟酸除草剂品种。种子质量符合 GB4404.1—2008 要求。

5.4 地膜选择

5.4.1 微垄膜侧沟播

选用宽 40～50 cm、厚 0.008～0.012 mm 的地膜。

5.4.2 全膜穴播

选用宽 120～160 cm、厚 0.010～0.012 mm 的普通地膜、黑膜或渗水地膜。

6 播 种

6.1 播种期

雨后播种，保证墒情适宜，或先播种等雨出苗。早春播适宜播种期 4 月 20 日—5 月 10 日，晚春播适宜播期为 5 月 10—30 日，夏播适宜播种期 6 月 10—30 日。

6.2 机具选择

微垄膜侧沟播采用 14.7～25.7 kW 四轮拖拉机悬挂的起垄覆膜沟播一体机。全膜穴播采用 25.7～36.7 kW 四轮拖拉机悬挂的旋耕覆膜覆土穴播机。

6.3 种植要求

6.3.1 微垄膜侧沟播

垄底宽 30～40 cm，沟宽 40～50 cm，垄高 10～15 cm，垄顶呈弧形。谷子种于膜外侧 3～5 cm，播种深度 3～5 cm。膜两边各压土宽 5 cm 拉紧压实。

6.3.2　全膜穴播

膜上穴播，行距 40 cm，穴距 15～25 cm，播种深度 3～5 cm。

6.4　播种量

6.4.1　微垄膜侧沟播

常规品种精量播种每亩 0.30～0.6 kg；抗拿捕净除草剂品种按 DB 13/T 1134—2009 和 DB13/T 1059—2009 执行。

6.4.2　全膜穴播

每亩播种量 0.2～0.3 kg。

7　田间管理

7.1　查苗、补苗

谷子出苗后及时查苗补种。缺苗严重地块要及时补种，不太严重地块也可等苗 5～7 叶期从密植地块移栽。

7.2　间苗、除草

微垄膜侧沟播地块，常规品种精量播种，留苗密度按品种说明执行，特殊情况苗稠时人工辅助间苗；除草参照 DB13/T 1730—2013 执行。抗拿捕净或咪唑乙烟酸除草剂品种采用相应除草剂间苗、除草。全膜穴播地块免间苗，注意膜间除草。

7.3　追肥与中耕培土

微垄膜侧沟播地块，在苗高 35～45 cm 时进行中耕施肥，亩追施尿素 15～20 kg，其中未采取化学除草的地块在苗高 15～25 cm 时中耕一次。全膜穴播不追肥。

8　病虫害防治

病虫害防治按照 DB 13/T 840—2007 执行。

9　收　获

一般在蜡熟末期或完熟期收获。

10　残膜处理

采用残膜回收机将残膜回收，也可第 2 年再次利用后回收。

盐碱地高粱咸水直灌栽培技术规程
DB13/T 2321—2015

2015-12-25 发布   2016-02-01 实施

前 言

本标准按照 GB/T1.1—2009 给出的规则起草。

本标准由河北省农林科学院提出。

本标准起草单位：河北省农林科学院谷子研究所

本标准主要起草人：吕芃　杜瑞恒　刘国庆　侯升林　马雪　韩玉翠　籍贵苏　李素英　许丽平　白艳梅　刘占凯　李孝兰　李洪义

1 范 围

本标准规定了盐碱地高粱咸水直灌栽培的播前准备、品种选择、播种、苗期管理、中后期管理、收获等技术。

本标准适用于滨海盐碱地高粱种植。

2 规范性引用文件

下列文件对于本文件的应用是必不可少的。凡是注日期的引用文件，仅注日期的版本适用于本文件。凡是不注日期的引用文件，其最新版本（包括所有的修改单）适用于本文件。

GB 4285—1989　农药安全使用标准

GB 4404.1—2008　粮食作物种子 禾谷类

GB 5084—2005　农田灌溉水质标准

GB/T 8321—2009　农药合理使用准则

NY/T 496—2010　肥料合理使用准则 通则

DB13/310—1997　无公害农产品产地环境质量标准

DB13/T1133—2009　盐碱地能源甜高粱生产技术规程

3 术语和定义

咸水直灌

咸水直灌是利用矿化度大于 2 g/L 的水进行的灌溉，一般包括冬季结冰灌溉和生育期灌溉。

4 播前准备

4.1 整 地

秋收后灭茬，如前茬有残余地膜将地膜清除，地表整平，起垄修渠，根据地块的形状规划成垄高≥30 cm 的小区。

4.2 冬季结冰灌溉

最高气温降至 0℃左右、田间出现大规模结冰时开始灌水，灌溉水矿化度≤10 g/L。灌水深度 15 cm，约 100 m³/亩。

4.3 耕翻与保墒

（1）3 月下旬，气温上升至 0℃以上，冰层逐步融化后进行耕翻与保墒。

（2）对冬季用矿化度 2～5 g/L 咸水灌溉的田块，在土壤含水量 15%～20% 时进行浅耕翻，耕翻深度 20 cm，然后进行擦耙，粉碎较大土块，整平保墒。

（3）对冬季用矿化度 5～10 g/L 咸水灌溉的田块，在土壤含水量 15%～20% 时进行浅耕翻，耕翻方式同上，但耕翻后立即覆膜保墒。

4.4 防治地下害虫

地老虎、蛴螬、蝼蛄、金针虫等地下害虫严重的区域或地块，每亩用 75% 辛硫磷 0.25～0.3 kg，或用 40% 甲基异硫磷 0.45～0.5 kg 掺拌细土 20 kg，耕翻前撒入土壤，药剂使用要符合 GB 4285—1989 和 GB/T 8321—2009。

4.5 施 肥

有机肥在耕翻前施入，每亩用量 1 000 kg。亩施 10 kg N，5 kg P_2O_5，1.5 kg K_2O 的化肥做基肥，肥料使用符合 NY/T 496。耕翻后立即覆膜时田块，基肥在耕翻前撒入土壤。耕翻后不立即盖膜的田块，使用施肥、播种、覆膜一体机完成。

4.6 地膜覆盖

覆膜选用幅宽 100 cm 或 140 cm，厚度 0.008～0.01 mm 的普通聚乙烯薄膜。覆膜时，膜要拉紧展平，紧贴地面，膜边用土压严，膜面光洁。

5 品种选择

选择耐盐、高产、优质高粱品种，根据生育期选择早中晚熟品种，如冀酿 1 号、冀酿 2 号等。种子质量达到 GB 4404.1—2008 标准。

6 播 种

6.1 播种时期

播期为 4 月下旬至 5 月下旬，可根据天气、品种生育期和收割期安排播种。

6.2 播种方式

播种行距 40～50 cm，穴距 15 cm，播种深度在 3～5 cm，根据土壤墒情和土壤质地适当调整。亩播种量在 0.5～1 kg，根据土壤墒情和种子发芽率适当增减种子播量。耕翻后立即覆膜的田块采用膜上穴播机播种，耕翻后不立即覆膜的采用覆膜、播种、施肥一体机播种。

7 苗期管理

7.1 查苗放苗

出苗后及时查苗并检查地膜有无破损。结合间苗、定苗，带土移栽补苗，地膜有破损的地方要用土压实。采用播种、施肥、覆膜一体机完成播种的情况，要在 2～3 叶期破膜放苗。

7.2 间苗与定苗

3 叶期间苗，5～6 叶期定苗，每穴留 1 棵苗，如邻近有缺苗可留 2 棵苗，亩留苗在 7 000 株以上。

7.3 补苗

在 5～8 叶期，如果密度不足 4 200 株/亩，可考虑用矿化度 5 g/L 以下的咸水灌溉，在缺苗地就近移栽补苗，达到适宜密度。

8 中后期管理

（1）及时防治病虫害，主要防治玉米螟、高粱穗螟、蚜虫等害虫，具体方法参见 DB13/T1133—2009。

（2）在长期没有降雨（超过 20 d）干旱严重情况下，每亩可浇灌矿化度 ≤5 g/L 的咸水 60 m^3。

9 收获

（1）粒用高粱可在开花后 45 d 左右，籽粒变硬，籽粒水分含量 20% 以下时采用收割机进行收获，收获后注意晾晒。

（2）甜高粱可在开花后 30 d 左右，籽粒进入蜡熟期开始收获，可采用收割机进行收获。

滨海盐碱地油葵栽培技术规程
DB13/T 2331—2016

2016-05-23 发布　　2016-07-01 实施

前　言

本标准按照 GB/T 1.1—2009 给出的规则起草。

本标准由唐山市质量技术监督局提出。

本标准起草单位：1. 河北省农林科学院滨海农业研究所；2. 曹妃甸区质量技术监督局

本标准主要起草人：鲁雪林　王秀萍　张国新　刘雅辉　赵敏　杨小仓　李强 王婷婷　崔建国　孙宝泉　王世威

1　范　围

本标准规定了盐碱地油葵生产的术语和定义、产地环境、播前准备、播种、田间管理、病虫害防治和收获等要求。

本标准适用于滨海盐碱地油葵生产。

2　规范性引用文件

下列文件对于本文件的应用是必不可少的。凡是注日期的引用文件，仅所注日期的版本适用于本文件。凡是不注日期的引用文件，其最新版本（包括所有的修改单）适用于本文件。

GB 4285—1989　农药安全使用标准

GB 4407.2—2008　经济作物种子　第 2 部分：油料类

GB/T 8321—2018（所有部分）　农药合理使用准则

DB13/T 846—2007　无公害食品　油料作物产地环境条件

3　术语和定义

下列术语和定义适用于本文件。

3.1　油　葵

学名 *Helianthus annuus Linn.*，即为"油用向日葵"的简称，属菊科植物。

3.2　滨海盐碱地

滨海区盐土、碱土以及各种盐化和碱化土壤的总称。0～100 cm 土层可溶性盐分含量在 0.1%～0.2% 的田地为轻度盐碱地，可溶性盐分含量在 0.2%～0.4% 的田地为中度盐碱地，可溶性盐分含量在 0.4%～0.6% 的田地为重度盐碱地，可溶性盐分含量大于 0.6% 的田地为滨海盐土。

4 产地环境

应符合 DB13/T 846—2007 规定。有排灌条件，无霜期 180 d 以上，年平均气温 10℃以上，年降雨量 500 mm 以上，0～20 cm 土层全盐含量小于 0.5％。

5 播前准备

5.1 品种选择

选择丰产性好，出油率高，抗病、耐盐碱等抗逆性强的杂交一代品种，如矮大头、油满多、NWS667 等。种子质量应符合 GB 4407.2—2008 规定。

5.2 种子处理

5.2.1 晒种

播前晒种 1～2 d。不应直接在水泥地上暴晒。

5.2.2 药剂拌种

采用萎锈灵或油葵专用种衣剂进行拌种。

5.3 施 肥

轻度盐碱地每亩施氮肥（N）16 kg，磷肥（P_2O_5）20 kg，钾肥（K_2O）8 kg；中重度盐碱地每亩施有机肥 2 000 kg，氮肥（N）8 kg，磷肥（P_2O_5）10 kg，钾肥（K_2O）4 kg。有机肥、磷肥、钾肥以底肥一次施入，氮肥分底肥、追肥两次施入，比例为 1:2。

5.4 造墒整地

播前土壤相对含水量小于 70％时，每亩灌水 50～100 m^3。适墒旋耕，耕深 20 cm。

6 播 种

6.1 播 期

春播宜在 5 cm 地温稳定通过 15 ℃，一般 4 月 20—25 日进行播种。夏播应不晚于 6 月 20 日。

6.2 播种密度

轻度盐碱地 3 000～3 500 株/亩，中度盐碱地 3 500～4 000 株/亩，重度盐碱地 4 000～4 500 株/亩。

6.3 播种方式

等行距条播：行距 50～60 cm。大小行条播：大行距 60～80 cm、小行距 40 cm。穴播：每穴播种 2～3 粒。播深 3～4 cm，覆土 2～3 cm。

7 田间管理

7.1 间苗定苗

真叶展开后间苗，两对真叶时按计划密度定苗。缺苗严重的地块应及时催芽补种或带土移栽。

7.2 除　草

7.2.1 苗前土壤封闭

播种后出苗前，进行土壤封闭除草，每亩用50%乙草胺乳油均匀喷洒土壤表面。

7.2.2 苗后茎叶处理

在田间有杂草时，在杂草3～6片叶期，每亩用5%精喹禾灵乳油进行茎叶处理。

7.2.3 中耕除草

真叶展开后至初花期中耕除草3～4次，最后一次中耕可结合培土以防倒伏。

7.3 灌溉排涝

蕾期、灌浆期土壤相对含水量低于75%时，及时灌溉。雨季及时开沟排涝。

7.4 人工授粉

无蜂源或蜂源不足的情况下，应进行人工辅助授粉。在花期将两个花盘对在一起轻搓即可，时间应在上午10：00—11：00，隔3～4 d进行一次，连续进行2～3次。

8 病虫害防治

8.1 防治原则

积极贯彻"预防为主，综合防治"的植保方针。以农业和物理防治为基础，生物防治为核心，按照病虫害的发生规律，科学使用化学防治技术，有效控制病虫危害。药剂使用应符合GB 4285—1989和GB/T 8321—2018规定。

8.2 防治方法

8.2.1 农业防治

选择抗病品种，合理轮作，及时铲除田边杂草，减少病虫源。

8.2.2 物理防治

使用黑光灯或诱虫黄板诱杀害虫。

8.2.3 生物防治

利用天敌治虫。

8.2.4 化学防治

见表1。

表1　病虫害防治方法

病虫害种类	常用药剂	稀释倍数	施药方法	防治时期
蚜虫	10%吡虫啉 20%灭多威	800～1 200倍 1 500倍	喷雾	百株蚜量500头以上
红蜘蛛	1.8%阿维菌素 15%哒螨灵	2 000～3 000倍 2 000倍	喷雾	百株螨量150头
黏虫	50%辛硫磷 90%晶体敌百虫	1 500倍 1 000倍	喷雾	3龄之前
向日葵螟、棉铃虫	4.5%高效氯氰菊酯 2.5%氯氟氰菊酯	1 500倍 800～1 000倍	喷雾	幼虫期

（续表）

病虫害种类	常用药剂	稀释倍数	施药方法	防治时期
霜霉病、灰霉病	50%甲基托布津	500~800 倍	喷雾	发病初期
菌核病	50%多菌灵	500~800 倍	喷雾	发病初期

9 收 获

　　油葵茎秆变黄，叶片枯黄下垂，舌状花变褐脱落，籽粒变硬时收获。收后及时晾晒脱粒，籽粒含水量降至 13%时即可贮藏。

小麦玉米两熟区夏玉米生育后期一水两用技术规程
DB13/T 2362—2016

2016-05-23 发布　　2016-07-01 实施

前　言

本标准依据 GB/T1.1—2009 给出的规则起草。

本标准由河北省农林科学院提出。

本标准起草单位：河北省农林科学院旱作农业研究所

本标准主要起草人：曹彩云　党红凯　李科江　马俊永　郑春莲　郭丽

1　范　围

本标准规定了麦玉米两熟区夏玉米生育后期一水两用有关的术语和定义、环境条件、灌溉时间、灌溉条件、灌溉量及玉米收获和小麦整地的技术要求。

本标准适用于河北平原有灌溉条件的冬小麦夏玉米一年两熟种植区。

2　规范性引用文件

下列文件对于本文件的应用是必不可少的。凡是注日期的引用文件，仅所注日期的版本适用于本文件。凡是不注日期的引用文件，其最新版本（包括所有的修改单）适用于本文件。

DB13/T 924.1　小麦玉米节水、丰产一体化栽培技术规程　第1部分：山前平原区

DB13/T 924.2　小麦玉米节水、丰产一体化栽培技术规程　第2部分：黑龙港地区

DB13/T 1045　机械化秸秆粉碎还田技术规程

3　术语和定义

本标准采用下列术语和定义。

3.1　一水两用

在冬小麦夏玉米两熟区玉米的蜡熟期（收获前10~15 d）浇水，达到提高夏玉米产量和为冬小麦造墒的目的。

3.2　土壤墒情

影响作物生长发育的土壤水分含量指标，是以土壤中实际贮存的、可供作物利用的水量多少为依据判别土壤的水分状况，本标准采用土壤相对含水量表示。土壤相对含水量用土壤含水量占相应层次土壤田间持水量的百分数表示。

4　环境条件

适合于河北省有灌溉条件的壤土类冬小麦—夏玉米一年两熟种植区。

5　灌　溉

5.1　灌溉时间

在玉米收获前 10～15 d 灌溉。

5.2　灌溉条件

当土壤 0～60 cm 的相对含水量≤75%，未来 5～10 d 天气预报有效降水低于 15 mm，风力不大于 4 级时灌溉。

5.3　灌溉水量

灌溉水量控制在每亩 40～45 m^3。

6　收获及整地

6.1　玉米收获

玉米蜡熟期，当土壤 0～20 cm 的相对含水量下降到 75%～80%时，采用机械收割机收获。

6.2　小麦整地

玉米收获后及时进行秸秆粉碎，秸秆粉碎质量符合 DB13/T 1045 要求。小麦整地要求参照 DB13/T 924.1、2 标准要求执行。

主要粮棉作物微咸水灌溉矿化度阈值
DB13/T 2363—2016

2016-05-23 发布　2016-07-01 实施

前　言

本标准依据 GB/T1.1—2009 给出的规则起草。

本标准由河北省农林科学院提出。

本标准起草单位：河北省农林科学院旱作农业研究所

本标准主要起草人：马俊永　曹彩云　党红凯　李科江　郑春莲　张俊鹏　冯棣
郭丽

1　范　围

本标准规定了河北低平原地区主要粮棉作物（冬小麦、夏玉米和棉花）微咸水灌溉或咸淡混浇条件下灌溉水的矿化度阈值的有关术语和定义、主要粮棉作物微咸水灌溉矿化度阈值指标和使用条件。

本标准适用于河北低平原地区采用咸淡混浇灌溉或浅层微咸水直接灌溉的冬小麦、夏玉米和棉花种植区。

2　规范性引用文件

下列文件对于本标准的应用是必不可少的。凡是注明日期的引用文件，仅所注日期的版本适用于本文件。凡是不注日期的引用文件，其最新版本（包括所有的修改单）适用于本文件。

DB13/T 928　咸淡水混合灌溉工程技术规范。

3　术语和定义

本标准采用下列术语和定义。

3.1　灌溉水矿化度

单位体积的灌溉水中可溶性盐类的总含量，单位以 g/L 表示。本标准将矿化度含量 2～5 g/L 的咸水称为微咸水。

3.2　地下水埋深临界深度

不致引起耕层土壤盐分表聚过程的地下水埋藏深度。

3.3　作物微咸水灌溉的矿化度阈值

系指与淡水灌溉相比不造成作物产量显著降低的微咸水或咸淡混合水中的最高盐分含量，单位用 g/L 表示。

4 主要粮棉作物微咸水灌溉矿化度阈值指标

4.1 小麦玉米微咸水灌溉矿化度阈值指标

4.1.1 中低肥力土壤

在耕层土壤有机质含量≤15 g/kg 的土壤条件下，参考以下阈值指标。

冬小麦微咸水灌溉矿化度阈值指标为 2.5 g/L；夏玉米微咸水灌溉矿化度阈值指标为 2.0 g/L。

4.1.2 高肥力土壤

在土壤有机质含量>15 g/kg 的土壤条件下，冬小麦、夏玉米按以下阈值指标。

冬小麦微咸水灌溉矿化度阈值指标为 3.5 g/L；夏玉米微咸水灌溉矿化度阈值指标为 3.0 g/L。

4.2 棉花微咸水灌溉矿化度阈值指标

棉花在两种土壤有机质含量下微咸水灌溉矿化度阈值指标均为 4.5 g/L。

5 使用条件

5.1 降水条件

适合于河北低平原地区年均降水量 450～600 mm 的冬小麦、夏玉米、棉花种植区。

5.2 土壤条件

适合壤质及沙壤土，地下水埋深≥临界深度 2.5 m。土层结构中主要根系层土壤不存在导致排盐不畅的夹黏层。初始根层土壤盐分含量小于 0.15%。

5.3 田间条件

土层深厚，地势平坦，有咸淡混浇或浅层微咸水灌溉条件。

5.4 灌溉制度

采用畦灌地面灌溉方式，冬小麦一般年份春浇 2 次水，为拔节水和抽穗—扬花水。夏玉米一般浇 1 次水，为出苗水。棉花采用地膜覆盖栽培，一般浇 1 次水，为造墒水。每次每亩灌水定额 40～50 m³。

5.5 工程标准

作物咸水灌溉工程标准按照 DB13/T 928 咸淡水混合灌溉工程技术规范进执行，主要粮棉作物（冬小麦、夏玉米、棉花）适宜的混合水矿化度指标参照本标准第 4 款的阈值指标。

5.6 注意事项

长期采用微咸水灌溉，当 1 m 土体盐分达到 0.2%时，需要淡水灌溉淋洗盐分。

冬小麦测墒灌溉技术规程
DB13/T 2364—2016

2016-05-23 发布　　2016-07-01 实施

前　言

本标准依据 GB/T1.1—2009 给出的规则起草。

本标准由河北省农林科学院提出。

本标准起草单位：河北省农林科学院旱作农业研究所

本标准主要起草人：曹彩云　党红凯　李科江　马俊永　郑春莲　郭丽

1　范　围

本标准规定了冬小麦测墒灌溉技术的术语和定义、环境条件、墒情和苗情指标、监测方法及技术要点。

本标准适用于河北山前平原和黑龙港灌溉农田冬小麦夏玉米一年两熟种植区。

2　规范性引用文件

下列文件对于本文件的应用是必不可少的。凡是注日期的引用文件，仅所注日期的版本适用于本文件。凡是不注日期的引用文件，其最新版本（包括所有的修改单）适用于本文件。

NY/T 52　土壤水分测定法

NY/T 1121.22　土壤检测　第22部分：土壤田间持水量的测定—环刀法

NY/T 1782　农田土壤墒情监测技术规范

DB13/T 2061　冬小麦苗情监测技术规范

3　术语和定义

本标准采用下列术语和定义。

3.1　测墒灌溉

测墒灌溉技术是根据作物种类和土壤类型，按照一定的比例在作物主要种植区域选择具有代表性的地块（点），定期定点监测土壤墒情和作物长势，结合作物需水规律和气象条件，根据土壤墒情和作物旱情分级评价指标，对农田墒情和作物旱情进行分析和判定，提出具体的灌溉指导方案和抗旱措施。

3.2　土壤墒情

影响作物生长发育的土壤水分含量指标，是以土壤中实际贮存的、可供作物利用的水量多少为依据判别土壤的水分状况，本标准采用土壤含水量占田间持水量的百分数，即土壤相对含水量指标表示。

4 环境条件

适合于河北平原有灌溉条件的壤土类冬小麦—夏玉米一年两熟种植区。

5 冬小麦墒情和苗情指标

5.1 墒情指标

根据墒情状况分为 4 级：适宜、轻度缺水、中度缺水和重度缺水，用一定深度的土壤墒情指标来表示。具体指标见表 1。

表 1 冬小麦土壤墒情指标

项目	生育时期					
	播种—出苗	越冬	返青—起身	拔节	扬花	灌浆
监测深度（cm）	0~20	0~40	0~60	0~60	0~80	0~80
墒情状况 · 适宜（%）	70~85	65~80	70~85	70~90	70~90	70~85
轻度缺水（%）	65~70	60~65	65~70	65~70	65~75	60~70
中度缺水（%）	55~65	50~60	55~65	55~65	60~65	55~60
重度缺水（%）	<55	<50	<55	<55	<60	<55

5.2 苗情指标

分旺苗、一类苗、二类苗和三类苗。指标见表 2 和表 3。

5.2.1 麦田冬前苗情指标

表 2 黑龙港和山前平原两个区域冬前苗情指标

苗情	苗情分类							
	旺苗		一类苗		二类苗		三类苗	
	黑龙港	山前平原	黑龙港	山前平原	黑龙港	山前平原	黑龙港	山前平原
茎数（万/亩）	>100	110~120	70~100	80~110	50~70	60~80	<50	<60
单株分蘖（个）	—		3~5		2~3		<2	
单株次生根（条）	—		>4		2~4		<2	
主茎叶龄	≥6.5		5~6.5		4~5		<4	

5.2.2 麦田春季苗情指标

表 3 冬小麦起身-拔节苗情指标

苗情	苗情分类			
	旺苗	一类苗	二类苗	三类苗
茎数（万/亩）	>100	80~100	60~80	<60

（续表）

苗情	苗情分类			
	旺苗	一类苗	二类苗	三类苗
单株分蘖（个）	>7.5	5.5～7.5	3.5～5.5	<3.5
3叶以上大蘖（个）	>5.5	3.5～5.5	2.5～3.5	<2.5
次生根条数（条）	>11	8～11	6～8	<6

6 冬小麦墒情、苗情监测方法

6.1 墒情监测方法

农田监测点的设置和数据采集方法参照 NY/T 1782 标准规定执行，田间持水量测定按照 NY/T 1121.22 规定方法执行。

6.2 苗情监测方法

苗情数据采集方法参照 DB13/T 2061 标准执行。

7 冬小麦测墒灌溉技术要点

按照冬小麦苗情和墒情监测结果，采用以下灌溉技术方案。

7.1 播 前

足墒播种，当土壤墒情达到表1轻度缺水标准时灌溉。

7.2 越冬前

足墒播种的麦田不提倡冬灌。抢墒播种且土壤墒情达到表1中度缺水时应及时冬灌。冬灌要求：在日平均气温稳定下降到3℃左右时进行越冬水灌溉。北部区域为了防冻害，可适当进行冬灌。

7.3 返青—拔节

根据不同苗情和墒情进行分类管理，按照苗情优先的原则采用以下灌溉技术方案，结合灌溉进行追肥。

7.3.1 旺苗田

返青至拔节期土壤墒情达到表1重度缺水时在拔节中期灌溉；土壤墒情达到中度缺水时在拔节后期灌溉；土壤墒情在轻度缺水时不灌溉，但应及时趁雨追肥。

7.3.2 一类苗

返青至拔节期土壤墒情达到表1重度缺水时及时灌溉；达到中度缺水时在拔节中期灌溉；达到轻度缺水时可不灌溉，但应及时趁雨追肥。

7.3.3 二类苗

返青至拔节期土壤墒情达到表1中度缺水时及时灌溉；达到轻度缺水时拔节初期灌溉；不缺水时可不灌溉，但应及时趁雨追肥。

7.3.4 三类苗

以促为主，返青至拔节期土壤墒情达到表1轻度缺水时及时灌溉。浇后及时锄划保墒，提高地温。不缺水时可不灌溉，但应及时趁雨追肥。

7.4 扬 花

当土壤墒情达到表 1 中度缺水时灌溉。

7.5 灌 浆

当土壤墒情达到表 1 中度缺水时，进行小定额灌溉，每亩灌水量 30～40 m³。忌大水漫灌，防后期倒伏。

7.6 灌溉方式

小畦灌溉，每亩灌水量 40～50 m³；微喷灌溉，每亩灌水量 30～40 m³。

小麦玉米两熟稳夏增秋节水种植技术规程
DB13/T2365—2016

2016-05-23 发布　　2016-07-01 实施

前　言

本标准依据 GB/T1.1—2009 给出的规则起草。

本标准由河北省农林科学院提出。

本标准起草单位：河北省农林科学院旱作农业研究所

本标准主要起草人：党红凯　曹彩云　李科江　马俊永　郑春莲　郭丽　李伟
党自彪

1　范　围

本标准规定了小麦玉米两熟稳夏增秋节水种植技术的术语和定义、基础条件和技术
要点。

本标准适用于黑龙港有灌溉条件的冬小麦—夏玉米两熟种植区。

2　规范性引用文件

下列文件对于本文件的应用是必不可少的。凡是注日期的引用文件，仅所注日期的
版本适用于本文件。凡是不注日期的引用文件，其最新版本（包括所有的修改单）适
用于本文件。

GB/T 4404.1.4　粮食作物种子　第 1 部分：禾谷类

GB/T 15671　农作物薄膜包衣种子技术条件

HJ 332　食用农产品产地环境质量评价标准

DB13/T 1045　机械化秸秆粉碎还田技术规程

DB13/T 1053　山前平原区小麦玉米减蒸降耗节水高产技术规程

DB13/T 924.2　小麦玉米节水、丰产一体化栽培技术规程　第 2 部分：黑龙港地区

3　术语和定义

本标准采用下列术语和定义。

稳夏增秋节水种植技术

是指通过稳定夏粮（冬小麦）产量、增加秋粮（夏玉米）产量，实现节水稳产的
生产技术。冬小麦在足墒播种条件下，春浇一水亩产稳定达到 400 kg 以上，适当提早
成熟和收获，使夏玉米通过早播晚收，延长生育期，亩产达到 600 kg 以上，在减少小
麦灌水量的情况下，实现高效用水小麦玉米周年亩产吨粮生产。

4 基础条件

生产区有灌溉条件，无霜期≥200 d，年日照时数≥2 500 h，年均气温≥12.0℃，年降水量450～550 mm。土壤、空气、水质量符合 HJ 332 的要求。

5 冬小麦春浇1水亩产400 kg 稳产技术

5.1 播前准备

5.1.1 品种选择

选用通过国家或河北省农作物品种审定委员会审定的、适宜在黑龙港地区种植的抗旱节水丰产中早熟小麦品种。

5.1.2 种子处理

种子质量符合 GB 4404.1 的规定。种子包衣按照 GB/T 15671 规定执行。

5.1.3 造墒

为保证小麦足墒播种，在玉米收获前10 d 监测玉米田土壤墒情，如果0～60 cm 的土壤相对含水量低于75%，应在玉米收获前10 d 左右采用一水两用技术为小麦造墒灌溉，每亩灌水量40～50 m³。

5.1.4 秸秆还田

玉米秸秆还田，按照 DB13/T 1045 规定执行。

5.1.5 施用底肥

整地前每亩底施 N 7～8 kg，P_2O_5 9～10 kg，K_2O 4～5 kg，每亩可配施有机肥2～3 m³。

5.1.6 整地

旋耕2遍，旋耕深度15 cm 左右，旋耕后耙糖整地。每隔2～3年深松一次，深度25 cm 以上。

5.2 播 种

5.2.1 播期播量

常年适宜播种期为10月8—16日，每亩播种量为15～17 kg。超过适期范围的，每推迟1 d 亩播种量增加0.5 kg，最高播量每亩不超过22.5 kg。

5.2.2 播种形式

一般采用15 cm 等行距播种技术，播种深度3～5 cm。

5.2.3 播后镇压

一般播种后1～2 d、待表土稍干发白时即可镇压。镇压时要速度均匀、压力平稳，避免田面凹凸不平。

5.3 冬前管理

5.3.1 杂草秋治

防治麦田禾本科杂草，参照 DB13/T 1053 执行。

5.3.2 灌溉管理

北部麦区浇好冻水。中南部麦区足墒播种条件下，不建议冬灌。

5.4 春季管理

5.4.1 浇水追肥

根据土壤墒情和苗情适当推迟春季灌溉至拔节期，一般灌水时间 4 月 5—15 日，发生冬春干旱时可适当提前，每亩灌水量 40～50 m³，每亩追肥施纯 N 7～8 kg。

5.4.2 病虫草害防治

返青期至拔节期，以防治麦田杂草、纹枯病、根腐病、麦蜘蛛为主，兼治白粉病、锈病。孕穗期至抽穗扬花期，以防治吸浆虫、麦蚜为主，兼治白粉病、锈病、赤霉病等。灌浆期重点防治穗蚜、白粉病、锈病。防治方法参照 DB13/T 1053 执行。

5.5 收 获

小麦成熟后及时收获，留茬高度<15 cm。收割时秸秆切碎，抛撒均匀。

6 夏玉米亩产 600 kg 丰产技术

6.1 播前准备

6.1.1 品种选择

选用通过国家或河北省农作物品种审定委员会审定的夏玉米品种。选择适宜黑龙港地区种植、产量潜力大、丰产性能好的中熟品种。

6.1.2 种子质量

符合 GB 4404.1 的规定。采用单粒精播的，种子发芽率≥98%。

6.2 播 种

6.2.1 播种期

小麦收获后要及时抢播。

6.2.2 播种形式与密度

采用 60 cm 等行距播种，播种深度 3～6 cm。紧凑型品种密度为 4 500～5 000 株/亩。半紧凑型品种密度 4 000～4 500 株/亩。

6.2.3 播种和种肥

贴茬播种机作业速度≤66.7 m/min。采用种子和肥料同播的方法施用缓释肥或玉米专用肥，每亩底施用量为 N：14～16 kg，P_2O_5：4～6 kg，K_2O：4～6 kg。种和肥间距 10 cm，防止烧苗。

6.2.4 出苗水

播种后 0～40 cm 土壤相对含水量≤70%，立即浇出苗水。宜小畦快灌，每亩灌水量 40～45 m³。提倡用微灌，每亩灌水量 25～30 m³。

6.3 苗期管理

玉米出苗后，采用除草剂均匀喷洒行间地面进行除草，参照 DB13/T 924.2 执行。出苗后注意防治地老虎、二点委夜蛾、蓟马、黏虫等虫害，同时防治蚜虫、灰飞虱及其传播的病毒病，具体参照 DB13/T 1053 执行。

6.4 中后期管理

6.4.1 防治病虫害

穗期注意防治叶斑病、茎腐病、玉米螟，药剂应用参照 DB13/T 1053 执行。

6.4.2 水分管理

结合气象条件，大喇叭口期防止出现严重干旱。干旱时补充灌溉，灌水量 40 m³/亩。

6.5 玉米适期晚收

结合降雨条件，在玉米收获前 10～15 d，根据土壤墒情实施一水两用技术，玉米适期晚收，一般 10 月 5 日左右收获，保证籽粒灌浆期 ≥50 d。

冬小麦播后镇压技术规程
DB13/T 2366—2016

2016-05-23 发布　2016-07-01 实施

前　言

本标准按照 GB/T1.1—2009 的规定标准编写。

本标准由河北省农林科学院提出。

本标准起草单位：河北省农林科学院旱作农业研究所

本标准主要起草人：党红凯　曹彩云　李科江　马俊永　郑春莲　李伟　郭丽

1　范　围

本标准规定了冬小麦播后镇压管理技术的术语和定义、土壤条件、镇压条件、镇压机具及作业要求。

本标准适用于河北平原冬小麦—夏玉米两熟种植区。

2　规范性引用文件

下列文件对于本文件的应用是必不可少的。凡是注日期的引用文件，仅所注日期的版本适用于本文件。凡是不注日期的引用文件，其最新版本（包括所有的修改单）适用于本文件。

NY/T 1121.4　土壤检测　第4部分：土壤容重测定

NY/T 1121.22　土壤检测　第22部分：土壤田间持水量的测定—环刀法

3　术语和定义

本标准采用下列术语和定义。

小麦播后镇压技术

经旋耕或深松旋耕整地，冬小麦播种后采用镇压机具进行麦田镇压，达到紧实土壤、增温保墒效果的技术。

4　土壤条件

适合于壤土类土壤。

5　镇压条件

5.1　镇压时间

0～3 cm 表层土发干变黄，一般为小麦播种后 1～2 d。

5.2 土壤含水量指标

0～20 cm 表层土相对含水量轻壤土≤85%，中壤土、重壤土≤80%时适宜进行镇压作业。土壤容重测定参照 NY/T 1121.4，土壤田间持水量测定参照 NY/T 1121.22 执行。

6 镇压机具要求

6.1 镇压机具类型

采用碾轮镇压器（如平面轮、凸面轮、凹面轮和锥形轮）镇压。

6.2 镇压强度指标

碾轮镇压器按照每延米重量计，划分为轻度镇压、中度镇压、重度镇压 3 个等级。具体指标见表 1。

表 1　镇压器重量指标　　　　　　　　　　　　　　　（kg/m）

轻度镇压	中度镇压	重度镇压
<100	100～150	>150

7 镇压作业要求

7.1 镇压遍数

小麦播后镇压 1 遍。

7.2 镇压速度

镇压行走速度控制在 100～130 m/min。

7.3 镇压强度

7.3.1 秸秆还田麦田

秸秆还田麦田镇压强度具体指标见表 2。

表 2　秸秆还田麦田的镇压强度要求　　　　　　　　　（%）

镇压强度	0～40 cm 土壤相对含水量		
	轻壤土	中壤土	中壤土
轻度镇压	≥80	≥75	≥75
中度镇压	70～80	65～75	65～75
重度镇压	≤70	≤65	≤65

7.3.2 秸秆不还田麦田

秸秆不还田的麦田，轻壤土采用重度镇压，中壤土采用中度镇压，重壤土采用轻度镇压。

两年三熟棉粮轮作种植规程
DB13/T 2390—2016

2016-09-30 发布　　2016-12-01 实施

前　言

本标准按照 GB/T 1.1—2009 给出的规则起草。

本标准由河北省农林科学院提出。

本标准起草单位：河北省农林科学院棉花研究所

本标准主要起草人：王凯辉　郭宝生　赵存鹏　李军英　耿香利　刘素恩

耿军义　王兆晓　马玉柱

1　范　围

本标准规定了棉花和冬小麦—夏玉米两年三熟棉粮轮作的棉花栽培、冬小麦栽培、夏玉米栽培等关键技术。

本标准适用于河北省冀中南棉花主产区或冬小麦—夏玉米一年两熟地区的大田轮作种植。

2　规范性引用文件

下列文件对于本文件的应用是必不可少的。凡是注日期的引用文件，仅注日期的版本适用于本文件。凡是不注日期的引用文件，其最新版本（包括所有的修改单）适用于本文件。

GB 4407.1—2008　经济作物种子　第 1 部分：纤维类

GB4404.1—2008　粮食作物种子　第 1 部分：禾谷类

GB/T 8321.9—2009　（所有部分）农药合理使用准则

DB13/T 223—1995　棉花应用缩节安全程化控技术规程

DB13/T 917—2007　优质棉花生产技术规程

DB13/T 1045—2009　机械化秸秆粉碎还田技术规程

DB13/T 1299—2010　小麦玉米一年两熟保护性耕作技术规范

3　术语和定义

下列术语和定义适用于本标准

3.1　两年三熟棉粮轮作

指在同一田块上有顺序地在年度间和季节间轮换种植棉花—冬小麦—夏玉米—棉花的轮作的种植方式，在两年间棉花、冬小麦、夏玉米各能收获一次。

3.2 棉花化学调控

指在棉花生长发育的不同阶段，根据气候、土壤条件、种植制度、品种特性和群体结构要求，连续数次使用缩节胺等植物生长调节剂进行定向诱导，防止徒长，塑造理想株型、群体冠层结构的技术。

4 棉花促早高产简化栽培技术

4.1 播前准备

4.1.1 品种选择

选用的品种必须经过国家或省级审定，并适宜于本区域种植。因地制宜地选择生育期 125 d 或全生育期 132 d 左右，霜前花率 85% 以上的抗病、广适的中早熟品种，如冀杂 999、冀 1316、冀 3816、石抗 126、邯 7860 等。

4.1.2 棉种质量

种子质量必须符合 GB 4407.1—2008 要求。

4.1.3 整地与施肥

播前 7～10 d 浇地造墒，整地前施足底肥，纯 N：12～15 kg，P_2O_5：8～10 kg，K_2O：8～10 kg。精细整地，坚持适墒整地，整后棉田上虚下实，无残秆、残膜。

4.2 播 种

4.2.1 适期早播

当 5 cm 地温连续 3 d 稳定在 16℃ 以上时开始播种。冀中南地区一般为 4 月 10—30 日，最佳播期为 4 月 15—25 日。

4.2.2 种植方式

4.2.2.1 等行距种植 采用地膜覆盖，等行距配置，行距 0.76 m 或 0.8 m，株距 0.22～0.26 m。留苗密度 3 300～4 500 株/亩。

4.2.2.2 大小行种植 大小行配置，大行 0.9～1.0 m，小行 0.45 m，株距 0.25～0.30 m。留苗密度 3 300～4 500 株/亩。

4.2.3 播种量及播种深度

每亩播量 1.5 kg，播种深度控制在 3 cm 左右。

4.3 苗期管理

4.3.1 放苗

到出苗期后，及时放苗，以防高温烧苗。

4.3.2 中耕

全苗后及时中耕，疏松土壤，培育壮苗。耕深 6～8 cm，护苗带 10 cm，做到行间平整，膜边压实。

4.3.3 定苗

三叶期定苗，做到去弱留壮，去病留健，1 穴 1 株。

4.3.4 化学调控

化学调控防止棉花徒长，按照 DB13/T 223—1995 执行。

4.4 蕾期管理

4.4.1 整枝

可采用棉花简化栽培技术，每株保留靠近果枝的 2～3 个营养枝，不再进行去枝操作，但要注意与化控结合，如果棉花有旺长趋势，及时喷施缩节胺调控。

4.4.2 揭膜

6 月中下旬，棉花开花之前，结合深中耕揭去地膜。

4.4.3 浇水

在 6 月中下旬棉花现蕾或初花期，可根据天气变化情况，浇关键水。采用隔沟节水灌溉方式，亩用水量为 20 m³ 左右。

4.5 花铃期管理

4.5.1 打顶

适时早打顶，打顶时间一般在 7 月 15 日前完成，打小顶，一般留果枝 12 个左右，时到不等枝，枝到不等时。

4.5.2 化控

化控按照 DB13/T 223—1995 执行。

4.5.3 追肥

6 月下旬沟施尿素 10～15 kg/亩，也可结合浇水进行施肥。长势偏弱的棉田，8 月中下旬结合治虫喷施叶面肥，可选用 0.5% 的磷酸二氢钾和 1% 的尿素，每隔 7～10 d 喷施一次，共喷施 3 次，也可喷含微量元素的叶面肥。

4.6 吐絮期管理

4.6.1 催熟

9 月 25—30 日喷施乙烯利催熟，亩用 40% 乙烯利 200 g。

4.6.2 采收

10 月 25 日前完成采摘，并充分晾晒，籽棉的晾晒贮存按照 DB13/T 917—2007 执行。保证下一季小麦适时播种。

4.7 病虫害防治

病虫害防治按照 DB13/T 917—2007 的第 9 章执行。

5 冬小麦增密种植技术

5.1 选 种

选用的品种必须经过国家或省级审定，并适宜于本区域种植。选用弱春性适宜晚播的高产节水品种，抗旱指数 1.0 以上。如衡观 35、石麦 22、济麦 22 等品种。种子质量必须符合 GB4404.1—2008 要求。

5.2 施底肥

在棉花秸秆全部还田的基础上，小麦畦田灌溉模式亩施纯 N：8.5～10 kg，P_2O_5：8～10 kg，K_2O：5～10 kg 做底肥，高产、低肥力地块取上限。

5.3 精细整地、足墒播种

精细整地，深翻细耙，播后镇压，严把播种质量关，做到播深一致，下种均匀，保证苗齐、苗壮。

5.4 播期及播量

小麦播期为 10 月 20—25 日，在棉花采收整地后及时进行轮作播种，增加播量，以密补晚，亩播量 15～17 kg。晚于 10 月 25 日应适当加大播量，一般为每晚 1 d 亩播量增加 0.5 kg，最晚应在 10 月 30 日前完成播种。

5.5 浇 水

播前造墒或播后浇蒙头水，以保证出苗。

5.6 追 肥

小麦春季追肥 2 次。在拔节初结合浇水亩追尿素 15 kg；4 月下旬结合浇孕穗水，补追尿素 5 kg。

5.7 喷洒植物生长调节剂

小麦始穗期喷洒植物生长调节剂提高粒重，如劲丰等。

5.8 病虫害防治

小麦播前要进行种子包衣或用杀虫剂与杀菌剂混合拌种，防治地下害虫和小麦黑穗病；在抽穗期用杀虫剂与杀菌剂混合叶面喷施防治蚜虫、白粉病、赤霉病等病虫害。病虫害防治参照 DB13/T 8321（所有部分）执行。

5.9 收 获

小麦收获按照 DB13/T 1299—2010 执行。

6 夏玉米高产种植技术

6.1 选 种

选用的品种必须经过国家或省级审定，并适宜于本区域种植。玉米选择中熟节水、耐密、高产品种，如郑单 958、浚单 20、联创 808 等。种子质量必须符合 GB4404.1—2008 要求。

6.2 施底肥

在小麦秸秆全部还田的基础上，玉米亩施纯 N：5～6 kg，P_2O_5：1～2 kg，K_2O：2～3 kg 作种肥，肥料与种子分开，种与肥水平间距不得小于 8 cm。秸秆还田按照 DB13/T 1045—2009 执行。

6.3 播期及播量

在小麦收获及秸秆还田后，夏玉米进行免耕精量播种。小麦秸秆还田参照 DB13/T 1045—2009 执行。玉米播种量依据种子大小和种植密度确定，采用单粒精量播种，密度因品种而定。

6.4 浇 水

在播后，应浇蒙头水，以保证出苗。

6.5 追 肥

玉米使用种肥，并在大喇叭口期追肥。亩追尿素 15～20 kg。

6.6 喷洒植物生长调节剂

玉米拔节期喷洒金得乐等生长调节剂，降低株高，抗逆增重。

6.7 病虫害防治

玉米苗期主要虫害为二点委夜蛾，穗期主要虫害为玉米螟、黏虫，病害为玉米褐腐病，应注意及时防治。病虫害防治参照 DB13/T 8321（所有部分）执行。

6.8 作物收获

玉米应适时晚收，增加干物质积累。收获后将秸秆粉碎还田，来年春翻播种棉花。秸秆还田参照 DB13/T 1045—2009 执行。作物收获参照 DB13/T 1299—2010 执行。

冀南棉花冬小麦套种技术规程
DB13/T 2392—2016

2016-09-30 发布   2016-12-01 实施

前　言

本标准按照 GB/T 1.1—2009 给出的规则起草。

本标准由河北省农林科学院提出。

本标准起草单位：河北省农林科学院棉花研究所

本标准主要起草人：王永强　张寒霜　张泽伟　秦新敏　赵俊丽　马立刚　刘文艺　赵和　刘建光　赵贵元　王树林　李伟明　林永增　王亚楠　许春　任景河　刘晓霞　高连珍　焦秀芬

1　范　围

本标准规定了棉花与冬小麦套作栽培的生产条件、栽培管理技术和采收等技术要求。

本标准适用于河北省南部棉麦主产区。

2　规范性引用文件

本规范引用的下列文件条款视同本规范规定条款。凡是注日期的，仅所注日期的版本适用于本文件；凡是不注日期的，其最新版本（包括所有的修改单）适用于本文件。

GB4404.1—1996　粮食作物种子禾谷类

GB4407.1—2008　经济作物种子　第 1 部分：纤维类

DB13/T507—2004　河北省中熟和中早熟棉区棉花栽培技术规程

DB13/T 223—1995　棉花应用缩节安全程化控技术规程

DB37/T 159—2010　棉花病虫害防治技术规程

DB11/T 925—2012　小麦主要病虫草害防治技术规范

3　种植模式

棉花—小麦套种选择 4-2 式种植模式，带宽 1.6 m，间距为 0.8 m，每幅种植小麦 4 行，棉花 2 行。

4　播前准备

4.1　品种选择

4.1.1　棉花品种

选择生育期在 123 d 以下，具有中后期生长快、结铃集中、吐絮集中且快等特点的中早熟棉花品种。

4.1.2 小麦品种

选择生育期在 245 d 以下、成穗率高、千粒重高、增产潜力大等特点的小麦品种。

4.2 种子选择

棉花种子质量要求符合《GB4407.1—2008 经济作物种子 第 1 部分：纤维类》规定。

小麦种子质量要达到《GB4404.1—1996 粮食作物种子禾谷类》规定。

4.3 整地施肥

旋耕或深耕，精细整地播后浇蒙头水施足底肥，施氮磷钾复合肥（N：P_2O_5：K_2O = 15：15：15）50 kg/亩作为小麦和棉花的底肥。

5 播 种

5.1 小麦播种

小麦在 10 月下旬至 11 月初播种，选用符合前述标准的小麦种子，播种量为 14～17 kg/亩。

5.2 棉花播种

棉花在 4 月中下旬进行播种，在棉花播种带播两行棉花，行间距 45 cm，然后覆膜。

6 田间管理

6.1 小 麦

6.1.1 除草

结合中耕除草或使用化学除草剂防除禾本科杂草，在小麦出苗分蘖越冬期，可用 6.9% 精恶唑（骠马）浓乳剂每亩 40～50 mL，或用 64% 野燕枯可溶性粉剂 120～150 mL，或用 28% 或 36% 的禾草灵乳油，每亩用量 120～180 mL，对水喷施。手动喷雾器每亩用水量 15 kg，机械喷雾机每亩用水量 20 kg。

棉麦共生期禁止使用含有 2,4-D 丁酯、草甘膦和二甲四氯等成分的除草剂，防止对棉花造成药害。

6.1.2 浇水

推行节水灌溉技术。棉花收获后抢墒播种，浇蒙头水；小麦起身期浇 1 水并结合追肥。

6.2 棉 花

6.2.1 间苗、定苗

一般当棉苗子叶展平变绿时，及时放苗。第 1 片真叶展开时要及时间苗，拔除弱苗、病苗，3 片真叶时定苗，每亩留苗 3 000～3 500 株。

6.2.2 揭膜

6 月中旬棉花进入现蕾期后，揭掉地膜。

6.2.3　中耕

蕾期揭膜以后中耕，雨后和浇后必须中耕，初花期可结合中耕培土。

6.2.4　肥水管理

苗期一般不施肥，重施花铃肥，亩施尿素 20 kg，结合追肥和土壤墒情进行浇水。中后期加强叶面喷肥，可喷施液体有机肥、氨基酸微肥、磷酸二氢钾等，15 d 喷 1 次，连续喷 3～4 次。

6.2.5　整枝

7 月 15 日打完顶尖。

6.2.6　化控

执行 DB13/T 223—1995 规定。

6.2.7　催熟

执行 DB13/T507—2004 规定。

7　收　获

7.1　小麦收获

6 月初小麦完熟期及时收获，在联合收割机割台加装可伸缩护苗挡板（专利号：ZL201420364679.8），防止损伤棉苗。

7.2　棉花收获

7.2.1　收花

每隔 7～10 d 摘花 1 次，摘取完全张开的棉铃花絮。

7.2.2　防异性纤维混入

扎头巾或戴帽子摘花，用白棉布包盛棉花。

7.2.3　分收分存、秸秆还田

执行 DB13/T507—2004 规定。

8　病虫害防治

8.1　小麦主要病虫害防治

小麦病害主要防治散黑穗病、腥黑穗病，白粉病、锈病、赤霉病等，虫害主要防治麦蚜、吸浆虫等。防治办法按 DB11/T 925—2012 规定执行。

8.2　棉花主要病虫害防治

棉花虫害主要防治蚜虫、棉铃虫、盲蝽蟓、红蜘蛛等，棉花病害主要防治黄萎病、枯萎病，防治方法按 DB37/T 159—2010 规定执行。

种子种质资源中期保存技术规程
DB13/T 2394—2016

2016-09-30 发布　2016-12-01 实施

前　言

本标准按照 GB/T 1.1—2009 给出的规则起草。

本标准由沧州市质量技术监督局提出。

本标准起草单位：沧州市农林科学院。

本标准主要起草人：岳明强　徐玉鹏　刘震　刘振敏　李金英　王晓梅　白艳梅 黄素芳　肖宇　芮松青　王秀领　阎旭东

1　范　围

本标准规定了种子种质资源的术语和定义、入库流程和贮藏管理的技术方法及 条件。

本标准适用于种子种质资源的中期保存。

2　规范性引用文件

下列文件对于本文件的应用是必不可少的。凡是注日期的引用文件，仅注日期的版 本适用于本文件。凡是不注日期的引用文件，其最新版本（包括所有的修改单）适用 于本文件。

GB/T 3543—1995　农作物种子检验规程

GB 4404—2008　农作物种子质量标准

GB20464—2006　农作物种子标签通则

3　术语和定义

下列术语和定义适用于本文件。

3.1　种子种质资源

以种子方式携带遗传物质，用于育种、栽培及其他生物学研究的生物类型。

3.2　中期保存

指种子种质资源保存年限 10～30 年，且发芽率≥50%。

3.3　入库信息

指种子种质资源的种类、产地、来源、生产时间、数量、名称、入库时间、入库编 号、入库位置等相关信息。

4　种质资源入库流程

种子种质入库按图 1 流程进行。

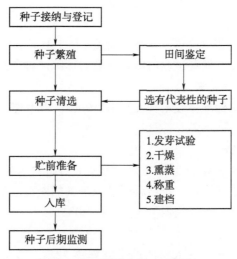

图1　种子种质资源入库流程

4.1　种子种质资源接纳

对收集的种子种质资源，进行质量和数量的初步检查和基本信息的登记，包括资源名称、种类、产地、收集人、突出性状等信息。种子如有害虫或有受潮，应及时进行熏蒸和烘干处理。如接纳后不能及时处理，暂时存放在<15℃环境中。

4.2　种子繁殖

4.2.1　繁殖要求

种子种质资源入库前进行种子繁殖，在适宜播期进入繁殖圃繁殖，注意隔离，充分成熟后保证种子的质量和入库数量。

4.2.2　品种田间去杂

去除杂种及变异较大种。

4.2.3　田间记载项

种子种质资源田间记载生育期、抗逆性、农艺性状。

4.2.4　田间标本拍照

于花期、成熟后各进行一次标本拍照。

4.2.5　收获

种子充分成熟后收获具有代表性的种子。

4.2.6　室内测定

收获后的种子室内考种，测定种子质量性状、数量性状及品质性状。

4.3　种子清选

种子清选参照 GB/T 3543—1995 及 GB 4404—2008 进行，选取饱满、均匀、完整无破损种子。

4.4　贮前准备

4.4.1　贮藏库要求及调试

贮藏库环境温度控制在 0～5℃，相对湿度≤40%。种子库要求双电源、双制冷系统，以免种子贮存期内的临时断电、机器损坏。

4.4.2　种子入库前发芽率

种子入库前要进行发芽率检测，发芽试验按 GB/T 3543.4—1995 进行。不同种类的种子具有不同的休眠习性，发芽试验前特别注意对休眠的种子进行破眠处理。

4.4.3　种子入库前发芽率要求

各类种子发芽率入库标准：栽培种发芽率≥90%；野生种、稀有种及特殊遗传材料发芽率≥70%。

4.4.4　种子入库前的水分

种子入库时含水量要求介于 7%～8%，当种子初始含水量>17%时需进行预干燥，先在低温低湿的干燥间进行干燥，再将种子装入透气的网袋或牛皮纸袋中放入干燥箱干燥至种子含水量 7%～8%。干燥箱温度要求 35～40℃。

4.4.5　熏蒸

熏蒸药剂为磷化铝，种子放入密闭的空间熏蒸 72 h，每立方米空间放入 2 片含量 56%的磷化铝片剂（3 g/片）。

4.4.6　称重

包装后的种子统一称重，以 g 为单位记录重量。

4.4.7　种子建档

4.4.7.1　种子种质资源建档内容

为准备入库的种子建立种子档案，档案内容有种子种质资源编号、品种名称、科属、原产地、来源、保存位置、保存重量、入库时间、生产年限、发芽率、种质类型、性状、更新日期、提供人等，档案内容存入计算机保存并备份。

4.4.7.2　种子种质资源编号规则（参照长期库入库编号要求）

种子种质资源编号由种子入库年份+所在地的编号+所在地的简称+种子入库先后顺序号，如沧州市（代码为 13）农林科学院种子资源库入库的第 3 份种子，采集入库年份为 2015 年，它的种子种质资源编号为 201513 沧 00003。

4.4.8　建立种子标签

种子标签参照 GB 20464—2006　农作物种子标签通则。

4.5　种子入库

4.5.1　种子入库数量标准

种子入库数量标准为种子数量至少为 10 000 粒，稀有种、近缘野生种入库数量标准至少为 5 000 粒。

4.5.2　种子包装标准

包装采用铝袋或铝盒，包装后及时封口。在温度 0～10℃、湿度 60%以下条件下进行。包装时注意核对种子种质标签信息。

4.6　种子后期监测及贮藏库管理

4.6.1　种子后期监测

贮存的种子按类别每两年抽取定量种子按照 GB/T 3543.4—1995 农作物种子检验规程做发芽率监测，当发芽率降至 50%以下时，进行播种繁殖，更新库中种子数量。

4.6.2 贮藏库日常管理

种子入库后每日于 8：00、14：00、20：00 自动记录温度、湿度数据，每半个月人工核实 1 次。

4.6.3 种子出库管理

种子出库要做好档案登记，当种子数量低于 1/3 时及时繁殖更新。

滨海地区双季青贮玉米栽培技术规程
DB13/T 2492—2017

2017-03-29 发布　　2017-06-01 实施

前　言

本标准按照 GB/T 1.1—2009 给出的规则起草。

本标准由唐山市质量技术监督局提出。

本标准起草单位：1. 河北省农林科学院滨海农业研究所；2. 唐山市曹妃甸区市场监督管理局

本标准主要起草人：鲁雪林　王秀萍　张国新　王辉　张晓东　孙太选　刘雅辉　李保宁　王婷婷　孙建平　张恭　张文省　姚玉涛　杨晓仓

1　范　围

本标准规定了滨海地区双季青贮玉米生产的产地环境、播前准备、播种要求、田间管理、病虫害防治和收获等。

本标准适用于滨海地区双季青贮玉米生产。

2　规范性引用文件

下列文件对于本文件的应用是必不可少的。凡是注日期的引用文件，仅所注日期的版本适用于本文件。凡是不注日期的引用文件，其最新版本（包括所有的修改单）适用于本文件。

GB 4285—1989　农药安全使用标准

GB 4404.1—2008　粮食作物种子　第 1 部分：禾谷类

GB 15618—2008　土壤环境质量标准

GB 15671—1995　主要农作物包衣种子技术条件

GB/T 8321—2018（所有部分）　农药合理使用准则

3　术语和定义

下列术语和定义适用于本文件。

3.1　青贮玉米

包括果穗在内的玉米地上鲜嫩整株，用于做青贮饲料。

3.2　轻度盐碱地

0～100 cm 土层可溶性盐分含量在 0.1%～0.2%的田地为轻度盐碱地。

3.3　中度盐碱地

0～100 cm 土层可溶性盐分含量在 0.2%～0.4%的田地为中度盐碱地。

4 产地环境

滨海地区 0~20 cm 土层全盐含量小于 0.3% 的田地。

无霜期 180 d 以上，年平均气温 10℃ 以上，年降水量 500 mm 以上。有排灌条件，保证青贮玉米在生产过程中遇旱能灌，遇涝能排。土壤环境质量应符合 GB 15618 规定。

5 播前准备

5.1 品种选择

选用生育期 98~115 d，叶片宽大，茎叶夹角小，适合密植栽种，生物产量高，品质优良，抗逆、抗病、抗倒，粗蛋白含量 ≥7%，中性洗涤纤维 ≤55%，酸性洗涤纤维 ≥29%，耐盐碱的杂交一代品种。种子质量应符合 GB 4404.1—2008 规定。

5.2 种子处理

5.2.1 晒种

播前晒种 1~2 d，切勿直接在水泥地上暴晒。

5.2.2 药剂拌种

选用包衣种子或用高效、低毒药剂进行拌种。处理方法及条件按 GB 15671—1995 规定进行。

5.3 施肥

轻度盐碱地每亩施氮肥（N：20 kg），磷肥（P_2O_5：10 kg），钾肥（K_2O：8 kg）；中度盐碱地每亩施有机肥 3 000 kg，氮肥（N：10 kg），磷肥（P_2O_5：5 kg），钾肥（K_2O：4 kg）。有机肥、磷肥、钾肥以底肥一次施入，氮肥一底一追，比例为 1:2。

5.4 造墒整地

播前土壤相对含水量小于 70% 时，每亩灌水 50~100 m³。适墒旋耕 20 cm。

6 播 种

6.1 播 期

春播，5 cm 地温稳定通过 10℃ 后即可进行播种。

夏播，应在前茬收获后及时播种，不晚于 7 月 25 日。

6.2 播种密度

根据品种特性、土壤含盐量及肥力等确定播种密度。轻度盐碱地播种密度为 4 500~5 500 株/亩，中度盐碱地播种密度为 5 500~6 500 株/亩。

6.3 播种方式

春季采用覆膜播种，夏季采用硬茬直播。

等行距条播：行距 50~60 cm。大小行条播：大行距 60~80 cm、小行距 40 cm。穴播：每穴播种 2~3 粒，播深 3~4 cm，覆土 2~3 cm。

7 田间管理

7.1 间苗定苗

在玉米 3~4 叶期时及时疏苗，4~6 叶期时按计划密度定苗。缺苗严重的地块应及时催芽补种或带土移栽。

7.2　除　草

7.2.1　苗前土壤封闭除草

播种后出苗前，进行土壤封闭除草。每亩用38%莠去津悬浮剂150～250 mL对水50 kg或50%乙草胺乳剂150～200 mL对水50 kg均匀喷洒土壤表面。

7.2.2　中耕除草

从玉米拔节期到大喇叭口期结合追肥中耕除草2～3次，最后一次中耕可结合培土以防倒伏。

7.3　灌溉排涝

生育期视墒情适时灌溉。雨季及时开沟排涝。

8　病虫害防治

8.1　农业防治

选择抗病品种，合理轮作，及时铲除田边杂草，减少病虫源。

8.2　化学防治

按照病虫害发生规律，科学使用化学防治技术，有效控制病虫危害。药剂使用应符合GB 4285—1989和GB/T 8321—2018规定。主要病虫害及防治方法见表1。

表1　主要病虫害及防治方法

病虫害种类	常用药剂	稀释倍数	施药方法	防治时期
蚜虫	10%吡虫啉可湿性粉剂 20%灭多威乳油	800～1 200倍 1 500倍	喷雾	百株蚜量500头以上
玉米螟	3%辛硫磷颗粒剂	加细沙	灌心	大喇叭口期
黏虫	50%辛硫磷乳油 90%晶体敌百虫	1 500倍 1 000倍	喷雾	幼虫期
玉米斑病	50%多菌灵可湿性粉剂	500倍	喷雾	发病初期
锈病	15%粉锈宁可湿性粉剂	1 500倍	喷雾	发病初期

9　收　割

于乳熟末期至蜡熟初期将玉米地上部分齐地面整株刈割，全株进行切碎青贮。

油葵耐盐性鉴定技术规程
DB13/T 2493—2017

2017-03-29 发布　　2017-06-01 实施

前　言

本标准按照 GB/T 1.1—2009 给出的规则起草。

本标准由唐山市质量技术监督局提出。

本标准起草单位：1. 河北省农林科学院滨海农业研究所；2. 唐山市曹妃甸区市场监督管理局

本标准主要起草人：张国新　王秀萍　鲁雪林　刘雅辉　王婷婷　李保宁　王辉　孙建平　姚玉涛　孟庆贵　张晓东　张恭

1　范　围

本标准规定了油葵耐盐性鉴定方法和评价方法。

本标准适用于滨海盐碱地油葵耐盐性鉴定。

2　规范性引用文件

下列文件对于本文件的应用是必不可少的。凡是注日期的引用文件，仅所注日期的版本适用于本文件。凡是不注日期的引用文件，其最新版本（包括所有的修改单）适用于本文件。

GB 4407.2—2008　经济作物种子　第 2 部分：油料类

NY/T 1121.16—2006　土壤检测　第 16 部分：土壤水溶性盐总量的测定

3　术语和定义

下列术语和定义适用于本标准。

3.1　耐盐性

植物在盐胁迫环境中通过一些生理途径降低或抵消盐分伤害，维持其基本生长的能力。

3.2　出苗率

在一定时间内，种子破土出苗数和播种种子总数的百分比。

3.3　出苗指数

一定天数内的出苗数与出苗天数比值的累加总和。

3.4　地上生物量

地上部植株干重。

3.5 株 高

植株从基部到生长点顶端的高度。

3.6 叶面积

植株功能叶片的有效面积。

3.7 耐盐系数

盐胁迫下各项测定指标的平均值与对照指标的平均值的比值。

4 耐盐性鉴定方法

4.1 鉴定环境要求

温室（培养温度25℃±5℃），或在适宜油葵生长季节内有防雨设施的条件下进行。

4.2 种子要求

种子质量符合 GB 4407.2—2008 经济作物种子 第2部分：油料类的要求。

4.3 鉴定基质准备

4.3.1 非盐碱土准备

取滨海区中壤条件下大田耕层土壤，土壤含盐量小于 1 g/kg，风干过筛，按 NY/T 1121.16—2006 进行原始土壤含盐量测定，待用。

4.3.2 盐碱土准备

取滨海盐土，土壤含盐量 10 g/kg 左右，风干过筛，按 NY/T 1121.16—2006 进行原始土壤含盐量测定，待用。

4.3.3 鉴定基质配制

按土壤重量配比方法调配土壤含盐量，使调配后的土壤含盐量为 6 g/kg。非盐碱土与盐碱土的重量配制比例为（B-6）/（6-A），式中 A 代表非盐碱原始土壤含盐量，B 代表滨海盐土原始土壤含盐量。

4.4 鉴定池准备

耐盐鉴定池长 150 cm、宽 80 cm、深 20 cm，四周及底部用塑料布隔离，防止渗漏。装填配制好的鉴定基质（土壤含盐量 6 g/kg 的盐碱土），土层厚度 15 cm，均匀压实。

4.5 试验设计

非盐碱土为对照，调配好的土壤含盐量 6 g/kg 的盐碱土为胁迫处理，重复 3 次，每重复播种 30 穴。

4.6 播种方法

4.6.1 播前准备

对鉴定基质进行喷水，各鉴定池水量大体一致，均匀喷水，且以刚好喷透为止，防止底部存水，4 h 后可进行播种。

4.6.2 播种

每鉴定池可播 6 个参试材料，参试材料间用记号牌标记。每个参试材料播 4 行，株行距以 8 cm×10 cm 为宜，均匀分布，每穴 1 粒，播深 2 cm，播后用对应处理的土壤进行撒盖，盖土厚度小于 0.5 cm。

4.7 胁迫处理

播种当日为盐胁迫开始日，胁迫期间进行水分监测，土壤含水量为最大田间持水量的 70%±5%，喷水要求各鉴定池补水基本一致。

4.8 测定指标及方法

播种后每隔 3 d 观察出苗情况，记录出苗数；播种后 20 d，为胁迫结束日，每重复取中间 10 株进行指标测定，测定指标包括株高、叶面积、地上生物量，计算出苗率、出苗指数。

株高：利用直尺，测定植株的地上部高度。

叶面积：利用 CL-203 便携式叶面积仪进行叶片有效面积测量。

地上生物量：剪取地上部分，105℃杀青 10 min，80℃烘干 12 h，称重。

出苗：以两片子叶完全漏出地面为出苗。出苗率(%) = (最终总的出苗数/播种总数)×100；出苗指数 = $\sum (Gt/Dt)$（Gt 为 t 天内的出苗数，Dt 为出苗天数）

5 耐盐性评价

5.1 评价方法

计算各指标的耐盐系数，运用隶属函数法，对耐盐系数标准化处理，通过变异系数法赋予权重，进行耐盐性评价。

5.2 评价步骤

5.2.1 数据标准化

首先计算每份参试材料各个测定指标的耐盐系数，运用隶属函数法对耐盐系数进行标准化处理，用式（1），计算每份材料各指标的隶属函数值 $\mu(x_{ij})$。其中 x_{ij} 表示第 i 个参试材料 j 指标的耐盐系数；x_{jmin} 表示所有参试材料的第 j 指标耐盐系数的最小值；x_{jmax} 表示所有参试材料的第 j 指标耐盐系数的最大值。公式如下（其中 $n=5$）。

$$\mu(x_{ij}) = (x_{ij} - x_{jmin})/(x_{jmax} - x_{jmin}) \quad (i=1,2,3\cdots m \quad j=1,2,3,\cdots n) \tag{1}$$

5.2.2 赋予权重

采用变异系数法确定权重。通过 SPSS 软件，对耐盐系数进行统计分析，求得所有参试材料第 j 指标的标准差 σ_j；用公式（2），求得所有参试材料中第 j 指标的变异系数 V_j，其中 x_j 为第 j 指标的参试材料的耐盐系数；再用公式（3），通过第 j 指标的变异系数 V_j 与各指标变异系数累加和的比值，求得权重（W_j）。公式如下。

$$V_j = \sigma_j / \bar{x}_j \quad (j=1,2,3\cdots n) \tag{2}$$

$$W_j = V_j / \sum_{j=1}^{n} v_j \tag{3}$$

5.2.3 综合评价

用公式（4），对材料耐盐性综合评价，通过评价值 D 的大小，判断供试材料的耐盐性强弱。D 值越大，耐盐性越强。

$$D = \sum_{j=1}^{n} \left[\mu(x_{ij}) \cdot W_j \right] \tag{4}$$

复合紫花苜蓿草颗粒生产加工技术规程
DB13/T 2524—2017

2017-05-17 发布　　2017-08-01 实施

前　言

本标准按照 GB/T 1.1—2009 给出的规则起草。

本标准由河北省农林科学院提出。

本标准起草单位：河北省农林科学院农业资源环境研究所

本标准主要起草人：智健飞　于合兴　刘忠宽　刘振宇　秦文利　谢楠　冯伟　王连杰　杨振立

1　范　围

本标准规定了复合紫花苜蓿草颗粒加工的相关术语、定义、方法以及包装、运输和贮存等。

本标准适用于河北省复合紫花苜蓿草颗粒的生产和加工。

2　规范性引用文件

下列文件对于本文件的应用是必不可少的。凡是注日期的引用文件，仅所注日期的版本适用于本文件。凡是不注日期的引用文件，其最新版本（包括所有的修改单）适用于本标准。

GB13078—2001　饲料卫生标准

GB/T16765—1997　颗粒饲料通用技术文件

NY/T 1170—2006　苜蓿干草捆质量

NY/T 140—2002　苜蓿干草粉质量分级

3　基本术语和定义

本标准采用以下术语和定义。

3.1　青干草

指适时收割的牧草，经自然或人工干燥调制而能够长期贮存的青绿干草。

3.2　草　粉

指将适时收获的牧草，进行自然干燥或人工高温快速干燥，用机械粉碎成一定细度的粉状，进行贮藏或用以加工草颗粒或作为配合饲料的原料。

3.3　草颗粒

指将粉碎到一定细度的草粉原料与水蒸气充分混合均匀后，经颗粒机压制而成的饲料产品。

3.4 粉化率

指颗粒饲料在规定条件下产生的粉末重量占其总重量的百分比。

4 紫花苜蓿草颗粒生产技术

4.1 紫花苜蓿原料生产

4.1.1 适时收割

紫花苜蓿最佳刈割期为初花期，不能超过盛花期，冬前最后一次刈割应在苜蓿停止生长前 20～30 d 进行，最后一次刈割留茬高度应大于 5 cm。

4.1.2 青干草调制

4.1.2.1 干燥 为了节约能源，在天气条件允许的情况下，刈割后的苜蓿先在田间晾晒至含水率较低（一般在 40%～50%）时，再运回用烘干设备进一步干燥。干燥后的苜蓿含水率应低于 14%。

4.1.2.2 青干草贮存 青干草没有及时加工草粉时应贮存，贮存分为露天堆垛和草棚堆藏。

（1）露天堆垛：选择地势平坦干燥、排水良好、背风和取用方便的地方，堆成长方形或圆形草垛，上覆盖塑料布以防雨淋日晒。

（2）草棚堆藏：建立简单干草棚，减少青干草的营养损失，棚藏时，使棚顶与干草保持一定距离，便于通风。

4.1.3 草粉生产

4.1.3.1 原料选择 选择颜色青绿或黄绿，具有草香味，品质优的青干草作为草粉加工原料。

4.1.3.2 草粉加工 选择 2 mm 筛目饲料粉碎机进行加工。具体操作见各粉碎机说明。

4.1.3.3 草粉贮藏 草粉加工后，定量分装，运输堆放在干燥的地方备用。

4.1.4 配料准备

按复合草颗粒单位生产量准备草粉、亚麻饼、能量蛋白合剂、磷酸氢钙、人工盐、畜禽用复合添加剂等。

4.1.5 紫花苜蓿草颗粒加工

4.1.5.1 草颗粒加工设备 加工草颗粒设备主要是颗粒机或颗粒机组。小规模生产中通常只用颗粒机单机进行制粒。规模化、商业化的草颗粒生产中更多使用由颗粒机与各种配套设备组成的机组。颗粒规格即颗粒直径范围为 1～15 mm。一般苜蓿颗粒的容重在 500～700 kg/m³。现在使用较多的草颗粒机一般由搅拌、压粒、传动、机架 4 个部分组成，其主要技术指标如下。

（1）功率。11～13 kW。

（2）工作转速。350～550 转/min。

（3）筛子孔径。6、4.5、3.2 mm。

（4）生产率。当孔径为 6 mm 时，250 kg/h；当孔径为 4.5 mm 时，200 kg/h；当孔径为 3.2 mm 时，150 kg/h。

（5）颗粒规格。直径 8、6、4.5、3.2 mm，长度可调节。

（6）可压草粉细度。不大于 1 mm。

（7）颗粒冷却方式。自然冷却式。

4.1.5.2　复合紫花苜蓿草颗粒加工流程

（1）制粒前后的物料温度与水分的变化状态加工草颗粒关键技术时调节含水量，豆科饲草最佳含水量在 14%～16%，禾本科饲草最佳含水量在 13%～15%。

$$20℃$$
$$喂 \xrightarrow[\text{蒸气2%～5%}]{130℃} 调 \xrightarrow[14\%～17.5\%]{50～85℃} 制 \xrightarrow[14\%～17.5\%]{60～93℃} 冷$$
$$\xrightarrow[12\%～13\%]{室温+（3～5℃）} 包 \quad \frac{室温}{11.5\%～12.5\%}$$

（2）配方设计。按各种家畜家禽的营养要求，配制含不同营养成分的草颗粒。

（3）原料混合。按照草颗粒配方设计要求，各种配料按单位产量比例与少量草粉预混合，再加入全部草粉混匀，进入下一道加工程序。原料在混合前准确称量，量小的配料必须经过预混。一般草粉（紫花苜蓿）含量在 55%～60%、精料（玉米、高粱、燕麦、麸皮等）35%～40%、矿物质和维生素 3%、尿素 1%组成混合饲料。

（4）复合草颗粒成型。混合均匀的原料进入草颗粒成型机挤压成型，碎散部分回笼再加工，成型颗粒进入散热冷却装置，冷却后的草颗粒含水量不超过 13%。由于含水量甚低，适于长期贮存而不会发霉变质。

（5）复合草颗粒冷却。成型颗粒进入冷却装置散热冷却后，送入成品出口。

（6）复合草颗粒分装、贮藏。草颗粒成品在出口定量包装，封口后送入仓库贮藏。

5　紫花苜蓿草颗粒产品的标志、包装、运输、贮存

5.1　包　装

产品包装上应有清晰牢固的标签，标签的内容应符合 GB10648—1999 的规定。

草颗粒产品应用不透水塑料编织袋包装，其重量偏差应不超过净重量的 0.5%。以防止在贮藏过程中吸潮发霉变质。

5.2　运　输

产品在运输过程中应防雨、防潮、防火、防污染。

5.3　贮　存

草颗粒安全贮藏的含水量一般应在 12%～15%。在高温、高湿地区，草颗粒贮藏时应加入防腐剂，常用的防腐剂有甲醛、丙酸、丙酸钙、丙酸醇、乙氧喹等。

贮藏时，不得直接着地，下面最好垫一层木架子，要求堆放整齐，每间隔 3 m 要留通风道。堆放不宜过高，距棚顶距离不小于 50 cm。露天存放要有防雨设施，晴朗天气要揭开防雨布晾晒。

苜蓿—冬小麦—夏玉米轮作技术规程
DB13/T 2525—2017

2017-05-17 发布   2017-08-01 实施

前 言

本标准按照 GB/T 1.1—2009 给出的规则起草。

本标准由河北省农林科学院提出。

本标准起草单位：1. 河北省农林科学院农业资源环境研究所；2. 河北省草原监理监测站；3. 沧州市畜牧技术推广站；4. 黄骅市畜牧局

本标准主要起草人：刘忠宽　冯伟　刘振宇　谢楠　秦文利　智健飞　冯进华　王连杰　于合兴　刘志伟　刘敏英

1 范 围

本标准规定了紫花苜蓿（*Medicago sativa*）与冬小麦、夏玉米轮作的紫花苜蓿种植、紫花苜蓿翻耕、紫花苜蓿再生苗处理、冬小麦播种、田间管理等要求。

本标准适用于河北省冬小麦种植区。

2 规范性引用文件

下列文件对于本文件的应用是必不可少的。凡是注日期的引用文件，仅所注日期的版本适用于本文件。凡是不注日期的引用文件，其最新版本（包括所有的修改单）适用于本文件。

DB13/T 945—2008　紫花苜蓿生产技术规程

GB/T 8321.1—7　农药合理使用准则

GB 4285　农药安全使用标准

NY/T 496　肥料合理使用准则通则

DB13/T 394　冬小麦节水高产栽培技术规程

DB13/T 1396　河北省夏玉米亩产 750 千克栽培技术规程

3 术语和定义

下列术语和定义适用于本规程。

3.1 紫花苜蓿、冬小麦—夏玉米轮作

是指对种植利用 5～6 年后产量明显下降的紫花苜蓿地进行翻耕，然后接茬种植一季冬小麦和一季夏玉米，然后再种植 5～6 年的紫花苜蓿，依此顺序进行轮种的种植方式。

3.2 紫花苜蓿翻耕

是指苜蓿地上部刈割完后，利用翻耕机械将地上部剩余植物体及根系一同深翻埋到土壤里作肥料的一种田间作业。

4 紫花苜蓿生产管理

4.1 紫花苜蓿种植管理

苜蓿播种、栽培管理、收获等按 DB13/T 945—2008 规定进行。

4.2 紫花苜蓿翻耕

4.2.1 翻耕时间

与冬小麦接茬轮种时，旱地在冬小麦播前至少两个月进行翻耕，水浇地在冬小麦播前至少 1 个月进行翻耕。

4.2.2 翻耕深度

翻耕深度一般在 30 cm 以上。

4.2.3 土壤处理

翻耕过程每亩施用 20～25 kg 毒土（75%辛硫磷以 1∶2 000 的比例拌成），用于防治地下害虫。水浇地翻耕时采取先翻耕后灌水（每亩灌水量 40～50 m^3），再施入适量石灰（每亩 4～5 kg）。旱地翻耕要注意保墒、深埋、严埋，使苜蓿残体全部被土覆盖紧实。

4.2.4 再生紫花苜蓿处理

冬小麦播种前，一般在再生紫花苜蓿苗期喷施 75%二氯吡啶酸可溶性粉剂 1 500～2 500 倍液；同时结合冬小麦播种整地进行旋耕。

5 冬小麦播种及田间管理

5.1 品种选择

翻耕苜蓿地早期土壤干旱明显，宜选择抗旱性强的冬小麦品种。

5.2 适期播种

翻耕苜蓿地土壤肥力较高，冬小麦应较常规播种期推迟 2～3 d，具体技术按照 DB13/T394 规定进行。

5.3 药剂拌种

需加强地下害虫防治，采用 40%甲基异柳磷乳油进行拌种。

5.4 底 肥

氮肥较冬小麦常规施肥量减施 70%左右，磷肥增施 50%左右，钾肥与冬小麦常规施肥量相同。

5.5 追 肥

追肥按照 DB13/T394 规定进行。

5.6 灌 溉

如遇干旱，苗期需要补灌，每亩灌水量 20～30 m^3；冻水较冬小麦常规灌溉量增加 30%左右。

6 夏玉米播种及田间管理

6.1 品种选择

在保证当季接茬苜蓿安全播种和玉米高产条件下，宜选择抗旱性强的中早熟夏玉米品种。

6.2 适期播种

在保证当季接茬苜蓿安全播种的条件下，夏玉米应尽量适期早播，具体技术按照 DB13/T 1396 规定进行。

6.3 药剂拌种

需加强地下害虫防治，采用 40%甲基异柳磷乳油进行拌种。

6.4 底 肥

氮肥较夏玉米常规施肥量减施 30%左右，磷肥增施 30%左右，钾肥与夏玉米常规施肥量相同。

6.5 追 肥

按照 DB13/T 1396 规定进行。

6.6 灌 溉

如遇干旱，苗期需要补灌，每亩灌水量 20～30 m^3。

旱碱地棉花集雨增效种植技术规程
DB13/T 2534—2017

2017-05-17 发布　　2017-08-01 实施

前　言

本标准按照 GB/T 1.1—2009 给出的规则起草。

本标准由沧州市质量技术监督局提出。

本标准起草单位：1. 沧州市农林科学院；2. 中科院遗传发育研究所农业资源中心

本标准主要起草人：刘贞贞　平文超　张忠波　李洪芹　柴卫东　钮向宁
潘秀芬　蒋建勋　孙玉英　李洪民　王安录　祁婧　徐晓丽　张茂玉　刘毅　杨长青
赵凤娟　高正　齐猛　李辉　闫丽丽　赵威

1　范　围

本标准规定了旱碱地棉花集雨增效种植的术语和定义、基础条件、盐碱地改良、播前准备、播种、田间管理、病虫害防治、催熟、采收等技术要求。

本标准适用于河北省盐碱地及雨养旱作区棉花种植。

2　规范性引用文件

下列文件对于本文件的应用是必不可少的。凡是注日期的引用文件，仅注日期的版本适用于本文件。凡是不注日期的引用文件，其最新版本（包括所有的修改单）适用于本文件。

GB 4407.1　经济作物种子　第1部分：纤维类

3　术语和定义

下列术语和定义适用于本文件。

3.1　旱碱地

淡水资源匮乏的雨养旱作农业区和环渤海区域地下水埋藏浅、矿化度高的盐碱地。

3.2　生物光解地膜

可降解、无残留、无污染地膜，地膜降解时间为棉花开花期。

3.3　抑芽增铃剂

具有缩短节间、抑制赘芽、增加成铃作用的新型调节剂。

3.4　光合增效剂

具有延长叶片功能期，提高光合效率，含中微量元素的活性生物叶面肥，主要成分是氨基酸+微量元素。

4 基础条件

4.1 气候条件

无霜期 180 d 以上，棉花生育期间大于 10℃活动积温 3 400℃以上，4—10月日照时数 1 700 h 以上，常年降水量 400～600 mm。

4.2 土壤条件

土壤耕层含盐量 0.5%以下，冬春可以用 ≤5 g/L 微咸水造墒；土壤耕层含盐量 0.5%以上，可用咸水结冰灌溉造墒；土壤养分：有机质 ≥0.7%，速效氮 20～30 mg/kg，速效磷 ≥15 mg/kg，速效钾 ≥90 mg/kg。

5 盐碱地改良培肥

5.1 构建台田

平整土地，构建台田，沟渠相通，排水淋盐，集雨排涝相结合。

每隔 1 000 m 挖一条深 3 m 的排水沟；每隔 300 m 挖一条深 2 m 的支沟；每隔 50 m 挖一条深 1.5 m 的毛渠。

5.2 秸秆还田

11月中下旬，待收花结束后利用还田机械直接将棉秆粉碎撒布地表，结合耕地翻入地下，亩施有机菌肥 1 kg，加速秸秆分解。

6 播种前准备

6.1 整 地

盐碱旱地：秋季棉秆还田后及时旋耕，深度 15～20 cm，冬季蓄纳雨雪，早春（返浆期）及时旋耙保墒；播前镇压提墒，浅耙下实上虚；冬季雨雪较少年份，春季用微咸水（含盐量 5 g/L 左右）灌溉；重度盐碱地：可采用咸水结冰、早春地膜覆盖抑盐保墒。

6.2 施 肥

采用根叶同补技术，每亩施用有机无机复混肥 50 kg（含纯 N 8%，P_2O_5 5%，K_2O 7%，有机质≥15%），结合旋耕播种每亩施磷酸二铵 5～10 kg，苗期至盛花期结合治虫喷施光合增效剂 100～200 倍液，间隔 7～10 d 喷一次。

6.3 化学除草

随播种在膜内喷施 90%乙草胺，亩用量 80 mL 对水 100 kg；如播种前，每亩用 48%氟乐灵乳油 100～120mL，对水 40～45 kg，均匀喷洒于地表，然后通过耙地或耙耱混土。

6.4 品种选择

选择耐盐性较好、播期弹性大的中早熟、出苗好、生长势壮、赘芽弱、适宜简化栽培的品种，如沧 198、沧棉 666、农大棉 9 号、国欣棉 6 号等纤维品质优良品种。种子质量符合 GB 4407.1 的规定。

6.5 地膜选择

宜选用膜色、厚度适宜的生物光解地膜。一膜双沟模式可选用地膜宽 130～140 cm，膜中沟模式可选用地膜宽 60～90 cm。

7 播 种

7.1 播种时间

适期晚播为 5 月 1—10 日。

7.2 播种方式

7.2.1 膜中沟播种模式

采用 20+60 模式，选用 60 cm 地膜，间隔 60 cm 开沟宽 20 cm、深 10～15 cm，形成拱棚状，见图 1。小行距 20 cm，大行距 60 cm，沟内错位种植两行棉花，亩播种量 1.5 kg。

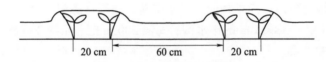

图1 膜中沟播种模式示意

7.2.2 一膜双沟机采播种模式

采用 66+10 机采模式，选用 140 cm 宽的地膜，间隔 66 cm，开沟宽 10 cm，深 10～15 cm，一膜覆盖两个播种沟，开沟的土壤翻向地膜之间的裸地形成垄背，膜内微垄集雨补墒、膜外起垄引盐，降低根际土壤含盐量，见图 2。选用旋耕施肥、开沟起垄、播种覆膜一体化多功能播种机，与机械化采收配套。沟内错位播种两行棉花，亩播种量 1.5 kg。

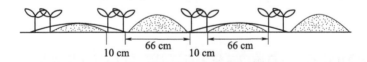

图2 一膜双沟错位播种模式示意

7.3 生育进程与产量结构

5 月 1—10 日播种，5 月 7—17 日齐苗，6 月 10—20 日现蕾，7 月 1—10 日打顶；单株果枝数 8～10 台，亩成铃 5.0 万～5.5 万个，单铃重 5.0～5.5 g，籽棉亩产 250～300 kg。保障 10 月 10 日前全部吐絮，利于机械化一次采收。

8 田间管理

8.1 放 苗

先播种后覆膜的棉田，在棉苗出土后，机械化放苗压土，覆膜点播机械化播种可不需要放苗。

8.2 定 苗

一膜双沟模式：棉花 4 叶期至现蕾前定苗，小行距 10 cm，大行距 66 cm，穴距 22 cm，4 000 穴 8 000 株。

膜中沟模式：4 片真叶期定苗，一穴双珠，穴距 40 cm，4 000 穴 8 000 株。

8.3 田间除草

棉田杂草可选用专用除草剂进行防治。

8.4 化学整枝

8.4.1 喷施抑芽增剂

结合喷药治虫，棉株现蕾至打顶前喷施缩节胺少量多次，亩用量 0.5～2 g；棉株打顶后，喷施抑芽增铃剂，每套对水 30 kg 喷施 2 亩（宜选用"168 保铃专家"、FAD）。

8.4.2 人工或化学封顶

主茎和叶枝同时一次打顶，一般保留 8～10 台果枝；打顶时间为 7 月 5—10 日，时到不等枝，枝到不等时，也可采用化学封顶，喷施增效型缩节胺，亩用药量 75～100 g，长势偏旺的棉田，7 月下旬再喷施 1 次。

9 病虫害防治

9.1 虫害防治

9.1.1 主要防治对象

棉蓟马、蚜虫、棉盲蝽蟓、棉铃虫。

9.1.2 化学防治

9.1.2.1 棉蓟马 当棉花齐苗后，用内吸剂防治。

9.1.2.2 蚜虫 棉花卷叶株率达 10% 以上时，开始用内吸剂农药防治。如 10% 吡虫啉 1 500～2 500 倍液或 10% 蚜虫清 1 000 倍液喷雾。

9.1.2.3 棉盲蝽蟓 6—8 月，当百株有虫 1～2 头或被害棉株达到 3% 时，及时防治。喷药时间应在阴天或晴天的 9:00 以前，17:00 以后。喷药时，先喷棉田四周，逐步向中间喷洒，防止害虫飞出棉田继续危害。喷药方法：最好选用高压喷枪喷雾防治。

9.1.2.4 棉铃虫 百株三龄以上幼虫 20 头以上时，可用内吸剂+触杀剂进行防治。注意 Bt 基因抗虫棉不可使用 Bt 农药。

9.2 病害防治

9.2.1 主要防治对象

枯萎病、黄萎病。

9.2.2 防治措施

选用抗病品种或与禾本科作物轮作倒茬。

10 适时催熟

对成熟晚的棉田可在 9 月下旬亩喷施乙烯利或欣噻利 100～180 g/亩。

11 采 收

棉花吐絮 5～7 d 后，及时采摘。

饲用小黑麦—青贮玉米复种栽培技术规程
DB13/T 2621—2017

2017-11-22 发布　　2017-12-22 实施

前　言

本标准按照 GB/T 1.1—2019 给出的规则起草。

本标准由河北省农林科学院提出。

本标准起草单位：河北省农林科学院旱作农业研究所

本标准主要起草人：游永亮　赵海明　李源　武瑞鑫　刘贵波　冯进华　柳斌辉

1　范　围

本标准规定了饲用小黑麦—青贮玉米复种模式术语和定义、播种前准备、播种、出苗后管理、收获和青贮的技术要求。

本标准适用于河北省饲用小黑麦与青贮玉米复种栽培条件下的饲草生产。

2　规范性引用文件

下列文件对于本文件的应用是必不可少的。凡是注日期的引用文件，仅注日期的版本适用于本文件。凡是不注日期的引用文件，其最新版本（包括所有的修改单）适用于本文件。

GB/T 6142　禾本科草种子质量分级

GB/T 8321.1　农药合理使用准则（一）

GB/T 8321.2　农药合理使用准则（二）

GB/T 8321.3　农药合理使用准则（三）

GB/T 8321.4　农药合理使用准则（四）

GB/T 8321.5　农药合理使用准则（五）

GB/T 8321.6　农药合理使用准则（六）

GB/T 8321.7　农药合理使用准则（七）

GB/T 15671　农作物薄膜包衣种子技术条件

NY/T 496　肥料合理使用准则通则

DB13/T 2188　饲用小黑麦栽培技术规程

3　术语和定义

下列术语和定义适用于本文件。

3.1　青贮玉米

将植株全株收获青贮，作为饲料饲养家畜种植的玉米。

3.2 饲用小黑麦—青贮玉米复种

同一年度在同一地块按一定的季节顺序轮换种植饲用小黑麦和青贮玉米的一种栽培方式。复种模式包括两种类型：一是指在冀中南一年两作积温充足地区，主要包括河北省保定以南各市、县地区形成一年两作复种模式。二是在河北省一年两作积温不足地区，主要包括冀东平原地区、保定市北部、廊坊地区形成一年两作复种模式。

3.3 籽粒乳线位置

青贮玉米籽粒基部到乳线的长度占籽粒基部至顶部全长的百分比。

4 饲用小黑麦栽培管理

4.1 饲用小黑麦播前准备、播种、田间管理执行 DB13/T 2188。

4.2 整地造墒

在一年两作积温充足地区整地造墒按照 DB13/T 2188 规定实施。在一年两作积温不足地区，饲用小黑麦的造墒水提前在青贮玉米刈割前 10～15 d 灌溉，墒情合适后及时刈割青贮玉米，青贮玉米刈割后马上整地播种饲用小黑麦。

4.3 收获

饲用小黑麦在一年两作积温充足地区收获时期在乳熟中期，一般在 5 月 15—20 日；在一年两作积温不足地区可适当提前收获。

5 青贮玉米栽培管理

5.1 播种前准备

5.1.1 品种选用

选择高产、优质、抗病虫害、抗倒伏性强，适宜当地种植的国审或省审青贮玉米品种。一年两作积温充足地区青贮玉米品种应选择生育期在 105～110 d 的品种；一年两作积温不足地区应选择生育期短于 105 d 的早熟或中熟品种。

5.1.2 种子质量

种子质量应符合 GB/T 6142 的规定中一级指标的要求。

5.1.3 种子处理

宜选用玉米专用种衣剂，种子包衣所使用的种衣剂应符合 GB/T 15671 规定。

5.1.4 播前整地

饲用小黑麦收获后免耕播种青贮玉米，播后依据墒情决定是否灌水。

5.1.5 种肥施用

根据土壤肥力和品种需肥特点平衡施肥。一般情况下整个生育期每亩施氮肥（纯氮）：10～13 kg，磷肥（P_2O_5）：5～7.5 kg，钾肥（K_2O）：4～5 kg。其中，磷钾肥随播种一次性施入，氮肥 40% 作为种肥随播种施入，60% 作为追肥拔节期施入。施肥时应保证种、肥分开，以免烧苗。肥料使用符合 NY/T496 的规定。

5.2 播种技术

5.2.1 播种期

一年两作积温充足地区收获饲用小黑麦后直接播种青贮玉米；一年两作积温不足地

区按照夏播玉米播种时间进行。

5.2.2 播种方式

单粒播种，采用播种机械进行。

5.2.3 播种量与种植密度

行距为 60 cm，株距为 20～25 cm，每亩留苗 4 500～5 500 株。

5.3 播后管理

5.3.1 播后灌溉

收获饲用小黑麦后直接播种的青贮玉米，视墒情进行及时灌溉，每亩灌水量 40～50 m³。

5.3.2 杂草防除

播种同时喷施苗前除草剂防治杂草，或在青贮玉米 3～5 叶期，及时喷施苗后除草剂。药剂使用方法和剂量按照药剂使用说明进行。

5.3.3 追肥

每亩追施纯氮 N：6～7.8 kg。追肥在拔节期一次进行。施肥后视墒情及时灌溉。

5.3.4 抽穗期灌溉

结合当地的降雨、墒情适时灌溉，每亩灌水量 40～50 m³。

5.3.5 病虫害防治

虫害主要有蓟马、玉米螟等，病害主要有叶斑病、茎腐病、粗缩病等。药剂使用应符合 GB/T 8321.1～GB/T 8321.7 的规定。

5.4 收获技术

5.4.1 刈割时期

通过观查籽粒乳线位置确定收获时间。收获期宜在籽粒乳线位置达到 50% 时收获。应在 10 月 1 日前收获完毕。

5.4.2 刈割方式

将玉米的茎秆、果穗等地上部分全株刈割，并切碎青贮。刈割时留茬高度不得低于 15 cm，避免将地面泥土带到饲草中。

5.5 贮　藏

青贮玉米收割后及时青贮。

专利及著作权

• 发明专利 •

一种通过添加饲用枣粉改善高水分
苜蓿青贮品质的方法

申请号：CN201310491565

申请日：2013-10-21

公开（公告）号：CN103535564A

公开（公告）日：2014-01-29

IPC 分类号：A23K3/02

申请（专利权）人：河北省农林科学院农业资源环境研究所

发明人：刘振宇　刘忠宽　玉柱　智建飞　谢楠　秦文利　冯伟

申请人地址：河北省石家庄市和平西路 598 号

申请人邮编：050051

1　摘　要

本发明涉及一种改善高水分苜蓿青贮品质的方法。其方法步骤为：第一步，收获苜蓿并进行切碎，切碎长度 2～3 cm，并称重。第二步，将切碎后的鲜苜蓿倾倒入青贮窖内，并摊平，摊平厚度在 8～12 cm；按照过磅时苜蓿的重量，称取重量为苜蓿重量 3%～12% 的饲用枣粉，并均匀喷洒在摊平的苜蓿上。第三步，利用专门的压窖机械或者适宜的替代机械进行压实，压实密度应控制在 500～650 kg/m³；以此类推进行逐层镇压后装填，直至填满青贮窖。第四步，装填完成的青贮窖顶部用塑料布覆盖密封，并进行镇压。本发明能够经济有效地完成高水分苜蓿青贮，同时改善苜蓿青贮料的品质，并拓展了饲用枣粉的有效利用途径，将苜蓿的生产与枣产业的废物利用有机结合，达到共赢的效果。

2　权利要求书

2.1　方法步骤

第一步，收获苜蓿并进行切碎，切碎长度 2～3 cm，并称重。

第二步，将切碎后的鲜苜蓿装入青贮窖内，并摊平，摊平厚度在 8～12 cm；按照苜蓿重量，称取苜蓿重量 3%～12% 的饲用枣粉，并均匀喷洒在摊平的苜蓿上。

第三步，利用专门的压窖机械或者适宜的替代机械进行压实，压实密度应控制在 500～650 kg/m³，压实密度过低，青贮窖中残留的空气过多，进而影响发酵及苜蓿青贮的品质；压实密度过高，苜蓿中的汁液就会大量渗出，造成苜蓿养分的流失，进而降低青贮的品质；以此类推进行逐层装填压实，直至填满青贮窖。

第四步，装填完成的青贮窖顶部用塑料布覆盖密封，并进行压实。

2.2 特 征

根据权利要求 2.1 所述的一种通过添加饲用枣粉改善高水分苜蓿青贮品质的方法，其特征在于：在第二步时添加饲用枣粉量为 6%。

3 说明书

3.1 技术领域

本发明涉及高水分苜蓿青贮制作方法，具体为一种通过添加饲用枣粉改善高水分苜蓿青贮品质的方法。

3.2 背景技术

苜蓿青贮生产中存在原料含糖量低、较难青贮的情况，尤其是高水分的苜蓿（水分含量 70%～80%）青贮，目前世界上多采用添加剂的方法来解决这一问题。然而现有的添加剂多数为进口或分装的产品，价格昂贵，增加了青贮的制作成本；同时，绝大多数添加剂更适用于低水分苜蓿青贮，而对高水分苜蓿青贮并不理想。

3.3 发明内容

本发明的目的在于提供一种通过添加饲用枣粉改善高水分苜蓿青贮品质的方法，本发明能够经济有效地完成高水分苜蓿青贮，同时改善苜蓿青贮料的品质，并拓展了饲用枣粉的有效利用途径，将苜蓿的生产与枣产业的废物利用有机结合，达到共赢的效果。本发明为一种改善高水分苜蓿青贮品质方法，其方法步骤如下。

第一步，收获苜蓿并进行切碎，切碎长度 2～3 cm，并称重。

第二步，将切碎后的鲜苜蓿倾倒入青贮窖内，并摊平，摊平厚度在 8～12 cm；按照过磅时苜蓿的重量，称取重量为苜蓿重量 3%～12% 的饲用枣粉，并均匀喷洒在摊平的苜蓿上。

第三步，利用专门的压窖机械或者适宜的替代机械进行压实，压实密度应控制在 500～650 kg/m³，压实密度过低，青贮窖中残留的空气就多，进而影响发酵及苜蓿青贮的品质，压实密度过高，苜蓿中的汁液就会过度渗出，造苜蓿成养分的流失，进而降低青贮的品质；以此类推进行逐层镇压后装填，直至填满青贮窖。

第四步，装填完成的青贮窖顶部用塑料布覆盖密封，并进行镇压。

本发明对于高水分的苜蓿（苜蓿水分在 70%～80%），添加 6% 的饲用枣粉量为最佳，能够改善苜蓿青贮的青贮品质，并且最经济，易于操作。

本发明的有益效果为：本发明为高水分苜蓿青贮的方法，通过使用枣产业的废弃物做成的饲用枣粉，按照合理的比例，添加进高水分苜蓿（70%～80%）中，进行青贮，能够有效地改变苜蓿青贮中碳水化合物不足的现象，并且能够有效的提供乳酸菌发酵时需要的能量，快速的完成乳酸菌发酵过程，快速的降低 pH 值，进而有效的抑制霉变菌的发酵，使苜蓿青贮料的品质得以改善。使用本方法，还能够使苜蓿青贮的发酵过程加速。

本发明方法下的青贮料的颜色、气味和状态良好，营养物质损失小。在高水分条件下制作的苜蓿青贮比其它苜蓿青贮更加青绿多汁，风味好，适口性和消化率得到提高，饲喂效果好，实现苜蓿青贮制作和利用的优质高效，解决苜蓿在较高水分难以青贮成功的难题，对指导苜蓿青贮饲料生产意义重大。

由于饲用枣粉含有丰富的营养物质，并容易被家畜吸收利用，提高家畜的免疫力，改善家畜的肉、奶品质。另外，饲用枣粉在苜蓿青贮中的应用方法，也拓展了枣粉的应用途径，解决了饲用枣粉再利用。

3.4　具体实施方式

本发明实施例一种通过添加饲用枣粉改善高水分苜蓿青贮品质的方法如下。

第一步，收获苜蓿并进行切碎，切碎长度 2～3 cm，并过磅。

第二步，将切碎后的鲜苜蓿装入青贮窖内，并摊平，摊平厚度 8～12 cm，一般取 10 cm 左右；按照苜蓿重量，根据合适比例称取 3%～12% 的饲用枣粉，并均匀喷洒在摊平的苜蓿上，饲用枣粉的最佳量为 6%。

第三步，利用专门的压窖机械或者适宜的替代机械进行压实，压实密度应控制在 500～650 kg/m³，压实密度过低，青贮窖中残留的空气过多，进而影响发酵及苜蓿青贮的品质；压实密度过高，苜蓿中的汁液就会大量渗出，造成苜蓿养分的流失，进而降低青贮的品质。以此类推进行逐层装填压实，直至填满青贮窖。

第四步，装填完成的青贮窖顶部用塑料布覆盖密封，并进行压实。

以下为采用本发明方法的对照试验。

CK（对照）：不添加任何物质的纯苜蓿青贮。

处理 1：添加枣粉的量为鲜苜蓿质量的 3%。

处理 2：添加枣粉的量为鲜苜蓿质量的 6%。

处理 3：添加枣粉的量为鲜苜蓿质量的 9%。

处理 4：添加枣粉的量为鲜苜蓿质量的 12%。

处理 5：添加枣粉的量为鲜苜蓿质量的 15%。

应用方法：按上述比例把切碎的苜蓿原料与相应比例的枣粉混合均匀，或逐层喷洒枣粉，并进行压实密度为 500～650 kg/m³ 的压实工作（压实密度要既能达到安全青贮的需要，又要保证压实过程中没有渗出液渗出）。具体试验结果见表 1。

表 1　试验结果对照

处理	pH 值	乳酸/乙酸	氨态氮（%TN）	青贮料干物质的皂苷含量（g/kg）
CK	4.67	5.18	9.81	3.84
3%	4.50	7.74	5.82	3.78
6%	4.42	10.54	4.37	2.70
9%	4.36	9.28	4.15	2.46
12%	4.37	9.54	3.47	2.23
15%	4.34	9.85	3.46	2.11

试验结果显示，在添加不同量的枣粉后，苜蓿青贮料的品质较对照都有不同程度的改善，随着添加量的增加，改善效果增加，但改善的效果曲线逐渐减缓。

青贮饲料中没有发现丁酸，添加饲用枣粉的处理较对照降低了 pH 值，促进了乳酸菌的发酵，降低了氨态氮的含量。随着添加枣粉比例的增加，青贮料中皂苷的含量下降。

从成本和青贮质量综合考虑，本研究认为添加苜蓿鲜重 6% 的饲用枣粉为最佳添加量。与对照相比，pH 值降低 5.35%；氨态氮下降 55.45%；皂苷含量下降 29.69%。

一种淤泥质滨海重盐碱地棉花的种植方法

申请号：CN201410697221

申请日：2014-11-26

公开（公告）号：CN104472169A

公开（公告）日：2015-04-01

IPC分类号：A01G1/00；A01C21/00；A01G7/06

申请（专利权）人：河北省农林科学院滨海农业研究所

发明人：鲁雪林　王秀萍　刘雅辉　张国新　李强　张晓东　冯贺敬　脱万亮
刘新光　高青山

申请人地址：河北省唐山市唐海县滨海大街东段

申请人邮编：063200

CPC分类号：A01G1/001；A01G7/06

1　摘　要

本发明提供一种淤泥质滨海重盐碱地棉花的种植方法，具体步骤为：改土培肥、溜沟播种、生长期管理以及收获，其他大田管理措施同常规管理方法。本发明针对滨海泥质重盐碱地土壤盐分及土壤结构特点，以及盐碱地棉花生长的规律，以"改土培肥"技术为基础，通过全程调控棉花株高，控制合理果枝数的"二减"技术为保障措施，达到盐碱地棉花增产提质。

2　权利要求书

2.1　方法步骤

2.1.1　改土培肥

4月中旬施用磷石膏1 000 kg/亩、腐殖酸100 kg/亩、缓释肥40 kg/亩、牛粪7 m³/亩，深耕旋耙使上述肥料与30 cm深的土壤混合均匀。

2.1.2　溜沟播种

旋耕犁上安装起沟器，旋地同时开出宽60 cm，深30 cm的沟，沟距60 cm；4月下旬沟内挡土分段灌水，每段为10～15 m，水层达到20 cm，随后自然淋溶；1 d后土壤墒情适宜时，即土壤相对含水量在70%～80%时，在水迹线处人工点播，每穴3～4粒，穴距20 cm；播种后及时机械沟上覆膜，调整播种机刮土板，覆盖土层2～3 cm厚；出苗后，及时打孔降温，待棉苗长至与地膜相近时及时放苗压土。

2.1.3　生长期管理

2.1.3.1　降低株高　实行全程量化调控，第1次喷施在棉花现蕾后，棉花7～9个叶片时，控制株高为18～20 cm，主茎日增长量0.4～0.7 cm，红茎比为0.5～0.6，用缩节

胺 0.5~1.0 g/亩，对水 15 kg 进行喷雾，壮苗稳长，促早花；第 2 次喷施在盛蕾期，10~15 个叶片，株高为 45~50 cm，主茎日增长量 1.0~1.4 cm，红茎比为 0.55~0.65，用缩节胺 2.0~3.0 g/亩对水 15 kg 进行喷雾，促进棉花稳健生长，推迟封垄；第 3 次喷施在初花期，16 个叶片以上，株高为 70~80 cm，主茎日增长量 1.8~2.4 cm，红茎比为 0.60~0.70，用缩节胺 4.0~5.0 g/亩对水 30 kg 进行喷雾，防止贪青晚熟；第 4 次喷施在盛花期，株高 100~120 cm，主茎日增长量 1.4~1.8 cm，红茎比为 0.70~0.80，用 6.0~8.0 g/亩对水 30 kg 进行喷雾，控制侧枝顶尖和赘芽的生长，减少郁闭；重盐碱地棉花全生育期使用缩节胺 14~16 g/亩，始终使棉花顶三叶低于顶四叶，控制顶尖不旺长，平均主茎节间 4~5 cm，株高控制在 95~105 cm。

2.1.3.2　减少果枝台数　控制棉株的行距 60 cm，株距 20 cm，每亩密度增加到 5 500 棵；在高密度条件下，简化整枝，早打顶，使果枝台数减少到 9~10 个，减少无效果枝，增加有效铃和霜前花。

2.1.4　收获

棉铃充分开裂吐絮后及时收摘，其他大田管理措施同常规管理方法。

2.2　特　征

根据权利要求 2.1 所述的淤泥质滨海重盐碱地棉花的种植方法，其特征在于，所述腐殖酸中有机质干基的含量不小于 56%，腐殖酸干基的含量不小于 38%。

根据权利要求 2.1 所述的淤泥质滨海重盐碱地棉花的种植方法，其特征在于，所述缓释肥的 N、P_2O_5 和 K_2O 含量分别为 18%、20% 和 7%。

3　说明书

3.1　技术领域

本发明属于滨海盐碱地治理与利用技术领域，具体涉及一种淤泥质滨海重盐碱地棉花的种植方法。

3.2　背景技术

滨海盐碱地是发展棉花生产的重要土地资源，也是提升棉花生产能力的潜力所在。我国盐碱地总面积超过 5.2 亿亩，其中滨海宜棉区有 1.4 亿亩盐碱地，利用潜力巨大，棉区东移已成为保障粮食安全，稳定棉花面积的一项战略性措施。棉花的耐盐力为 0.4%，是耐盐性较好的经济作物，但棉花在发芽和出苗期耐盐性较差，并且受滨海恶劣的气候特征影响，在盐碱地棉花生产中常出现缺苗断垄、贪青晚熟，导致产量低、效益差。为提高盐碱地植棉效益，国内多家单位已从不同角度开展了盐碱地棉花种植技术方面的研究，取得了显著效益。其中，"冀东滨海区棉花不同种植模式土壤盐分变化及对出苗率的影响"（王秀萍等，2009）一文中公开了一种盐碱地棉花种植方法。该方法认为盐碱地棉花溜沟播种法，即开沟沟边播种，墒情容易掌握，盐分低，能够有效降盐、抑制春季土壤返盐，达到苗全苗壮的目标。公开号 CN102630451A，公开了一种低洼渍涝盐碱地棉花种植法。该方法是在播种前起大垄，在大垄两侧的斜坡中部各种植一行棉花，通过垄脊聚盐、垄沟排水，使大垄坡中部根区土壤保持较低的盐分含量、适宜的水分含量，实现既减轻棉花盐害，同时又避免涝害的具体方法。公开号

CN101147447A，公开了一种中度盐碱地棉花栽培法，该方法采用生育期 115 d 左右的短季棉品种，于 5 月中旬地温回升后播种；采用开深沟播种，地膜覆盖，出苗后推迟放苗时间；密度 6 000 株/亩左右，不整枝，只打顶，缩节胺全程化控，最终株高控制在 80 cm 左右。公开号 CN101258809A，公开了一种盐碱地棉花预覆膜成苗方法，该方法是在含盐量 0.4% 以下且冬季有一定雨雪积蓄的棉田于早春化冻后实施，通过预覆膜达到增温、提墒和抑盐作用。

上述公知技术主要从种植模式、品种选择、施肥技术角度开展中轻度盐碱地棉花栽培技术，在系列中度盐碱地植棉技术的支撑下，棉花在中轻度盐碱区种植面积较大，植棉效益较高，但在滨海泥质重盐碱地棉花很难发芽和出苗，并且滨海重度盐碱地棉花植棉技术研究较少。根据检索，公开号 CN102301906A，公开了一种滨海重盐碱地种植棉花的方法，该方法通过土地整理、冬季咸水结冰灌溉、春季咸水冰融冲淋、地膜覆盖抑盐保墒等一系列措施，降低棉花根层土壤含盐量，保证棉花的正常生长。公开号 CN102550192A，公开了一种重度盐碱地棉花施肥法，该方法在棉花秸秆还田的基础上，采用速效肥与控释肥相结合、土壤肥与叶面肥相结合、叶面肥前期与后期相结合的施肥方法。这两个专利技术分别通过咸水结冰技术解决了淡水短缺区压盐问题，通过经济施肥法解决了盐碱地棉花肥料流失问题。根据国内文献查询，针对淤泥质滨海重盐碱地，以改土降盐培肥为关键技术的植棉技术研究尚未见报道。

而且，淤泥质滨海重盐碱地土壤全盐量高、土质黏重、渗透性极差、有机质含量低，导致棉花出苗难、发苗难；滨海重盐碱区气候特征为春季降雨量少，蒸发量是降水量的 3～3.9 倍，夏季雨量集中，其中 7 月最为集中，导致棉田前期不发苗中期旺长，后期贪青晚熟，影响棉花产量与品质。

3.3 发明内容

本发明的目的是提供一种淤泥质滨海重盐碱地棉花的种植方法，解决了现有技术中存在的淤泥质滨海重盐碱地棉花出苗不全、产量低、品质差的问题。具体步骤如下。

3.3.1 改土培肥

4 月中旬施用磷石膏 1 000 kg/亩、腐殖酸 100 kg/亩、缓释肥 40 kg/亩、牛粪 10 m³/亩，深耕旋耙使上述肥料与 30 cm 深的土壤混合均匀。

3.3.2 沟中位播种

旋耕犁上安装起沟器，旋地同时开出宽 60 cm，深 30 cm 的沟，沟距 60 cm；4 月下旬沟内挡土分段灌水，每段为 10～15 m，水层达到 20 cm，随后自然淋溶；1 d 后土壤墒情适宜时，即土壤含水量在 70%～80% 时，在水迹线处人工点播，每穴 3～4 粒，穴距 20 cm；播种后及时机械沟上覆膜，调整播种机刮土板，覆盖土层 2～3 cm 厚；出苗后，及时打孔降温，待棉苗长至与地膜相近时及时放苗压土。

3.3.3 生长期管理

3.3.3.1 降低株高　实行全程量化调控，第 1 次喷施在棉花现蕾后，棉花 7～9 个叶片时，控制株高为 18～20 cm，主茎日增长量 0.4～0.7 cm，红茎比为 0.5～0.6，用缩节胺 0.5～1.0 g/亩，对水 15 kg 进行喷雾，壮苗稳长，促早花；第 2 次喷施在盛蕾期，10～15 个叶片，株高为 45～50 cm，主茎日增长量 1.0～1.4 cm，红茎比为 0.55～

0.65, 用缩节胺 2.0~3.0 g/亩对水 15 kg 进行喷雾, 促进棉花稳健生长, 推迟封垄; 第 3 次喷施在初花期, 16 个叶片以上, 株高为 70~80 cm, 主茎日增长量 1.8~2.4 cm, 红茎比为 0.60~0.70, 用缩节胺 4.0~5.0 g/亩对水 30 kg 进行喷雾, 防止贪青晚熟; 第 4 次喷施在盛花期, 株高 100~120 cm, 主茎日增长量 1.4~1.8 cm, 红茎比为 0.70~0.80, 用 6.0~8.0 g/亩对水 30 kg 进行喷雾, 控制侧枝顶尖和赘芽的生长, 减少郁闭; 重盐碱地棉花全生育期使用缩节胺 14~16 g/亩, 始终使棉花顶三叶低于顶四叶, 控制顶尖不旺长。平均主茎节间 4~5 cm, 株高控制在 95~105 cm。

3.3.3.2 减少果枝台数 控制棉株的行距 60 cm, 株距 20 cm, 每亩密度增加到 5 500 棵; 在高密度条件下, 简化整枝, 早打顶, 使果枝台数减少到 9~10 个, 减少无效果枝, 增加有效铃和霜前花。

3.3.4 收获

棉铃充分开裂吐絮后及时收摘, 其他大田管理措施同常规管理方法。

本发明的特点还在于, 腐殖酸中有机质干基的含量不小于 56%, 腐殖酸干基的含量不小于 38%。缓释肥的 N、P_2O_5 和 K_2O 含量分别为 18%、20% 和 7%。

本发明的有益效果是: 针对滨海泥质重盐碱地的盐碱度高、渗透性差、有机质含量低导致盐碱地植棉成活难度大的技术难题, 以改土培肥为基础, 以全苗、节本、增产为目的, 开展了淤泥质滨海重盐碱地棉花高产高效提质栽培技术研究, 经试验研究及多年生产实践, 形成"淤泥质滨海重盐碱地"一改二控"增产增效提质植棉技术, 旨在为泥质重盐碱地植棉提供技术支撑, 为棉花东移战略提供典范。

3.4 具体实施方式

针对滨海泥质重盐碱地土壤盐分及土壤结构特点, 以及盐碱地棉花生长的规律, 本发明以"改土培肥"技术为基础, 通过全程调控棉花株高, 控制合理果枝数的"二减"(降低株高和减少果枝台数)技术为保障措施, 达到盐碱地棉花增产提质。本发明提供一种淤泥质滨海重盐碱地棉花的种植方法, 具体步骤如下。

3.4.1 改土培肥

4 月中旬施用磷石膏(化肥厂购买)1 000 kg/亩、腐殖酸(西蒙肥业生产, 有机质干基 ≥56, 腐殖酸干基 ≥38)100 kg/亩、缓释肥(史丹利牌, N、P_2O_5、K_2O 含量为 18、20、7)40 kg/亩、牛粪 10 m³/亩, 深耕旋耙使其与 30 cm 土壤混合均匀;

3.4.2 沟中位播种

旋耕犁上安装起沟器, 旋地同时开出宽 60 cm, 深 30 cm 的沟, 沟距 60 cm; 四月下旬沟内挡土分段(10~15 m)灌水, 水层达到 20 cm, 随后自然淋溶; 1 天后待土壤墒情适宜时(即土壤的含水量为 70%~80%), 在水迹线处人工点播, 每穴 3~4 粒, 穴距 20 cm; 播种后及时机械沟上覆膜, 调整播种机刮土板, 覆盖土层 2~3 cm 厚; 出苗后, 及时打孔降温, 控制温度在 40℃ 以下; 待棉苗长至与地膜相近时及时放苗压土。

3.4.3 生长期管理

3.4.3.1 降低株高 实行全程量化调控, 第 1 次喷施在棉花现蕾后, 棉花 7~9 个叶片时, 理想株高为 18~20 cm, 主茎日增长量 0.4~0.7 cm, 红茎比为 0.5~0.6, 用缩节胺 0.5～1.0 g/亩，对水 15 kg 进行喷雾，壮苗稳长，促早花；第 2 次在盛蕾期，10～15 个叶片，理想株高为 45～50 cm，主茎日增长量 1.0～1.4 cm，红茎比为 0.55～0.65，用缩节胺 2.0～3.0 g/亩对水 15 kg 进行喷雾，促进棉花稳健生长，推迟封垄；第 3 次在初花期，16 个叶片以上，理想株高为 70～80 cm，主茎日增长量 1.8～2.4 cm，红茎比为 0.60～0.70，用缩节胺 4.0～5.0 g/亩对水 30 kg 进行喷雾，防止贪青晚熟；第 4 次在盛花期，理想株高 100～120 cm，主茎日增长量 1.4～1.8 cm，红茎比为 0.70～0.80，用缩节胺 6.0～8.0 g/亩对水 30 kg 进行喷雾，主要控制侧枝顶尖和赘芽的生长，减少郁闭。

重盐碱地棉花全生育期使用缩节胺 14～16 g/亩，具体操作可根据品种、气候和苗情长势而定，始终使棉花顶 3 叶低于顶 4 叶，控制顶尖不旺长。平均主茎节间 4～5 cm，株高控制在 95～105 cm。

3.4.3.2 减少果枝台数　控制棉株的行距 55～65 cm，株距 15～25 cm，每亩密度为 5 500棵，在高密度条件下，简化整枝，早打顶，使果枝台数减少到 9～10 个，比传统法少 1～2 个果枝，减少无效果枝，增加有效铃和霜前花。

3.4.4　收获

棉铃充分开裂吐絮后及时收摘，其他未提及的大田管理措施同常规管理方法。

3.5　产生的有益效果

3.5.1　改土培肥技术的实施对土壤结构的影响

效果通过施入一定比例的磷石膏、腐殖酸、缓释肥、牛粪组成的改良剂，可以改变土壤质地结构，大结构团聚体增多；土壤肥力增加，盐分降低。具体效果见表 1。

表 1　对土壤团聚体含量的影响

	>5 mm（%）	2 mm（%）	0.5 mm（%）	0.25 mm（%）	<0.25 mm（%）
原土		2.01	3.04	9.56	85.39
改土处理	2.52	9.04	11.12	25.78	51.54

采用人工分筛法对处理前后土壤各级团聚体含量分析，结果表明，>0.25 mm 的大结构含量为 9.56%，<0.25 mm 微结构含量为 85.39%，土壤结构性极差。改土处理后，有了 >5 mm 的大结构，>0.25 mm 的大结构含量为 25.78%，<0.25 mm 微结构含量为 51.54%，微结构减少 39.64%，大结构增加，土壤结构变化明显。

3.5.2　改土培肥对土壤全盐含量和 pH 值的影响

通过在曹妃甸区滨海泥质重盐碱地改土植棉试验，结果表明，改土后土壤全盐含量下降幅度较大，由 0.52% 下降到 0.4%；土壤 pH 值也有所下降，pH 值由 7.97 降低至 7.56。

3.5.3　改土培肥对土壤肥力的影响

土壤通过调查河北省唐山沿海植棉区土壤肥力状况（表 2），可以看出重度盐碱地具有"有机质含量低、贫氮、缺磷、富钾"的特征，综合分析土壤盐渍化程度和田间耕层养分含量，提出重度盐碱地棉田进行平衡施肥，应掌握"重施有机肥，增施磷肥，补施氮肥"的施肥原则。

表 2   河北滨海主要植棉区土壤肥力状况

地点	全盐含量（%）	有机质（%）	全 N（g/kg）	速效 P（mg/kg）	速效 K（mg/kg）
曹妃甸区十一农场	0.52	1.03	0.71	11.8	333.6
汉沽农场	0.45	1.14	0.92	9.1	335.2
丰南区王兰庄	0.25	1.8	0.88	32	303.4
滦南坨里	0.20	1.88	1.3	13.6	209.6

2013 年在曹妃甸区十一农场河北省农林科学院滨海农业研究所现代农业成果转化基地应用本发明的改土培肥技术，施用磷石膏 1 000 kg/亩、腐殖酸 100 kg/亩、缓释肥 40 kg/亩、牛粪 15 m³/亩，深耕旋耙使其与 30 cm 土壤混合均匀。对照同传统方法为复合肥（N、P、K 含量均为 15）40 kg/亩。5 月底取 0～40 cm 土层测定，秋后单收计产，结果见表 3。

表 3   改土培肥对滨海重盐碱地土壤及棉花产量的影响

处理	全盐含量（%）	有机质（%）	全 N（g/kg）	速效 P（mg/kg）	速效 K（mg/kg）	籽棉产量（kg/亩）
对照	0.41	0.98	1.27	13.8	323.4	186.7
改土培肥	0.35	1.71	1.42	19.1	315.6	203.4

滨海重盐碱土经改土培肥处理后，全盐含量降低，土壤营养元素全 N、速效 P 和有机质均有提高，而速效 K 略有下降。本发明的改土培肥技术，降低了改善了滨海重盐碱土"缺 N 贫 P 富 K，有机质含量低"的不良状况，降低了有害盐分的危害，保证了棉花的正常生长，产量增加。

3.5.4   全程化控、控制株高技术对棉花产量的影响

缩节胺早化控、勤化控、全程化控，棉花株高控制在 95 cm 左右，果枝节间缩短，棉田通风透光，塑造理想株型，有利于营养物质向生殖器官的分配和结铃，减少蕾铃脱落，成铃率增加。具体效果如下。

2011—2012 年在进行了"棉花缩节胺施用时间及药量对棉花产量的影响"试验。棉花品种为大面积种植的邯 7860，试验田块土壤全盐含量 0.5%，密度为 5 500 株/m²。

表 4   缩节胺施用时期及用量对棉花产量的影响

处理	现蕾期（g）	盛蕾期（g）	初花期（g）	盛花期（g）	株高（cm）	总果节数（个/株）	有效铃（个/株）	籽棉产量（kg/亩）
1	0	0	4	6	117.1	27.3	10.3	221.5

（续表）

处理	现蕾期 （g）	盛蕾期 （g）	初花期 （g）	盛花期 （g）	株高 （cm）	总果节数 （个/株）	有效铃 （个/株）	籽棉产量 （kg/亩）
2	0	2	4	6	102.3	26.7	10.5	245.8
3	0.5	2	4	6	95.2	25.6	11.8	263.2
4	1	2	4	6	92.4	25.8	10.3	254.7

根据试验结果（表 4）和棉区生产实践调查，最佳使用时期和使用量见表 5。第 1 次喷施缩节胺在棉花现蕾后，棉花 7～9 个叶片时，理想株高为 18～20 cm，主茎日增长量 0.4～0.7 cm，红茎比为 0.5～0.6，用 0.5～1.0 g/亩，对水 15 kg 进行喷雾，可促进根系发育，壮苗稳长，可促进棉花营养生长向生殖生长转化，促早花；第 2 次喷施缩节胺在盛蕾期，10～15 个叶片，理想株高为 45～50 cm，主茎日增长量 1.0～1.4 cm，红茎比为 0.55～0.65，用缩节胺 2.0～3.0 g/亩对水 15 kg 进行喷雾，主要促进棉花稳健生长，利于塑造理想株型，优化冠层结构，推迟封垄，促进早结铃和棉铃发育，增强根系活力，简化中期整枝；第 3 次喷施缩节胺，在初花期 16 个叶片以上，理想株高为 70～80 cm，主茎日增长量 1.8～2.4 cm，红茎比为 0.60～0.70，用 4.0～5.0 g/亩对水 30 kg 进行喷雾，有利于增加铃重，防止贪青晚熟，增加早秋桃，简化后期整枝；第 4 次喷施缩节胺，在盛花期，理想株高 100～120 cm，主茎日增长量 1.4～1.8 cm，红茎比为 0.70～0.80，打顶后用 6.0～8.0 g/亩对水 30 kg 进行喷雾，主要控制侧枝顶尖和赘芽的生长，减少郁闭。

表 5　盐碱地棉花缩节胺最佳化控措施量化指标

生育期	日期 （月-日）	叶龄 （个）	株高 （cm）	红茎比 （%）	主茎日增长量 （cm）	缩节胺（DPC）使用量 （g/亩）	对水量 （kg）
现蕾期	6-20—6-25	7～9	18～20	50～60	0.4～0.7	0.5～1.0	15
盛蕾期	6-25—7-10	10～15	45～50	55～65	1.0～1.4	2.0～3.0	15
初花期	7-10—7-20	16～18	70～80	60～70	1.8～2.4	4.0～5.0	30
盛花期	7-20—8-10		100～120	70～80	1.4～1.8	6.0～8.0	30

盐碱地棉花全生育期使用缩节胺 14～16 g/亩，具体操作可根据品种、气候和苗情长势而定，始终使棉花顶三叶低于顶四叶，控制顶尖不旺长。平均主茎节间 4～5 cm，株高控制在 95～105 cm。

3.5.5　减少果枝数对棉花产量的影响

早打顶，使果枝数减少 1～2 个，减少无效果枝，避免重盐碱地棉花贪青晚熟，增加有效铃，提高霜前花率，从而提高棉花品质和产量。在河北省曹妃甸区选择重盐碱地棉田进行了不同打顶时间试验与示范。试验结果（表 6）表明，适时打顶心可破除棉花顶端优势，减少无效果枝对水肥的徒耗，促进棉株早结铃、多结铃、减少脱落，霜前花率增高，有明显的增产增收效果。

表 6　不同打顶时间对重盐碱地棉花性状及产量的影响

日期 （月-日）	株高 （cm）	果枝台数 （个）	单株成铃数 （个）	霜前花 （%）	亩皮棉 （kg）
7-5	72.8	8.6	9.3	95.4	85.3
7-15	81.5	10.2	10.6	92.5	97.4
7-25	88.9	11.7	10.2	90.3	94.6
8-5	103.7	12.9	9.8	87.2	90.0

3.6　具体实施例

位于河北省曹妃甸区，属暖温带半湿润大陆性季风气候，全年降水量平均为
635.7 mm，降水量集中分布在 6—9 月，约占全年降水量的 81.7%，其中 7 月最为集
中。降水时空分配不均决定了该地区春旱夏涝的气候特征。该区盐碱土类型以 NaCl 为
主，属于潟湖沉积母质，质地黏重，耕层含盐量 0.8% 以上，属于滨海泥质重盐碱地。

4 月中旬施用磷石膏（化肥厂购买）1 000 kg/亩、腐殖酸（西蒙肥业生产，有机质
干基≥56，腐殖酸干基≥38）100 kg/亩、缓释肥（史丹利牌，N、P_2O_5、K_2O 含量为
18、20、7）40 kg/亩、牛粪 7 m^3/亩，深耕 30 cm。

溜沟播种：旋耕犁上按要求安装起沟器，旋地同时开出宽 60 cm，深 30 cm 的沟，
沟距 60 cm。

4 月 25 日沟内挡土分段（10～15 m）灌水，水层达到 20 cm，随后自然淋溶。

1 d 后土壤墒情适宜时，在水迹线处人工点播，每穴 3～4 粒，穴距 20 cm。播种后
及时机械沟上覆膜，调整播种机刮土板，覆盖土层 2～3 cm 厚。出苗后，及时打孔降
温，待棉苗长至与地膜相近时及时放苗压土。

放苗后早间苗，长到 3～4 片真叶时定苗，每亩留苗 5 500 棵左右。少量多次化控，
现蕾期、盛蕾期、初花期和盛花期分别喷施缩节胺 0.5 g、2.0 g、5.0 g 和 6.0 g，始终
使棉花顶三叶低于顶四叶，不冒尖。7 月 15 日打顶。

其他未提及的大田管理措施同常规管理方法。

按照上述方法，2013 年 4 月下旬播种，采用中早熟品种邯 7860，出苗率达到 82%，
成苗率达到 80% 以上，株高控制在 103 cm，果枝数 10.1 个，空枝少，霜前花率
93.5%，棉花品质提高，平均亩产籽棉 215 kg。而周围对照地块出苗率在 40% 以下，棉
花无法正常生长。

参考文献

王秀萍等 . 2009. 冀东滨海区棉花不同种植模式土壤盐分变化及对出苗率的影响
　　[J]. 安徽农业科学，37（34）：16 816-16 817.

黑龙港流域雨养旱作区"两年三作" 稳定耕作种植制度

申请号：CN201410260029

申请日：2014-06-12

公开（公告）号：CN104145627A

公开（公告）日：2014-11-19

IPC分类号：A01G1/00

申请（专利权）人：沧州市农林科学院

发明人：阎旭东　徐育鹏　黄素芳　赵松山　岳明强　刘艳昆　王秀玲　李荣华　芮松青　刘振敏　肖宇　刘震

申请人地址：河北省沧州市运河区九河西路市农林科学院

申请人邮编：061000

1　摘　要

一种黑龙港流域雨养旱作区"两年三作"稳定耕作种植制度，包括以下步骤。

第一步，利用起垄覆膜技术进行春玉米种植。

第二步，冬小麦种植。

第三步，夏玉米的种植。

第四步，后续种植。通过上述种植步骤，即使在完全雨养旱作的条件下，其都能稳定实现基本的"两年三作"周年生产，之后再根据土地墒情，选择回至第二步或者第一步并继续进行下一个"两年三作"种植周期，大大缩短了耕地闲置时间，实现了农民的增产增收。

2　权利要求书

2.1　方法步骤

2.1.1　春玉米种植

利用起垄覆膜沟播技术在四月中下旬播种春玉米，玉米播种在薄膜两侧沟内，玉米收获后，保留所覆盖在垄上的地膜，同时将玉米秸秆割倒后覆盖于地面。

2.1.2　冬小麦种植

将玉米收获后，在10月初播种冬小麦，在播前将玉米秸秆打碎，再进行旋耕、整地并播种，在春季3月上中旬顶凌追肥。

2.1.3　夏玉米的种植

在6月上中旬，在墒情合适时播种夏玉米，播种采用宽窄行种植。

2.1.4　后续种植

当夏玉米收获后，若有充足降水，土壤墒情适宜，则在10月上中旬进行步骤

2.1.2 并继续沿着步骤种植,若干旱缺水不能播种小麦,则将土壤翻耕后闲置,待第2年春季进行步骤2.1.1并继续沿着步骤种植。

2.2 特 征

根据权利要求2.1所述的黑龙港流域雨养旱作区"两年三作"稳定耕作种植制度,其特征在于,步骤1中的起垄覆膜沟播技术是采用起垄覆膜机对地进行起垄覆膜,并在膜侧沟进行播种,垄宽70 cm,垄高5~10 cm,行距40 cm。

根据权利要求2.1所述的黑龙港流域雨养旱作区"两年三作"稳定耕作种植制度,其特征在于,在冬小麦种植前,土壤含水量保持在22%以上。

3 说明书

3.1 技术领域

本发明主要涉及黑龙港流域雨养旱作区农业生产,尤其是一种黑龙港流域雨养旱作区"两年三作"稳定耕作种植制度。

3.2 背景技术

我国黑龙港流域主要指位于河北省、山东省以及天津市环渤海低平原区,该地区低处暖温带,光、热资源丰富,是国家重要的农业种植区,涉及耕地面积3 000余万亩,60%以上为中低产田。该地区年降雨量一般在400~600 mm,80%以上的降雨集中在7—9月。

在该领域的农业生产技术一般采用传统种植制度,具体如下。

(1)在有人工灌溉条件的地区是两年三熟制,即夏玉米(6月初至9月底)—冬小麦(10月上中旬至第2年6月上旬)—夏玉米(6月初至9月底)。种植技术则是传统的平作种植技术,在秋季干旱或春季干旱时采取人工浇水的管理方法。

(2)在雨养旱作区(无人工灌溉条件地区),则完全靠天种地,其降水量一般能满足夏玉米的生长需求,而秋季或春季降水量往往不能满足冬小麦的正常播种或生长。其农业种植模式主要是一年一作或不稳定的两年三作。即当年降水量减少,特别是9月中下旬的秋季降雨减少时,因无水源灌溉,冬小麦种植受到很大影响,无法正常播种,只能每年种植一季夏玉米,表现为一年一作。在秋季雨水充足时,可以种植冬小麦,表现为一种不稳定的两年三作。

上述种植模式具有以下缺点。

(1)受降雨因素影响较大,特别是秋季和春季降雨少,直接造成该流域雨养旱作区农业生产系统的不稳定,产量波动大。

(2)传统的夏玉米、小麦种植技术增产潜力低,制约了产量的进一步提高。

(3)传统春玉米种植技术难以摆脱春季地温低,苗期生长缓慢以及春季少雨,容易发生"卡脖旱"等问题的困扰,导致春玉米产量偏低。

(4)传统的春玉米种植制度雨水利用率低,在秋季干旱年份,不能保证小麦的正常播种。干旱成为制约该地区农业发展的主要因素。受干旱影响不能实现作物周年生产,造成许多耕地冬季闲置。而这些闲置地播种春玉米,传统的种植方法常常因5月中下旬至6月中下旬的干旱少雨造成春玉米在需水需肥关键期的大喇叭口期的"卡脖旱"

造成产量减产（卡脖旱是指有关玉米等旱作物孕穗期遭受干旱危害，雄穗或雌穗抽不出来，似卡脖子），制约了人们种植春玉米的积极性。

总之，在黑龙港流域雨养旱作区，传统的农业生产种植技术极大地影响了该地区的农业生产，制约了农民的增产增收，给国家粮食安全带来隐患。

3.3 发明内容

本发明的目的在于针对黑龙港流域雨养旱作区的生态特点，提出的一套雨养旱作区"两年三作"稳定耕作种植制度，即在完全雨养旱作条件下，能实现稳定的周年生产。

为解决上述技术问题，本发明提供一种黑龙港流域雨养旱作区"两年三作"稳定耕作种植制度，包括以下步骤。

3.3.1 春玉米种植

利用起垄覆膜沟播技术在4月中下旬播种春玉米，玉米播种在薄膜两侧沟内，玉米收获后，保留所覆盖在垄上的地膜，同时将玉米秸秆割倒后覆盖于地面。

3.3.2 冬小麦种植

将玉米收获后，在10月初播种冬小麦，在播前将玉米秸秆打碎，再进行旋耕、整地并播种，在春季3月上中旬顶凌追肥。

3.3.3 夏玉米的种植

在六月上中旬，在墒情合适时播种夏玉米，播种采用宽窄行种植。

3.3.4 后续种植

当夏玉米收获后，若有充足降水，土壤墒情适宜，则在10月上中旬进行步骤2并继续沿着步骤种植，若干旱缺水不能播种小麦，则将土壤翻耕后闲置，待第2年春季进行步骤3.3.1并继续沿着步骤种植。

为了进一步的加强玉米水分的供给，本发明改进有，步骤3.3.1中的起垄覆膜沟播技术是采用起垄覆膜机对地进行起垄覆膜，并在膜侧沟进行播种，垄宽70 cm，垄高5～10 cm，行距40 cm。

为了满足冬小麦播种墒情的需要，本发明改进有，在冬小麦种植前，土壤含水量保持在22%以上。

本发明的有益效果为：通过上述种植步骤，即使在完全雨养旱作的条件下，都能稳定实现基本的"两年三作"周年生产，之后再根据土地墒情，选择回至步骤3.3.2或者步骤3.3.1并继续进行下一个"两年三作"种植周期，大大缩短了耕地闲置时间，实现了农民的增产增收。

3.4 附图说明

图1为本发明的一种黑龙港流域雨养旱作区"两年三作"稳定耕作种植制度的流程图。

3.5 具体实施方式

为详细说明本发明的技术内容、构造特征、所实现目的及效果，以下结合实施方式并配合附图予以说明。

本发明根据近年来的专项试验研究及当地气候特点，研究并提出一种黑龙港流域雨养旱作区"两年三作"稳定耕作种植制度，具体参照图1，包括以下步骤。

3.5.1 春玉米种植

利用起垄覆膜沟播技术在四月中下旬播种春玉米,玉米播种在薄膜两侧沟内,玉米收获后,保留所覆盖在垄上的地膜,同时将玉米秸秆割倒后覆盖于地面。

起垄覆膜沟播技术具体是采用起垄覆膜机对地进行起垄覆膜,并在膜侧沟进行播种的方式,优选的,垄宽 70 cm,垄高 5~10 cm,玉米播种在薄膜两侧沟内,行距 40 cm。

通过地膜覆盖,有效地增加了玉米生育前期耕层的土壤温度,利于幼苗生长。同时采用地膜覆盖蓄水保墒效果明显,充分接纳和利用自然降水,特别是 5~10 mm 的微小降雨,使其就地入渗,蓄存于土壤,并减少了蒸腾,为玉米后期生长提供了水分供给。尤其是解决了传统种植方法中存在的春玉米大喇叭口期"卡脖旱"的问题,保障了春玉米产量。

上述步骤中,关于小麦播种的播前整地、施底肥、田间管理及追肥与传统种植方式相同,本发明中不再赘述。

春玉米一般于 8 月下旬即可收获,在收获的过程中,需要尽量地保证地膜的完整性,上述步骤中将玉米秸秆覆盖于地表,能有效地起到保墒作用,申请人经过连续 3 年的测定,当采用步骤一中的保墒技术,即使在 10 月初干旱少雨的年份,在地膜和秸秆覆盖的土壤含水量最低都能保持在 22% 以上,能够满足冬小麦播种墒情的需要,保证了冬小麦每年的稳定种植和按时播种。而没有覆盖的地块,土壤含水量低于 10%,不能进行小麦播种。

另一项测定表明,春玉米覆膜种植具有保肥、保全苗、抑制杂草生长、减少虫害、促进玉米生长发育、早熟、增产的作用。覆膜玉米一般比不盖膜玉米亩增产 10% 以上

3.5.2 冬小麦种植

在 10 月初播种冬小麦,在播前将玉米秸秆打碎,再进行旋耕、整地并播种,在春季 3 月上中旬顶凌追肥,保证了小麦的肥料需求,冬小麦在种植过程中,底肥施用、田间治虫、中耕、收获等田间管理与传统管理方法相同。

3.5.3 夏玉米的种植

在 6 月上中旬,黑龙港流域进入雨季,在墒情合适时播种夏玉米,播种采用宽窄行种植,通过宽窄行种植技术,改善了玉米植株间的空间分布,更利于通风透光,可有效地增加玉米种植密度,玉米产量较传统的等行距平作种植方法提高 8% 以上,种植过程中,病虫草害防治及其他田间管理同传统管理方法。

上述 3 个步骤是无论在什么样的环境下,都能保证的种植流程,实现了"两年三作"周期作业。

3.5.4 后续种植

当夏玉米收获后,若有允足降水,土壤墒情适宜,则在 10 月上中旬进行步骤 2 并继续沿着步骤种植,若干旱缺水不能播种小麦,则将土壤翻耕后闲置,待第 2 年春季进行步骤 3.5.1 并继续沿着步骤种植,参照图 1 的箭头指向。

无论采用哪种种植方法,在夏玉米收获后,都能继续进入耕种种植制度,并继续重复"两年三作"种植周期。

通过上述种植步骤,即使在完全雨养旱作的条件下,其都能稳定实现前 3 个步骤,

实现了基本的"两年三作"，之后再根据土地墒情，选择回至步骤 3.5.2 或者步骤 3.5.1 并继续进行周年生产，大大缩短了耕地闲置时间，实现了农民的增产增收。

　　以上所述仅为本发明的实施例，并非因此限制本发明的专利范围，凡是利用本发明说明书及附图内容所做的等效结构或等效流程变换，或直接或间接运用在其他相关的技术领域，均同理包括在本发明的专利保护范围内。

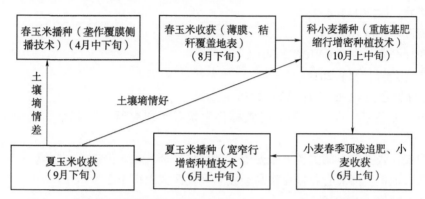

图 1　一种黑龙港流域雨养旱作区"两年三作"稳定耕作种植制度的流程

小米发酵营养饮料的制备方法

申请号：CN201410492624

申请日：2014-09-24

公开（公告）号：CN104223301A

公开（公告）日：2014-12-24

IPC 分类号：A23L1/29；A23L2/38

申请（专利权）人：1. 河北省农林科学院谷子研究所；2. 河北古黄粱酒业有限公司

发明人：张玉宗　胡秀兰　张爱霞　刘敬科　李人元　任素芬　赵巍

申请人地址：河北省石家庄市高新技术开发区恒山街 162 号

申请人邮编：050035

CPC 分类号：A23L2/382；A23L1/29；A23V2002/00

C-SETS：A23V2002/00；A23V2200/30；A23V2200/324

1　摘　要

本发明涉及小米发酵营养饮料的制备方法，以小米为原料，经过筛选、淘洗、浸泡、蒸煮糊化和冷却，然后加入糖化曲搅拌均匀，并在适宜温度下经过一定时间的发酵糖化过程，通过低温后发酵和成熟，最后对物料进行压榨、澄清过滤、装瓶、灭菌等工序制成的发酵型小米营养饮料。本发明产品，在不添加任何添加剂的情况下其溶液清亮透明；有纯正的米香味和浓郁的发酵芳香；口味甜中微酸，口感爽滑，醇厚柔和，留香持久；富含易于被人体消化吸收的葡萄糖、麦芽糖等低聚糖类，同时含有丰富的人体健康所需的多种氨基酸、多肽和微量元素，具有调节人体机能的功效。小米发酵营养饮料迎合了人们对补营养、增体质、保健康的消费需求。

2　权利要求书

2.1　方法步骤

2.1.1　原料蒸煮糊化

将经过筛选去杂、淘洗的小米，按照米：水＝1：（2～4）的重量比于室温浸泡，待充分吸水后，移至蒸锅中，于 90～100℃下蒸煮 10～30 min，使小米熟透糊化，自然冷却到 30～40℃。

2.1.2　发酵糖化和后发酵

向冷却到 30～40℃的 100 重量份小米中添加 0.4～0.6 重量份的糖化曲，充分搅拌均匀并进行发酵糖化，糖化温度为 27～33℃，糖化时间为 40～60 h；将糖化好的物料在 5℃条件下放置至少 24 h 进行后发酵成熟。

2.1.3 压榨、澄清过滤

将糖化和后发酵成熟的物料进行压榨去除谷物残渣，向压榨得到的溶液中加入澄清剂，溶液与澄清剂重量比为1：（0.02～0.06），澄清沉淀5～20 h，然后进行过滤，得到澄清液。

2.1.4 装瓶、灭菌

将过滤得到的澄清液装瓶，并于80～100℃下加热灭菌10～30 min，迅速冷却后即得本产品。

2.2 特 征

根据权利要求2.1所述的小米发酵营养饮料的制备方法，其特征在于：所述的步骤2.1.1为将经过筛选去杂、淘洗的小米，按照米：水＝1：3的重量比于室温浸泡2 h，待充分吸水后，移至蒸锅中，于100℃下蒸煮15 min，使小米熟透糊化，自然冷却到35℃。

根据权利要求2.1所述的小米发酵营养饮料的制备方法，其特征在于：所述的步骤2.1.2为向冷却到35℃的100重量份小米中添加0.4重量份的糖化曲，充分搅拌均匀并进行发酵糖化，糖化温度为30℃，糖化时间为50 h；将糖化好的物料在5℃条件下放置24 h进行后发酵成熟。

根据权利要求2.1所述的小米发酵营养饮料的制备方法，其特征在于：所述的步骤2.1.3为将糖化和后发酵成熟的物料进行压榨去除谷物残渣，向压榨得到的溶液中澄清剂，溶液与澄清剂重量比为1：0.04，澄清沉淀10 h，然后进行过滤，过滤得到的澄清液装瓶，并于100℃下加热灭菌20 min，迅速冷却后即得本产品。

根据权利要求2.1或2.2所述的发酵小米营养饮料的制备方法，其特征在于：所述步骤2.1.3中的澄清剂为皂土。

3 说明书

3.1 技术领域

本发明属于粮食加工和生物发酵技术领域，具体涉及一种以小米为原料通过发酵工艺生产的具有一定营养保健功能的小米营养饮料的制作方法。

3.2 背景技术

小米（粟米）以其营养丰富位居百谷之首，尤其是含有的具有特殊生理功能的生物活性物质对人类健康大有裨益。小米被称为医食同源的重要食物，《本草纲目》记载："养肾气，去脾胃中热，益气。陈者：苦，寒。治胃热消渴，利小便。"常吃小米还能降血压和防治消化不良，具有补血健脑和安眠等功效，还能减轻皱纹、色斑、色素沉积，有美容的作用，特别适宜老人孩子等身体虚弱的人滋补。

饮料在人们的现实生活中并不陌生，饮料市场也是个非常成熟的市场，并已经形成了碳酸饮料、果汁饮料、蔬菜汁饮料、含乳饮料、植物蛋白饮料、瓶装饮用水、茶饮料、固体饮料、特殊用途饮料和其他饮料十大系列多个品种，饮料产品琳琅满目，各具特色。饮料在给人以解渴的同时，既能补充水分又能轻松简单地补充人们必需的某些营养元素，而且其宜人的风味和酸甜爽口的感觉大大满足了人们的感官需求。随着城市生活节奏的加快，人们承受的生存压力也逐渐增大，加上世界性的环境质量下降，越来越多的雾霾天气，PM 2.5 超标，严重损害了身心健康，因此对个人健康问题的重视度提高，大众逐渐开始选择健康的食品，如何充分地利用小米的营养成分，制作出一种口感良好、营养丰富的小米饮料，是人们一直探索的课题。

3.3 发明内容

本发明的目的在于开发一种方便携带和易于饮用，能解渴解乏，而且营养丰富、快速提供人体所需的能量和营养，并具有保健功能和感官品质优良的小米发酵营养饮料。本发明的技术方案和步骤如下。

3.3.1 原料蒸煮糊化

将经过筛选去杂、淘洗的小米，按照米：水＝1：（2～4）的重量比于室温浸泡，待充分吸水后，移至蒸锅中，于90～100℃下蒸煮10～30 min，使小米熟透糊化，自然冷却到30～40℃。

3.3.2 发酵糖化和后发酵

向冷却到30～40℃的100重量份小米中添加0.4～0.6重量份的糖化曲，充分搅拌均匀并进行发酵糖化过程，糖化温度为27～33℃，糖化时间为40～60 h；将糖化好的物料在5℃条件下放置至少24 h进行后发酵成熟。

3.3.3 压榨、澄清过滤

将糖化和后发酵成熟的物料进行压榨去除谷物残渣，向压榨得到的溶液中澄清剂，溶液与澄清剂重量比为1：（0.02～0.06），澄清沉淀5～20 h，然后进行过滤，得到澄清液。

3.3.4 装瓶、灭菌

将过滤得到的澄清液装瓶，并于80～100℃下加热灭菌10～30 min，迅速冷却后即得本产品。

所述的步骤3.3.1为经过筛选去杂、淘洗的小米，按照米：水＝1：3的重量比于室温浸泡2 h，待充分吸水后，移至蒸锅中，于100℃下蒸煮15 min，使小米熟透糊化，自然冷却到35℃。

所述的步骤3.3.2为向冷却到35℃的100重量份小米中添加0.4重量份的糖化曲，充分搅拌均匀并进行发酵糖化过程，糖化温度为30℃，糖化时间为50 h；将糖化好的物料在5℃条件下放置24 h进行后发酵和成熟。

所述的步骤3.3.3为将糖化和后发酵成熟的物料进行压榨去除谷物残渣，向压榨得到的溶液中澄清剂，溶液与澄清剂重量比为1：0.04，澄清沉淀10 h，然后进行过滤，过滤得到的澄清液装瓶，并于100℃下加热灭菌200 min，迅速冷却后即得本产品。

所述步骤3.3.3中的澄清剂为皂土。

采用上述技术方案，本发明产生的技术效果有：本发明的产品溶液清亮透明，呈均匀的淡黄绿色；有纯正的米香味和浓郁的发酵芳香，风味独特，无其他异味；口味甜中微酸，口感柔和纯正；富含易于被人体消化吸收的葡萄糖和麦芽糖等糖类，同时含有丰富的人体健康所需要的多种氨基酸、维生素和矿物质元素。

本发明与现有的产品相比具有如下特点：本发明的小米发酵营养饮料的制作方法，

生产工艺简单，可操作性强，便于工业化生产；本发明生产的小米发酵营养饮料富含小分子的糖和多种氨基酸，易于快速被人体吸收，特别适合免疫力低下和急需营养补充的体弱病人食用；本发明中糖化工艺采用的是低温长时间糖化发酵技术，使产品的营养更丰富，风味和口感更加协调柔和；本发明产品是纯天然的功能型粮食饮料，几乎不含乙醇，无任何添加剂；本发明所采用的原料小米富含多种维生素（维生素 B 族、胡萝卜素、维生素 E）和矿物质元素（包括钙、铁、镁、锌、硒等），并含有多种功能营养因子，所以生产的产品具有优良的营养保健功能。

3.4 附图说明

图 1 是本发明的小米发酵营养饮料的生产工艺流程。

3.5 具体实施方式

如图 1 所示，一种小米发酵营养饮料的制备方法，其制作过程为：以小米为原料，经过筛选、淘洗、浸泡、蒸煮糊化和冷却，然后加入糖化曲搅拌均匀，并在适宜温度下经过一定时间的糖化过程，通过低温后发酵成熟，最后将发酵糖化好的物料进行压榨、澄清过滤、装瓶、灭菌等工序制成的具有一定保健功能的发酵小米营养饮料。所述糖化是在 27～33℃下糖化 40～60 h，糖化后的料液中可溶性固形物含量不低于 15%（手持糖度计测定）。

3.5.1 具体制作步骤

3.5.1.1 原料蒸煮糊化 将可食用的小米经过筛选去杂，进行淘洗，然后按照米：水 = 1：（2～4）的重量比将小米于室温浸泡 2 h 待充分吸水后，并移至蒸锅中，于 90～100℃下蒸煮 10～30 min，使之熟透糊化，使饭粒饱满分散，将煮熟糊化的小米自然冷却到 35℃左右，冷却过程中保持物料不受外界污染。

3.5.1.2 发酵糖化和后发酵 向冷却到 35℃左右的 100 重量份小米中添加 0.4～0.6 重量份糖化曲，充分搅拌均匀并进行发酵糖化，糖化温度为 27～33℃，糖化时间为 40～60 h，并有澄清的汁液渗出。将糖化好的物料在 5℃条件下放置 24 h 或更长一段时间进行后发酵成熟，可去除一些杂味，使产品的风味更佳。

现有技术中采用蛋白酶和淀粉酶解生产的饮料，二次酶解工艺复杂；酶解条件（pH 值、温度和时间）需严格控制，否则影响酶的活性和水解的程度，同时产品易出现苦味和其他异味；现有的酶解技术，是利用单一的酶专一性的水解某一种物质，如淀粉酶彻底水解淀粉的产物为葡萄糖，蛋白酶水解蛋白的产物为肽和氨基酸。由于酶的专一性，所以酶解后产物较单一，只是将蛋白质分解为低聚肽和氨基酸，将淀粉水解为葡萄糖，不会产生有机酸物质。而本发明中，以安琪甜酒曲为糖化酒曲，甜酒曲中主要是根霉菌（Rhizopus）起发酵糖化作用。含根霉菌的糖化酒曲，在生产使用过程中，根霉菌边生长、边产酶、边发酵糖化。根霉菌在适宜的温度下快速繁殖，并分泌大量的淀粉酶、蛋白酶、脂肪酶，且产酶活力高，尤其以淀粉酶最为突出。各种酶类以小米中的淀粉、蛋白质和脂肪等营养物质为底物，经过一系列的生化反应产生麦芽糖、葡萄糖等赋予产品纯正的甜味；根霉菌的繁殖会产生一系列的有机酸类，如柠檬酸、葡萄糖酸、琥珀酸等，赋予产品柔和的酸味；产生多种类的酯类物质，如乙醛、乙酸乙酯、异丁醇、异戊醇、乳酸乙酯、乙酸等，赋予产品特有的芳香味；小米中的大分子蛋白质被水解后产生一系列易于人体消化吸收的氨基酸和小分子活性肽类物质赋予产品更加丰富的营养。在发酵糖化过程中，控制好适当的温度，有利于小米营养饮料的芳香和醇厚品质的形成以及多种营养物质的积累。

3.5.1.3 压榨、澄清过滤 将糖化和后发酵成熟的物料进行压榨除去谷物残渣，向压榨得到的溶液中按照重量比为 1 份溶液添加 0.02～0.06 份澄清剂，澄清沉淀 5～20 h，然后进行过滤，过滤得到澄清液，本发明采用的澄清剂为皂土。

3.5.1.4 装瓶、灭菌 将过滤得到的澄清液装瓶，并于 80～100℃下加热灭菌 10～30 min，迅速冷却后即得到香甜可口、芳香浓郁的功能型发酵小米营养饮料。该产品可在室温下贮存 6 个月以上不会发生任何质量变化。

上述发酵小米营养饮料的制备方法，在前期大量试验的基础上，明确了不同发酵糖化条件影响产品的最终品质，发酵糖化条件包括：发酵糖化曲用量（A）、发酵糖化时间（B）和温度（C）。为确定小米营养饮料的最佳发酵糖化工艺参数，设计了 3 因素 3 水平的 L9（33）正交试验，由于不同的发酵糖化条件主要是影响最终产品的风味和口感，对产品的色泽和组织状态几乎没有影响，所以本研究参考表 1 小米发酵饮料感官品质评分标准重点对饮料的风味和口感进行感官品评。根据正交试验设计的感官品评结果（表 2），最终确定小米发酵营养饮料的发酵糖化最佳工艺参数为：糖化曲用量 0.4%，糖化时间为 50 h，糖化温度为 30℃。

表 1 小米发酵饮料感官品质评分标准

项目	评分标准	感官评分（总分20分）
风味	有纯正米香味和浓郁发酵芳香	10
口感	甜中微酸，酸甜比例适当，口感爽滑柔和	10

表 2 小米发酵饮料正交试验设计和结果分析

试验号	A（%）	B（h）	C（℃）	感官评分（总分20分）
1	0.4	40	27	16
2	0.4	50	30	19
3	0.4	60	33	10
4	0.5	40	30	17
5	0.5	50	33	11
6	0.5	60	27	14
7	0.6	40	33	11
8	0.6	50	27	17
9	0.6	60	30	12
X_1	15	14.67	15.67	
X_2	14	15.67	16	
X_3	13.33	12	10.67	
R	1.67	3.67	5.33	

3.5.2 最佳工艺参数和制备方法

按照米与水的重量比为 1:3 向筛选除杂和淘洗好的小米中加水，于室温下浸泡 2 h，并移至蒸锅中，于 100℃下蒸煮 15 min，使之熟透糊化，最后将煮熟糊化的小米冷却到 35℃。

然后向 100 份蒸煮糊化的小米中添加 0.4 份糖化酒曲搅拌均匀，在 30℃下保温发酵糖化 50 h，并将发酵糖化好的物料在 5℃条件下放置 24 h 进行后发酵和成熟，低温终止了发酵，主要作用是促进香味物质的形成和多种风味物质的相互平衡，以形成该产品特有的风味和优质的口感。

最后将发酵糖化好的物料进行压榨，得到浑浊的溶液，在压榨的溶液中按照重量比 1 份溶液添加 0.04 份皂土，澄清沉淀 10 h，过滤后装瓶，于 100℃下加热灭菌 20 min 后迅速冷却到室温，即可制成汁液均匀一致，清亮透明的小米发酵营养饮料。

本发明的产品 pH 为 3.8 左右，该酸性条件对绝大多数微生物的生长具有一定抑制作用，同时本产品富含水溶性小分子糖类、氨基酸、维生素和矿物质，产品在不添加任何稳定剂的情况下，仍具有良好的稳定性，经过高温灭菌后的产品可在常温下贮存 6 个月甚至更长时间不会发生任何质量变化。而且应用该发酵方法制得的小米营养饮料最终产品的获得率不低于 150%，即 100 份原料小米得到最终产品为 150 份以上。

该发明产品中含有人体所需的多种营养素，表 3 为采用发酵糖化最佳工艺参数制得的小米发酵饮料的营养素含量和氨基酸组成。根据 FAO/WHO 于 1973 年提出的必需氨基酸计分模式，计算出必需氨基酸评分（Amino Acid Score，简称 AAS）。从表中看，多数必需氨基酸的 AAS 接近或大于 100，所以该小米发酵饮料中的蛋白质为优质蛋白。而且饮料中的蛋白质均为小分子的氨基酸和肽类，更利于人体消化吸收。

表 3　小米发酵饮料中营养素含量和氨基酸组成

能量和营养素，每 100 g			氨基酸（mg/100 g）		
名称	含量	NRV（%）	名称	含量	AAS
能量（kJ）	180	2.14	天门冬氨酸	18.62	
蛋白质（g）	0.20	0.33	苏氨酸*	9.17	114.56
脂肪（g）	0		丝氨酸	11.76	
碳水化合物（g）	16.4	5.47	谷氨酸	36.99	
钠（mg）	30.4	1.52	甘氨酸	10.01	
葡萄糖（g）	9.7		丙氨酸	17.12	
麦芽糖（g）	4.5		胱氨酸	4.33	
维生素 B_1（mg）	0.06	4.29	缬氨酸*	10.25	102.54
维生素 B_6（mg）	0.0038	0.27	蛋氨酸*	2.48	97.21[a]
维生素 D（μg）	0.302	6.04	异亮氨酸*	7.75	96.88
钙（mg）	5.14	0.64	亮氨酸*	17.35	123.96
铁（mg）	0.287	1.91	酪氨酸	8.12	185.33[b]
镁（mg）	11.6	3.87	苯丙氨酸*	14.12	
锌（mg）	0.18	1.20	组氨酸*	9.67	284.36
硒（μg）	0.2	0.40	赖氨酸*	7.41	67.41
钾（mg）	37.8	1.89	精氨酸	9.14	
磷（mg）	20	2.86	总和	194.29	

注：* 表示八种必需氨基酸；[a] 表示蛋+胱氨酸；[b] 表示苯丙+酪氨酸

本发明中制作的小米发酵营养饮料不同于常规饮料，它是一种纯天然的、无污染，采用生物技术对小米深加工而形成的全新的功能性饮料，属于粮食饮料类。将小米深加工成小米营养饮料也是除了小米作为食物食用以外的又一个重要的消费方式，大大拓展了小米的应用途径，也极大地丰富了小米产品市场。小米营养饮料不仅保留了小米本身的营养物质，而且在发酵过程中会产生新的小分子功能成分，不仅利于消化吸收，而且进一步增强了其营养保健功能，是一种营养丰富，口味酸甜爽口的功能饮品。

本发明中，小米营养饮料的开发融合了生物发酵和酶解技术，与现有的利用单一或复合酶解技术生产的小米饮料相比，一次发酵结束，生产工艺简单易于控制，省去了多次酶解的烦琐过程；而且经发酵糖化后不仅可以将小米中维生素和矿物质等营养物质溶解出来，更重要的是将大分子淀粉和蛋白质等物质分解为小分子葡萄糖、麦芽糖、肽和氨基酸类，产品营养丰富易于吸收，是免疫力低下和急需营养补充的体弱病人食用之首选；同时在发酵糖化过程中，有益微生物的繁殖和复杂的生物化学反应，生成各种酸、酯等有机物质，赋予产品小米香气和发酵类产品特有的风味，口感饱满醇厚，香气持久，酸甜口感适宜。而采用酶解技术，风味单一（甜味），甚至由于酶解不当造成产品出现苦味等异味。本产品采用透明包装后，呈现出澄清透明的淡黄绿色液体，极大地满足了人们的感官需求。产品不含或含有极少量的乙醇，更适合于当今社会倡导的非酒精软饮料消费趋势。所以小米发酵营养饮料迎合了人们对补营养、增体质、保健康的消费需求，将对整个小米的产业链条起到巨大的推动作用。

最后应说明的是，以上实施例仅用以说明本发明的技术方案而非限制，尽管参照较佳实施例对本发明进行了详细说明，本领域的普通技术人员应当理解，可以对本发明的技术方案进行修改或者等同替换，而不脱离本发明技术方案的精神和范围，其均应涵盖在本发明的权利要求范围当中（图1）。

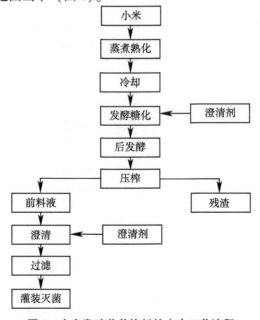

图1 小米发酵营养饮料的生产工艺流程

一种盐碱地黏质土壤田间盐分调控方法

申请号：CN201510053452

申请日：2015-02-02

公开（公告）号：CN104718832B

公开（公告）日：2016-12-21

IPC 分类号：A01B77/00；A01B79/00

申请（专利权）人：河北省农林科学院滨海农业研究所

发明人：张国新　王秀萍　刘雅辉　鲁雪林　李强　李可晔　孙宝泉　张晓东　郝桂琴

申请人地址：河北省唐山市唐海县滨海大街东段

申请人邮编：063200

1　摘　要

本发明公开了一种盐碱地黏质土壤田间盐分调控方法，通过选择盐碱地块，构建防侧渗设施、排水排盐设施，确定 0.5 m 深土壤平均含水量，并利用咸水矿化度与土壤全盐含量线性关系，进行咸水矿化度调配，将调配好的咸水进行浇灌，从而达到使土壤含盐量达到设定浓度，从而达到作物梯度盐分鉴定及耐盐性筛选的目的。本发明盐分调控方法简便、易操作，在盐碱地耐盐作物筛选及耐盐作物选育应用上具有较大利用价值。

2　权利要求书

2.1　方法步骤

第一步，选择盐碱地块，构建防侧渗设施、排水排盐设施。

第二步，确定 0.5 m 深土壤平均含水量为 10%～12.5% 或 15.5%～17%。

第三步，利用咸水矿化度与土壤全盐含量线性关系，进行咸水矿化度调配。

第四步，利用调配好的咸水进行浇灌，咸水浇灌以不从盲管渗出，且入渗深度 45～50 cm 为准。

其特征在于：所述的咸水矿化度与土壤全盐含量线性关系为，春季，土壤平均含水量 10%～12.5% 条件下，$Y = 51.841X - 8.0792$，其中 Y 为水矿化度（g/L），X 为 50 cm 土壤全盐含量（%）；夏季，土壤平均含水量 15.5%～17% 条件下，$Y = 33.886X - 6.4853$，其中 Y 为水矿化度 g/L，X 为 50 cm 土壤全盐含量%。

所述的排水排盐设施的构建具体为：沿盐碱地块中间纵向挖直沟，沟深 60 cm，坡度 0.3%～0.5%，铺设盲管，盲管为塑料波纹管，直径 ϕ8 cm，外用无纺布包裹，盲管低端穿过地块横向塑料纸，与外径 75～110 mm 的 PVC 塑料管垂直相连，PVC 排水塑料管要求与盲管水平放置；所述的咸水矿化度调配依据以下公式：$Vb/Va = (Ma/M) - 1$，其中 Vb 代表待加入的淡水体积，Va 代表待加入咸水体积，Ma 为待加入的咸水矿化度，

M 为最终调配的咸水矿化度水。

2.2 特 征

根据权利要求 2.1 所述的一种盐碱地黏质土壤田间盐分调控方法，其特征在于：所述的防侧渗设施的构建具体为，以所选盐碱地块 四周挖长形沟，沟深 0.7～0.8 m，沟壁用塑料纸包裹，塑料纸规格宽 1 m，厚>0.1 mm，塑料纸露出地面 10～15 cm，沿塑料纸作高 15～20 cm，宽 30～35 cm 畦埂，且埋住地上塑料纸部分。

根据权利要求 2.1 所述的一种盐碱地黏质土壤田间盐分调控方法，其特征在于：春季浇灌，土壤原始含水量 10%～12.5% 时，浇灌咸水量 85 L/m²；夏季浇灌：土壤原始含水量 15.5%～17% 条件下，浇灌咸水量 55 L/m²。

3 说明书

3.1 技术领域

本发明属于盐碱地利用技术领域，涉及耐盐作物的鉴定筛选，具体涉及一种盐碱地黏质土壤田间盐分调控方法。

3.2 背景技术

盐碱地是我国土地的重要后备资源，我国盐碱地主要分布在包括西北、东北、华北和滨海地区在内的 17 个省份，总面积超过 5 亿亩。滨海盐碱地作为典型类型，其受成土母质、海水侵蚀等影响，与内陆盐碱地具有较大区别，盐分主成分以氯化钠为主，如何选择耐盐作物，抵御盐分胁迫，对本区盐碱农业可持续发展至关重要。

作物耐盐性鉴定筛选，是耐盐作物选择的基础，目前耐盐作物鉴定方法主要有水培、砂培及盐池鉴定。公开号 CN103704103A，公开了一种大豆芽期砂培的耐盐鉴定方法，主要利用砂子皿装，通过不同氯化钠液处理，对大豆进行芽期耐盐性鉴定。公开号 CN102860159A，采用水培方式人工模拟盐分环境，通过光照培养箱，进行苗期耐盐性鉴定筛选。公开号 CN103430783A，该方法以人工配制的海水处理植株，利用水培法，通过生长指标对小麦进行苗期耐盐性筛选。公告号 CN102890151B，公开了一种鉴定植物苗期耐盐性的设备及方法，通过待鉴定植物穴盘苗的培育，利用鉴定用盐液的配制，进行穴盘苗与耐盐性鉴定设备的组合，达到耐盐性鉴定目的。公开号 CN101294943B，公开了快速鉴定树木耐盐碱度特性的装置及盐溶液，装置依次包括防雨棚、盐池、曝气管、浮板载体、无纺布、固定网面、气泵、出水口、排水沟和废水池，盐池中盛放盐溶液。盐溶液组分的重量百分比为：硝酸钙 0.007%～0.031%，磷酸氢二钾 0.007～0.030%，硫酸镁 0.003%～0.018%，氯化钠和氢氧化钠 0.000 04%～0.009%，余量为蒸馏水。上述公知技术主要采用盐溶液配制、防雨棚设施，通过水培、砂培等方式进行作物耐盐鉴定及耐盐作物筛选，且主要针对作物苗期的耐盐鉴定及耐盐性筛选上，但由于作物实际生长的载体为土壤，水、砂培等模拟基质在水、气、温等综合调控上具有一定技术难度，同时在全生育期的耐盐表现及耐盐作物筛选上，受作物生育时期不同生长状况、作物数量、设施成本等影响，均具有一定的局限性。

本发明针对实际耐盐鉴定及耐盐作物筛选设施的局限性，在多年试验及实践基础上，形成了滨海盐碱地黏质土壤田间盐分调控方法，本技术直接采用滨海盐碱土壤作为基质，依据滨海盐碱区地下咸水主要离子成分与土壤相似，利用本区域地下咸水进行田间盐分调控，通过一定耐盐设施配套，达到作物田间自然盐分胁迫的目的，本发明可多作物、多梯度、全生育期对作物进行盐分胁迫鉴定及耐盐作物筛选，使鉴定筛选的耐盐作物更接近于生产，易操作，多年循环使用，成本低。

3.3 发明内容

本发明目的在于提高作物耐盐鉴定及耐盐作物筛选效率，提供一种盐碱地粘质土壤田间盐分调控方法，具体为通过利用地下咸水调控盐碱地田间盐分的方法。本发明技术方案和步骤如下。

第一步，选择盐碱地块，构建防侧渗设施、排水排盐设施。

第二步，确定 0.5 m 深土壤平均含水量为 10%～12.5% 或 15.5%～17%。

第三步，利用咸水矿化度与土壤全盐含量线性关系，进行咸水矿化度调配。

第四步，利用调配好的咸水进行浇灌，咸水浇灌以不从盲管渗出，且入渗深度 45～50 cm 为准。

所述的防侧渗设施的构建具体为：地块四周挖长形沟，沟深 0.7～0.8 m，沟壁用塑料纸包裹，塑料纸规格宽 1 m，厚 >0.1 mm，塑料纸露出地面 10～15 cm，沿塑料纸作高 15～20 cm，宽 30～35 cm 畦埂，且埋住地上塑料纸部分。塑料纸作用，主要防侧渗，保证小区咸水定量入渗，使土壤盐分稳定。

所述的排水排盐设施的构建具体为：沿地块中间纵向挖直沟，沟深 60 cm，坡度 0.3%～0.5%，铺设盲管，盲管为塑料波纹管，直径 ϕ8 cm，外用无纺布包裹，盲管低端穿过地块横向塑料纸，与外径 75～110 mm 的 PVC 塑料管垂直相连，PVC 排水塑料管要求与盲管水平放置。盲管的作用主要控制春夏季地下水位，防止影响小区咸水调控盐分的准确性，同时可以用于小区洗盐及盐分重新调配。PVC 管作用是可以把盲管的控水直接排出。

所述的咸水矿化度与土壤全盐含量线性关系为：春季，土壤平均含水量 10%～12.5% 条件下，$Y=51.841X-8.0792$，其中 Y 为水矿化度 g/L，X 为 50 cm 土壤全盐含量 %。夏季，土壤平均含水量 15.5%～17% 条件下，$Y=33.886X-6.4853$，其中 Y 为水矿化度 g/L，X 为 50 cm 土壤全盐含量 %。

所述的咸水矿化度调配依据以下公式：$Vb/Va=(Ma/M)-1$，其中 Vb 代表待加入的淡水体积，Va 代表待加入咸水体积，Ma 为待加入的咸水矿化度，M 为最终调配的咸水矿化度水。

所述的第四步具体为：春季浇灌，土壤原始含水量 10%～12.5% 时，浇灌咸水量 85 L/m²；夏季浇灌，土壤原始含水量 15.5%～17% 条件下，浇灌咸水量 55 L/m²。

本发明的有益效果为：本技术直接利用地下咸水调配，对田间盐碱土壤进行盐分调控，可多作物、多梯度、全生育期对作物进行盐分胁迫鉴定及耐盐作物筛选，克服了其他水培、砂培等方法受作物生长时期及品种数量的限制，盐分调控方法简便、易操作，其在滨海盐碱地耐盐作物筛选及耐盐作物选育应用上具有较大利用价值。通过大量试验数据，得出了咸水矿化度与土壤全盐含量线性方程，在一定土壤含水率范围内，通过定量浇灌，使土壤最终含盐量符合设定浓度，避免了一般咸水直接浇灌的盲目性，使土壤盐分调控更准确，耐盐数据更科学，筛选作物更接近于其耐盐实际。

3.4 具体实施方式

下面结合实施例对本发明做进一步的说明，以下所述，仅是对本发明的较佳实施例而已，并非对本发明做其他形式的限制，任何熟悉本专业的技术人员可能利用上述揭示的技术内容加以变更为同等变化的等效实施例。凡是未脱离本发明方案内容，依据本发明的技术实质对以下实施例所做的任何简单修改或等同变化，均落在本发明的保护范围内。

2012—2014 年，中国农业科学院作物科学研究所承担的国家科技基础平台项目"作物种植资源保护与利用"采用该方法进行了 1 000 余个大豆资源耐盐鉴定。试验区位于河北省唐山市曹妃甸区，土壤为滨海盐碱地黏质土壤，土壤盐分以氯化钠为主，土壤含盐量 0.17%，土壤密度 1.41 g/cm³，田间最大持水率 37.5%，50 cm 土壤原始平均含水量 16.8%，当地咸水井抽取的咸水矿化度 23 g/L。

设施构建：试验地规划，划定 26 个小区，小区长 6.5 m、宽 4 m，依据春季潜水深度及水入渗规律，进行地下盲管埋深及间距设定。以一个小区为例，四周用开沟机挖 0.8 m 深，宽 0.2～0.3 m 的长形沟，紧贴沟壁用 0.8 mm 塑料纸围，填埋，地上塑料纸露 10～15 cm，沿塑料纸作高 20～25 cm，宽 25～30 cm 畦埂，且埋住地上塑料纸部分。沿小区长方向的中间挖深 60 cm 深的直沟，坡度 0.3%～0.5%，宽度以能放入盲管为宜，盲管一端穿过塑料纸，和 PVC 排水管相连。

盐分调控：首先进行土壤盐分指标确定，土壤盐分设定 0.3%、0.4%、0.5%、0.6%；然后通过水盐公式计算，需调配的待灌咸水矿化度为 3.7、7、10.5、14 g/L，淡水与井抽咸水按体积比调配成待灌盐度。

灌量按 55 L/m² 进行小区浇灌，渗水深度达到 48 cm，盲管无水渗出。灌水后 5 d 进行 50 cm 土层盐分取样，采用 5∶1 水浸法盐分测定，小区土壤平均盐分分别为 0.285%、0.39%、0.51%、0.59%，符合设定土壤的目标盐分，土壤盐分调控达到预期效果。

6 月进行大豆资源播种，进行全生育期耐盐性鉴定筛选，通过出苗率、株高、产量等指标考察，同年筛选出了 8 个高耐盐资源，土壤盐分在 0.51% 以下，出苗率达到 65% 以上，在土壤盐分 0.6% 时成活率 25% 以上，用于耐盐基因挖掘、定位材料。

翌年如土壤盐分受雨季影响或作物耐盐需要，需改变土壤盐分，利用盐随水来、盐随水去规律，进行大水洗盐，水盐通过盲管及排水管流出，土壤盐分 0.3% 左右土壤，进行一次大水冲洗即可；土壤含盐量>0.4%，进行两次大水冲洗，间隔 5 d。

盐地碱蓬—苜蓿—玉米梯次种植治理淤泥质滨海滩涂的方法

申请号：CN201610585408.9

申请日：2016-07-25

公开（公告）号：CN106211846B

公开（公告）日：2018-06-29

IPC 分类号：A01B79/02

申请（专利权）人：河北省农林科学院滨海农业研究所

发明人：王秀萍　刘雅辉　鲁雪林　张国新　姚玉涛　孙建平　王婷婷

申请人地址：河北省唐山市曹妃甸区唐海镇滨海大街东段

申请人邮编：063200

1　摘　要

本发明涉及一种盐地碱蓬—苜蓿—玉米梯次种植治理淤泥质滨海滩涂的方法。包括：在淤泥质滨海滩涂区构建 2 级排水淋盐系统；构建淋盐—改土培肥耕作层；构建雨水与淡水资源利用相结合的梯次推进生物改良模式。本发明依据植物—土壤适生原理，梯次种植：先锋盐生植物盐地碱蓬→耐盐改土植物苜蓿→大田作物玉米；使滨海盐土梯次降级为：滨海盐土→重度盐渍化土→中度盐渍化土—耕地。本发明解决了物理、化学措施治理盐碱地成本高、生物措施时间较长的问题，实现了生态恢复与农业生产的有机结合，达到生态效益和经济效益双赢，为滨海滩涂农田利用提供了技术支撑。

2　权利要求书

2.1　方法步骤

2.1.1　在淤泥质滨海滩涂区构建 2 级排水淋盐系统

根据地形，在土壤治理区纵向开挖梯形 1 级排水淋盐沟，上口宽 3 m，下口宽 1 m，深 2 m，降低治理区地下水位；梯形 1 级排水淋盐沟的走向以便于排水为原则，梯形 1 级排水淋盐沟入水口设置在台田高处，梯形 1 级排水淋盐沟的排水口位于台田的低洼处并与邻近沟渠、池塘相通。

间隔 25 m，横向开挖宽 1.5 m，深 1.2 m 的梯形 2 级排水淋盐沟，构建条形小台田。

2.1.2　构建淋盐—改土培肥耕作层

先用挖掘机深翻土壤 40～50 cm，形成淋盐层；然后施入物料改良材料牛粪、玉米秸秆各 5 m³/亩，磷石膏 1 000 kg/亩，翻耕 20 cm，掺拌均匀，再旋耕 2 遍，形成改土培肥耕作层。

2.1.3 构建雨水与淡水资源利用相结合的梯次推进生物改良模式

雨养型盐生植物盐地碱蓬植被恢复模式：首先构建田间蓄雨模式，围埝坐埂，在台田的边缘修筑高 30 cm、宽 50 cm 的土埝；田内采取垄沟模式，沟深 15 cm，沟间距 50 cm，纵向沟每隔 30 m 修筑相同规格的横埝；盐地碱蓬种植时期选在水盐运移不活跃的 7 月，采取撒播方式，播种量 5～6 g/m²；秋季收割并移出田块。

节水型盐地碱蓬—苜蓿梯次种植模式：翌年 7 月将自然生长的盐地碱蓬收割并移出田块；施入三元复合肥 30～40 kg/亩做基肥，旋耕 20 cm；平整田块，作无埝的种植畦面，畦宽 1.2 m，畦沟宽 30 cm，深 15～20 cm，畦之间为排盐明沟，沟口与排水淋盐沟贯通；播种苜蓿，播深 1.5～2.0 cm，播种量 0.5～1.0 kg/亩，播后覆盖秸秆 1 cm；播后安装滴灌系统，根据土壤耕层含盐量和苜蓿耐盐阈值进行滴灌调控土壤盐分。

苜蓿—玉米梯次推进种植模式：次年 6 月底收割苜蓿后，向田块中施入牛粪 3 m³/亩，硫酸钾型复合肥 40～50 kg/亩；深旋耕耕层 20 cm，疏松土壤，将含盐量较低的旋耕土层与有机肥、基肥搅拌混匀；采取滴灌+垄作模式播种，垄间宽 40 cm，垄高 15 cm，垄间距 80 cm，播种早熟、适应性强的玉米品种如郑丹 958、京农科 728；播后安装滴灌系统，以玉米耐盐阈值为土壤控盐标准，耕层土壤含盐量不高于灌溉控盐目标值后即停止灌溉；根据玉米常规管理方式进行田间管理。

2.2 特 征

根据权利要求 2.1 所述的盐地碱蓬—苜蓿—玉米梯次种植治理淤泥质滨海滩涂的方法，其特征在于：苜蓿—玉米梯次推进种植模式中，次年收割 2～3 次苜蓿后，9 月底种植冬小麦；播前管理同玉米，播种深度 3 cm 左右；品种选择耐盐、适应性强的小麦品种如小堰 60，播后滴灌采取少量多次的非饱和灌溉方法。

3 说明书

3.1 技术领域

本发明涉及沿海滩涂盐碱地的治理与利用，具体是一种盐地碱蓬—苜蓿—玉米梯次种植治理淤泥质滨海滩涂的方法。

3.2 背景技术

滨海滩涂盐碱荒地土壤盐分重、质量差，惯用的大水淋盐耗水资源严重，改良成本高，成为目前滩涂开发利用急需解决的技术问题。目前为止，世界各国解决的措施主要有工程措施、化学措施、生物措施，工程措施和化学措施虽然见效快，但造价高，产生的副作用也大。比如利用灌水洗盐，不仅耗水量大（是生物改良方式的 1.6 倍），也会随淋盐过程洗掉大量植物生长需要的矿质元素；客土法会损害客土的环境；化学改良会造成土壤的二次污染。从改良效果、农业生产经济效益等多方面综合分析，生物改良措施是最经济、有效的途径。一些盐生植物具有吸收土壤中盐分离子的作用，从而降低土壤中的盐分，同时具有增加土壤中的养分含量、改善土壤板结状况的作用；植物对地面的覆盖作用，减少了地面蒸发，阻碍了土壤表层盐分积累，从而达到改土降盐的目的。种植耐盐植物的生物措施改良沿海滩涂盐碱地，既有利于对沿海地区生态换环境的保护，又有利于提高沿海地区农业生产效率，提高沿海地区农业土地利用率。

采取生物措施改良利用盐碱地技术方面的研究，国内外学者做了大量工作。任崴等研究了枸杞、碱茅、高狐茅+苜蓿、耐盐小麦+苜蓿种植两年的改土脱盐效果，阐述了在土壤盐分含量高于 1.5%时，利用生物方式改良后土地的产量高于灌水洗盐后的产量；生物改良盐碱地是生态、经济和社会效益兼优的改良盐碱地模式（任崴，2004）。王玉珍等（2006）研究了 6 种盐生植物对盐碱地土壤改良情况的研究，表明翅碱蓬对表层土壤的改良效果较好。罗明等（1995）研究表明，种植草木樨、碱茅、苜蓿等改良新疆苏打硫酸盐草甸盐土可以降低土壤含盐量，增加土壤养分，改善土壤生态环境，促进土壤微生物的活动。张有福等（2004）研究了紫花苜蓿和饲用玉米对引黄灌区土壤盐分的抑制效应，在 1 m 土层中，紫花苜蓿处理土壤平均可溶性盐分含量比对照降低 30.1 %。王苗等（2008）研究了不同盐生植物对滨海盐渍土改良效果，表明大米草、田菁在江苏滩涂地带氯化物盐碱地推广，小花碱茅草—朝鲜碱茅草主要在内蒙古硫酸盐碱地及东北三省苏打碱土地得到推广，高冰草主要在山东滨海氯化物盐碱地与新疆等地区推广，湖南樱子主要在宁夏盐碱化耕地种植，黄白花 2 年生草木樨在青海、甘肃、新疆各地的轻中度硫酸盐碱土地区推广，芒草在东三省碱化土壤上推广；芦苇在西北各省硫酸盐碱土或碱化土壤开发改良上利用。姚荣江等（2011）研究了"滨海滩涂中、重度盐碱地种植作物的控盐栽培方法"。刘洪庆（2010）研究了"盐碱滩地的生物综合改良方法"。徐化凌等（2010）研究了"中国柽柳在滨海滩涂造林方法"。杨劲松等（2010）研究了"沿海滩涂海蓬子高产种植与培肥地力的方法"。

纵观生物改良技术研究现状，盐生植物可对盐碱地起到一定的改良作用，但由于生物改良见效慢，时间长，如何在短期内使土壤全盐含量 2.0%～2.5%的滨海盐土土壤质量提高至农田生产的水平，而且节本节水，已成为"滨海滩涂变粮仓"战略目标顺利实施面临的现实问题。

3.3 发明内容

本发明针对淤泥质滨海滩涂区土壤质量差、盐碱化程度高、淡水资源短缺、物理、化学措施治理盐碱地成本高、单一生物措施时间较长的现实问题，以提升淤泥质滨海滩涂地力和实现作物生产为目标，提供了一种盐地碱蓬—苜蓿—玉米梯次种植治理淤泥质滨海滩涂的方法。

3.3.1 技术方案

3.3.1.1 在淤泥质滨海滩涂区构建 2 级排水淋盐系统的步骤

（1）根据地形，在土壤治理区纵向开挖梯形 1 级排水淋盐沟，上口宽 3 m，下口宽 1 m，深 2 m，降低治理区地下水位；梯形 1 级排水淋盐沟的走向以便于排水为原则，梯形 1 级排水淋盐沟入水口设置在台田高处，梯形 1 级排水淋盐沟的排水口位于台田的低洼处并与邻近沟渠、池塘相通。

（2）间隔 25 m，横向开挖宽 1.5 m，深 1.2 m 的梯形 2 级排水淋盐沟，构建条形小台田。

3.3.1.2 构建淋盐—改土培肥耕作层的步骤 先用挖掘机深翻土壤 40～50 cm，形成淋盐层；然后施入物料改良材料牛粪、玉米秸秆各 5 m³/亩，磷石膏 1 000kg/亩，翻耕 20 cm，掺拌均匀，再旋耕 2 遍，形成改土培肥耕作层。

3.3.1.3 构建雨水与淡水资源利用相结合的梯次推进生物改良模式的步骤

（1）雨养型盐生植物盐地碱蓬植被恢复模式：首先构建田间蓄雨模式，围埝坐埝，在台田的边缘修筑高 30 cm、宽 50 cm 的土埝；田内采取垄沟模式，沟深 15 cm，沟间距 50 cm，纵向沟每隔 30 m 修筑相同规格的横埝；盐地碱蓬种植时期选在水盐运移不活跃的 7 月，采取撒播方式，播种量 5～6 g/m²；秋季收割并移出田块。

（2）节水型盐地碱蓬—苜蓿梯次种植模式：次年 7 月自然生长的盐地碱蓬收割并移出田块；施入三元复合肥 30～40 kg/亩做基肥，旋耕 20 cm；平整田块，作无埝的种植畦面，畦宽 1.2 m，畦沟宽 30 cm，深 15～20 cm，畦之间为排盐明沟，沟口与排水淋盐沟贯通；播种苜蓿，播深 1.5～2.0 cm，播种量 0.5～1.0 kg/亩，播后覆盖秸秆 1 cm；播后安装滴灌系统，根据土壤耕层含盐量和苜蓿耐盐阈值进行滴灌调控土壤盐分。

（3）苜蓿—玉米梯次推进种植模式：次年 6 月底收割苜蓿后，向田块中施入牛粪 3 m³/亩，硫酸钾型复合肥 40～50 kg/亩；深旋耕耕层 20 cm，疏松土壤，将含盐量较低的旋耕土层与有机肥、基肥搅拌混匀；采取滴灌+垄作模式播种，垄间宽 40 cm，垄高 15 cm，垄间距 80 cm，播种适应性强的玉米品种郑丹 958、京农科 728；播后安装滴灌系统，以玉米耐盐阈值为土壤控盐标准，耕层土壤含盐量不高于灌溉控盐目标值后即停止灌溉；根据玉米常规方式进行田间管理。或者，在苜蓿—玉米梯次推进种植模式中，次年收割 2~3 次苜蓿后，9 月底种植冬小麦；播前管理同玉米，播种深度 3 cm 左右；品种选择耐盐、适应性强的小堰 60、良星 99"，播后滴灌采取少量多次的非饱和灌溉方法。

3.3.2 有益效果

3.3.2.1 节水降盐

盐地碱蓬和苜蓿播种选在雨水资源充分、水盐运移不频繁的 7 月，可充分利用雨水资源降盐造墒，节约了大水淋盐所需水资源；同时，盐地碱蓬、苜蓿可形成地面覆盖，减弱了浅层地下水和底土层盐分在耕层的积累，达到节水降盐的目的。

3.3.2.2 节本改土

只对 20 cm 土层进行改良，物料用量为已有滨海盐土治理技术的 15%，实现了节本改土；作物生产结合垄作，为作物生长营造了相对肥沃、疏松、深厚的淡土环境，促进提高了植物（作物）出苗率。

3.3.2.3 生物降盐

与改土降盐、雨水降盐、淡水降盐相结合，使土壤盐分梯次降级、土壤质量梯次提升，节本提效：首先对不毛之地的滨海滩涂进行改土降盐、雨水降盐，使土壤盐度降至 1.5% 以下，构建先锋盐生植物盐地碱蓬植被生长环境，促成生物降盐的土壤环境；利用盐地碱蓬高吸盐特性，待土壤盐分降低至 1.0% 以下时，种植较耐盐牧草苜蓿，雨水降盐结合节水控盐保证全苗壮苗；利用其根系发达、生物量大，改土效果好的特性，待土壤盐分降至 0.7% 以下时，结合全苗增产技术，种植高产作物玉米、小麦，达到丰产的总体目标。

3.3.2.4 生态恢复与农业生产相结合，达到了生态效益和经济效益双赢

本发明采取盐碱荒地的综合改良与高效利用相结合，充分利用雨水资源恢复植被、利用植物的吸盐特性增强降盐，利用低成本改良物料组合改土降盐，物理措施、化学措施、生物措施的有机结合，实现了低成本、快速利用滨海滩涂农业生产，对我国滨海盐

碱地生态环境的提升和耕地面积的增加具有重要的现实意义。

3.4 具体实施方式

以下结合实施例详述本发明，但实施例不对本发明构成任何限制。

本实施例的实施地位于东经 119°01.154′，北纬 37°43.306′的河北省唐山市曹妃甸区的淤泥质滨海盐土区。

对项目区原始地貌进行了土样采集和土壤质量分析，土质黏重，土壤结构性极差，容重为 1.33～2.27 g/cm³，>0.25 mm 的大结构含量为 7.5%，<0.25 mm 微结构含量为 92.5%（表 1）。0～20 cm 耕层土壤全盐含量 2.3～5.2%，为重度滨海盐土（表 2）。土壤养分缺乏，植被以盐地碱蓬为主，覆盖率 2%以下；地下水埋深 2.6～3.5 m，地下水矿化度 11.1～30.1 g/L。土壤盐分高、土壤质量差是滨海淤泥质滨海盐土地力提升和作物生产的主要障碍因子。

表 1　项目区土壤团聚体含量　　　　　　　　　　　　　　　（%）

处理	>5 mm	2 mm	1 mm	0.5 mm	0.25 mm	0.017 mm	<0.075 mm
原地貌土壤	0	1.04	0.37	1.87	4.22	22.77	69.73

表 2　项目区土壤理化性状指标

土壤全盐含量（%）	pH 值	有机质（g/kg）	速效氮（mg/kg）	速效磷（mg/kg）	速效钾（mg/kg）
2.3～5.2	8.24	8.11	21.72	18.73	564

盐地碱蓬—苜蓿—小麦梯次种植提升淤泥质滨海滩涂地力和进行作物生产的方法，主要实施环节如下。

3.4.1　构建 2 级排水淋盐系统

2014 年 4 月开始对项目区进行土地整理，根据地形，东西向南端纵向开挖深 2 m、宽 3 m 总排盐沟；隔 25 m 横向开挖宽 1.5 m、深 1.2 m 排盐沟，建成 2 级排水淋盐沟系统。

3.4.2　改土培肥，构建淋盐—耕作层

所述的构建"淋盐—耕作层"步骤为：用挖掘机深翻土壤 40～50 cm，形成淋盐层；均匀撒施腐熟牛粪、粉碎玉米秸秆各 5 m³/亩，磷石膏 1 000 kg/亩，用拖拉机深耕两遍，再旋耕两遍，形成改土培肥耕作层。

3.4.3　盐地碱蓬植被恢复

田间蓄雨工程系统：围埝坐埝，在台田的边缘修筑高 30 cm、宽 50 cm 的土埝。田内采取垄沟模式，沟深 15 cm，沟宽 30 cm，沟间距 50 cm。纵向沟每隔 30 m 左右修筑相同规格的横埝，以最大限度拦蓄降雨，做到不产生径流或少产生径流，提高雨水利用率及增强淋盐效果。

盐地碱蓬种植：2014 年 7 月中旬，采用人工撒播的简易方式播种盐地碱蓬，播种量 5～6 g/m²。利用雨水资源恢复盐地碱蓬植被，秋季收割并移出田块。

3.4.4　盐地碱蓬—苜蓿梯次推进种植模式

前茬处理：2015 年 7 月初将自然生长的盐地碱蓬收割并移出田块。

播前处理：施入三元复合肥 30～40 kg/亩做基肥，旋耕 20 cm。

做高畦：作无埝的种植畦面，畦宽 1.2 m，畦沟宽 30 cm，深 15～20 cm，畦之间为排盐明沟，沟口与排盐沟贯通。

播种：高畦沟播，深挖沟浅覆土。畦面上挖 3 条 10 cm 的播种沟，选择"三得利、新疆大叶苜蓿"等出苗快、耐盐性强的苜蓿品种，沟内播种，播后浅覆土 1.5～2.0 cm。播种量 0.5～1.0 kg/亩。

水盐调控：播前灌水降盐，播后覆土，减少硬壳状况；有滴灌条件的，播后非饱和滴灌 1～2 次，出苗后利用雨水资源。

3.4.5 苜蓿—玉米梯次推进种植模式

2016 年 6 月底收割苜蓿后，向田块中施入牛粪 3 m³/亩，硫酸钾型复合肥 40～50 kg/亩；深旋耕耕层 20 cm，疏松土壤，将含盐量较低的旋耕土层与有机肥、基肥搅拌混匀；采取"滴灌+垄作"模式播种，垄间宽 40 cm，垄高 15 cm，垄间距 80 cm，播种玉米品种郑单 958，播深 3 cm；播后安装滴灌系统，以玉米耐盐阈值为土壤控盐标准，耕层土壤含盐量不高于灌溉控盐目标值后即停止灌溉；根据玉米常规方式进行田间管理。

本发明采取生物降盐与低成本物料降盐、农艺降盐相结合，降低了改良利用成本；降低了淤泥质滨海盐土黏度，土壤质量得到改善，土壤养分含量提升，增强了滨海滩涂生物生产能力（表3～表5）。

表3 梯次种植对土壤结构的影响

年份	梯次种植模式	容重（g/cm³）	土壤团聚体结构		土壤全盐含量（%）
			>0.25 mm（%）	<0.25 mm（%）	
2014 年	光板地	2.27	7.50	92.50	2.23
2014 年	物料改良	1.57	13.21	86.79	1.15
2014 年	光板地—盐地碱蓬	1.39	28.61	71.39	1.08
2015 年	光板地—盐地碱蓬—苜蓿	1.16	40.36	59.64	0.70
2016 年	光板地—盐地碱蓬—苜蓿—玉米	1.05	27.62	72.38	0.55

表4 梯次种植对土壤理化指标的影响

年份	梯次种植模式	土壤全盐含量（%）	有机质（%）	速效钾（g/kg）	速效磷（mg/kg）	碱解氮（mg/kg）
2014 年	光板地	2.23	0.81	0.56	18.73	21.72
2014 年	物料改良	1.15	0.87	10.44	47.35	38.50
2014 年	光板地—盐地碱蓬	1.08	2.07	6.57	67.82	52.50
2015 年	光板地—盐地碱蓬—苜蓿	0.70	2.22	7.69	89.69	57.75
2016 年	光板地—盐地碱蓬—苜蓿—玉米	0.55	2.22	5.35	134.05	68.83

表 5 生物降盐效果

年份	梯次种植模式	K⁺ (g/kg)	Na⁺ (g/kg)	Ca²⁺ (g/kg)	Mg²⁺ (g/kg)	Cl⁻ (g/kg)	总盐分 (g/kg)	生物量 (kg/亩)	吸盐量 (kg/亩)
2014 年	滨海滩涂—盐地碱蓬	14.55	102.13	1.83	2.03	146.44	266.99	1 511.82	403.63
2015 年	滨海滩涂—盐地碱蓬—苜蓿	38.06	17.73	6.31	1.96	102.06	166.13	1 265.60	210.25
2016 年	滨海滩涂—盐地碱蓬—苜蓿—玉米	11.11	7.66	0.57	1.05	17.75	38.13	256.86	

以上所述仅为本发明较佳可行的实施例而已，并非因此局限本发明的权利范围，凡运用本发明说明书及内容所做的等效变化，均包含于本发明的权利范围之内。

参考文献

刘洪庆. 2010 - 10 - 06. 盐碱滩地的生物综合改良方法. 中国，200910210319.6 [P].

罗明，邱沃，孙建光. 1995. 种草改良苏打硫酸盐草甸盐土对土壤微生物区系的影响 [J]. 八一农学院学报 (3)：35-39.

任崴，罗廷彬，王宝军，等. 2004. 新疆生物改良盐碱地效益研究 [J]. 干旱地区农业研究，22 (4)：211-214.

王苗，齐树亭，葛美丽. 2008. 盐生植物对滨海盐渍土生物改良的研究进展 [J]. 安徽农业科学，36 (7)：2 898-2 899.

王玉珍，刘永信，魏春兰，等. 2006. 6 种盐生植物对盐碱地土壤改良情况的研究 [J]. 安徽农业科学，34 (5)：951-952, 957.

徐化凌，娄金华，邵秋玲，等. 2010 - 07 - 21. 中国柽柳在滨海滩涂造林技术. 中国，201010109965.6 [P].

杨劲松，孟庆峰，姚荣江，等. 2012 - 08 - 15. 沿海滩涂海蓬子高产种植与培肥地力的方法. 中国，201210140560.8 [P].

姚荣江，杨劲松，赵秀芳，等. 2011 - 05 - 18. 滨海滩涂中、重度盐碱地种植作物的控盐栽培方法. 中国，201010545832.3 [P].

张有福，蔺海明，贾恢先. 2004. 紫花苜蓿和饲用玉米对引黄灌区土壤盐分的抑制效应 [J]. 甘肃农业大学学报，39 (2)：168-172.

一种棉田土壤耕层重构及其配套栽培方法

申请号：CN201610070374

申请日：2016-02-02

公开（公告）号：CN105519275B

公开（公告）日：2017-05-24

IPC 分类号：A01B79/02；A01G1/00

申请（专利权）人：河北省农林科学院棉花研究所

发明人：王树林　祁虹　林永增　王燕　张谦　冯国艺　梁青龙

申请人地址：河北省石家庄市和平西路 598 号

申请人邮编：050051

1　摘　要

本发明提供了一种棉田土壤耕层重构及其配套栽培方法，包括以下步骤：在棉花种植地区，于秋收后入冬前，在棉田土壤表面撒施有机肥料 2～3 m³/亩；然后采用旋转深翻犁将 0～20 cm 的土层与 20～40 cm 的土层互换，同时对 40～60 cm 的土层松动；来年的棉花种植期之前的 7～10 d 在土壤表面撒施化肥，每亩撒施尿素 15～20 kg、磷酸二铵 10～12 kg、氯化钾 20～25 kg，然后进行灌溉，亩灌水量为 80～100 m³；在棉花种植期内对土壤进行旋耕耙糖，选择生育期不低于 130 d 的棉花品种播种；棉花植株现蕾后不进行整枝，留苗密度为 3 000～3 200 株/亩；在蕾期到初花期之间灌水 1 次，灌水量为 40～50 m³/亩；蕾期喷施缩节胺 0.5～0.7 g/亩，初花期喷施缩节胺 1.5～2.0 g/亩，盛花期喷施缩节胺 2.5～3.0 g/亩。本发明方法改善了棉田土壤理化性能，均衡养分，提高棉花产量。

2　权利要求书

2.1　方法步骤

第一步，在棉花耕作地区，于秋收后入冬前，在棉花种植地的土壤表面撒施有机肥料，施肥量为每亩 2～3 m³。

第二步，使用旋转深翻犁，在撒施有机肥料后的棉花种植地上进行深耕操作。所述旋转深翻犁包括连接梁、第一组犁铧和第二组犁铧。所述连接梁为末端向着犁铧背侧水平弯折的弯梁，所述第一组犁铧设置在所述连接梁的下方，所述第二组犁铧设置在所述连接梁的上方，所述第一组犁铧与所述第二组犁铧为对称设置。所述第一组犁铧包括第一主犁铧、第一副犁铧和第一深松铲。所述第一主犁铧设置在所述连接梁的前段，所述第一副犁铧设置在所述连接梁的末端，所述第一主犁铧尖部的水平高度比所述第一副犁铧尖部的水平高度低 20 cm。所述第一深松铲设置在所述第一主犁铧的侧下方，所述第一深松铲的铲面与水平面的夹角为 30°，所述第一深松铲尖部的水平高度比所述第一主犁铧尖部的水平高度低 20 cm。在所述第一副犁铧的外侧后方设有第一支撑轮，所述第一支撑轮的轮沿低点的水平高度比所述第一副犁铧尖部的水平高度高 20 cm。所述第二组犁铧包括第二主犁铧、第二副犁铧和第二深松铲。所述第二主犁铧与所述第一主犁铧相对连接梁为对称设置，所述第二副犁铧与所述第一副犁铧相对连接梁为对称设置，所述第二深松铲与所述第一深松铲相对连接梁为对称设置，在所述第二副犁铧的外侧后方设有第二支撑轮，所述第二支撑轮与所述第一支撑轮相对连接梁为对称设置。第一犁幅的深耕操作的过程是，由拖拉机带动旋转深翻犁在第一犁幅的土地上直线前行，先由朝下的第一组犁铧在第一犁幅中耕作，第一组犁铧中的第一主犁铧先行开沟，将第一犁幅的距地表以下 0～40 cm 的土层翻上，形成深度为 40 cm 的土沟，第一深松铲随后对土沟中距地表以下 40～60 cm 的土层进行松动，再后，由第一副犁铧将紧邻所开土沟一侧的第二犁幅土地的距地表以下 0～20 cm 的上表土层翻至由第一主犁铧所开好的土沟中。在由第一组犁铧开出并覆盖了上表土层的土沟内洒施 1～2 cm 厚的木炭粉，形成覆盖沟内上表土层的炭粉层。当第一犁幅的深耕操作到地头时，拖拉机带动旋转深翻犁掉回头，并将旋转深翻犁上下翻转 180°，使第二组犁铧朝下，在紧邻第一犁幅的第二犁幅上开始第二犁幅的深耕操作。具体操作过程是，由第二组犁铧中的第二主犁铧先行开沟，将第二犁幅的距地表以下 20～40 cm 的土层翻到第一犁幅的土沟中，覆盖在第一犁幅土沟中的炭粉层的上部，在第二犁幅的土地上形成深度为 40 cm 的土沟，第二深松铲对第二犁幅土沟中的距地表以下 40～60 cm 的土层进行松动，再后，由第二副犁铧将紧邻第二犁幅土沟一侧的第三犁幅土地的距地表以下 0～20 cm 的上表土层翻至由第二主犁铧所开好的土沟中。在由第二组犁铧开出并覆盖了上表土层的第二犁幅土沟内撒施 1～2 cm 厚的木炭粉，形成覆盖第二犁幅土沟内上表土层的炭粉层。当第二犁幅的深耕操作到地头时，拖拉机带动旋转深翻犁掉回头，并将旋转深翻犁上下翻转 180°，使第一组犁铧再次朝下，并在紧邻第二犁幅的第三犁幅上开始第三犁幅的深耕操作。以此类推，直至完成整块棉花种植地的深耕操作，从而完成了棉花种植地的土壤耕层重构。

第三步，在来年的棉花种植期之前的 7～10 d，在土壤耕层重构后的棉花种植地的土壤表面撒施化学肥料，每亩撒施尿素 15～20 kg、磷酸二铵 10～12 kg、氯化钾 20～25 kg，在将化学肥料撒施于土壤表面后，进行浇水灌溉，亩灌水量控制在 80～100 m³。

第四步，在棉花种植期内，对完成土壤耕层重构的土壤进行旋耕耙耱，然后选择生育期不低于 130 d 的棉花品种进行播种。播种前，先在旋耕耙耱后的土壤表面铺设塑料地膜，所用塑料地膜的宽度为 60 cm，相邻两幅地膜的铺设间距为 16 cm。播种时，将棉花种子播种于相邻两幅地膜之间裸露的土壤中。

第五步，当棉花植株现蕾后保留叶枝不进行整枝，进行植株间苗，留苗密度为 3 000～3 200 株/亩。

第六步，在棉花生长的蕾期到初花期之间，灌水 1 次，灌水量为 40～50 m³/亩。

第七步，在棉花生长的蕾期，喷施缩节胺 0.5～0.7 g/亩，在棉花生长的初花期，喷施缩节胺 1.5～2.0 g/亩，在棉花生长的盛花期，喷施缩节胺 2.5～3.0 g/亩。

2.2 特 征

根据权利要求 2.1 所述的棉田土壤耕层重构及其配套栽培方法，其特征是，所述第一步中所撒施的有机肥为猪粪或鸡粪。

根据权利要求 2.1 所述的棉田土壤耕层重构及其配套栽培方法，其特征是，所述第七步的缩节胺喷施方法为：将选定量的缩节胺对水 10 kg，配制成每亩的药液用量，使用喷雾器于傍晚无风天气，距离棉花植株顶部 30 cm 处，均匀喷出。

3 说明书

3.1 技术领域

本发明涉及一种棉花的栽培方法，具体地说是一种棉田土壤耕层重构及其配套栽培方法。

3.2 背景技术

棉花是河北省的主要经济作物，主要分布在邢台市、邯郸市、沧州市的干旱半干旱地区，并形成了常年连作的种植模式。棉花连作年限的增加积累形成了多种阻碍棉花优质高产的不利因素，例如土壤物理性能恶化，养分分布不均衡，各养分含量比例失调；土壤中微生物种类发生变化，有害生物增加，土传病虫害严重等。这些不利因素使大部分棉田出现病害严重、早衰、施肥量大、肥料利用率低等问题，导致棉花产量降低，严重制约着棉花产业的高效安全可持续发展。

经研究表明，随着棉花连作年限的增加，棉田土壤 15～30 cm 的土层会形成犁底层，犁底层的存在阻碍了棉花根系下扎与上下层土壤之间水分的交换，对棉花生长十分不利；也正是由于犁底层的存在，土壤蓄积水分的能力大大下降，使得雨季降雨径流损失增大，这无疑是对干旱地区水资源的白白浪费。

3.3 发明内容

本发明的目的就是提供一种棉田土壤耕层重构及其配套栽培方法，以改善棉田土壤理化性能，均衡养分，提高棉花产量。

本发明是这样实现的：一种棉田土壤耕层重构及其配套栽培方法，包括以下步骤：

第一步，在棉花耕作地区，于秋收后入冬前，在棉花种植地的土壤表面撒施有机肥料，施肥量为每亩 2～3 m³。

第二步，使用旋转深翻犁，在撒施有机肥料后的棉花种植地上进行深耕。所述旋转深翻犁包括连接梁、第一组犁铧和第二组犁铧。所述连接梁为末端向着犁铧背侧水平弯折的弯梁，所述第一组犁铧设置在所述连接梁的下方，所述第二组犁铧设置在所述连接梁的上方，所述第一组犁铧与所述第二组犁铧为对称设置。所述第一组犁铧包括第一主犁铧、第一副犁铧和第一深松铲。所述第一主犁铧设置在所述连接梁的前段，所述第一副犁铧设置在所述连接梁的末端，所述第一主犁铧尖部的水平高度比所述第一副犁铧尖部的水平高度低 20 cm。所述第一深松铲设置在所述第一主犁铧的侧下方，所述第一深松铲的铲面与水平面的夹角为 30°，所述第一深松铲尖部的水平高度比所述第一主犁铧尖部的水平高度低 20 cm。在所述第一副犁铧的外侧后方设有第一支撑轮，所述第一支撑轮的轮沿低点的水平高度比所述第一副犁铧尖部的水平高度高 20 cm。所述第二组犁铧包括第二主犁铧、第二副犁铧和第二深松铲。所述第二主犁铧与所述第一主犁铧相对连接梁为对称设置，所述第二副犁铧与所述第一副犁铧相对连接梁为对称设置，所述第二深松铲与所述第一深松铲相对连接梁为对称设置，在所述第二副犁铧的外侧后方设有第二支撑轮，所述第二支撑轮与所述第一支撑轮相对连接梁为对称设置。第一犁幅的深耕操作的过程是，由拖拉机带动旋转深翻犁在第一犁幅的土地上直线前行，先由朝下的第一组犁铧在第一犁幅中耕作，第一组犁铧中的第一主犁铧先行开沟，将第一犁幅的距地表以下 0～40 cm 的土层翻上，形成深度为 40 cm 的土沟，第一深松铲随后对土沟中距地表以下 40～60 cm 的土层进行松动，再后，由第一副犁铧将紧邻所开土沟一侧的第二犁幅土地的距地表以下 0～20 cm 的上表土层翻至由第一主犁铧所开好的土沟中。在由第一组犁铧开出并覆盖了上表土层的土沟内洒施 1～2 cm 厚的木炭粉，形成覆盖沟内上表土层的炭粉层。当第一犁幅的深耕操作到地头时，拖拉机带动旋转深翻犁掉回头，并将旋转深翻犁上下翻转 180°，使第二组犁铧朝下，在紧邻第一犁幅的第二犁幅上开始第二犁幅的深耕操作。具体操作过程是，由第二组犁铧中的第二主犁铧先行开沟，将第二犁幅的距地表以下 20～40 cm 的土层翻到第一犁幅的土沟中，覆盖在第一犁幅土沟中的炭粉层的上部，在第二犁幅的土地上形成深度为 40 cm 的土沟，第二深松铲对第二犁幅土沟中的距地表以下 40～60 cm 的土层进行松动，再后，由第二副犁铧将紧邻第二犁幅土沟一侧的第三犁幅土地的距地表以下 0～20 cm 的上表土层翻至由第二主犁铧所开好的土沟中。在由第二组犁铧开出并覆盖了上表土层的第二犁幅土沟内撒施 1～2 cm 厚的木炭粉，形成覆盖第二犁幅土沟内上表土层的炭粉层。当第二犁幅的深耕操作到地头时，拖拉机带动旋转深翻犁掉回头，并将旋转深翻犁上下翻转 180°，使第一组犁铧再次朝下，并在紧邻第二犁幅的第三犁幅上开始第三犁幅的深耕操作。以此类推，直至完成整块棉花种植地的深耕操作，从而完成了棉花种植地的土壤耕层重构。

第三步，在来年的棉花种植期之前的 7～10 d，在土壤耕层重构后的棉花种植地的土壤表面撒施化学肥料，每亩撒施尿素 15～20 kg、磷酸二铵 10～12 kg、氯化钾 20～25 kg，在将化学肥料撒施于土壤表面后，进行浇水灌溉，亩灌水量控制在 80～100 m³。

第四步，在棉花种植期内，对完成土壤耕层重构的土壤进行旋耕耙糖，然后选择生育期不低于 130 d 的棉花品种进行播种。播种前，先在旋耕耙糖后的土壤表面铺设塑料地膜，所用塑料地膜的宽度为 60 cm，相邻两幅地膜的铺设间距为 16 cm。播种时，将棉花种子播种于相邻两幅地膜之间裸露的土壤中。

第五步，当棉花植株现蕾后保留叶枝不进行整枝，进行植株间苗，留苗密度为 3 000～3 200 株/亩。

第六步，在棉花生长的蕾期到初花期之间，灌水 1 次，灌水量为 40～50 m³/亩。

第七步，在棉花生长的蕾期，喷施缩节胺 0.5～0.7 g/亩，在棉花生长的初花期，喷施缩节胺 1.5～2.0 g/亩，在棉花生长的盛花期，喷施缩节胺 2.5～3.0 g/亩。

所述步骤第一步中所撒施的有机肥为猪粪或鸡粪。

所述步骤第七步中的缩节胺喷施方法为：将选定量的缩节胺对水 10 kg，配制成每亩的药液用量，使用喷雾器于傍晚无风天气，距离棉花植株顶部 30 cm 处，均匀喷出。

本发明方法对土壤耕层进行了重构，耕层重构之后的土壤从上到下依次分为原深层土壤层、木炭粉层、原上层土壤层、有机肥层以及松动土壤层。

本发明方法提高了棉田土壤的蓄水保墒能力，河北省雨季主要集中在夏季，雨量集中导致地表径流损失严重，土壤耕层重构后增强了上下层土壤水分交换能力，可使多余降雨下渗蓄积在深层土壤中。当遇到干旱时上层土壤水分降低，木炭粉层吸附下层土壤中的水分，使水分沿土壤毛细管上移供棉花生长所需，大大增强了棉田耐涝抗旱能力。

本发明的方法可增加和更新土壤有机质，促进微生物繁殖，改善土壤的理化性质和生物活性，使得整个棉花生育期病害明显减轻。同时，本发明方法使上下层土壤养分均衡分布，改善了现有棉田土壤越往下养分含量越低的问题，尤其是大大提高了棉花根部周围土壤中养分的含量，诱导棉花植株根系下扎，促进棉花健壮生长。更重要的是，进行土壤耕层重构以后，不仅没有延迟棉花的发苗时间，还大大提高了棉花的出苗率，免除了补苗等操作，减少了工作量，而且棉花在成熟期无早衰或贪青现象。

本发明方法可将表层土壤翻到 20 cm 以下，对杂草具有彻底灭除作用，省去了喷施除草剂、中耕除草等工作，节省了用工。采用土壤耕层重构后棉花中后期长势旺盛，配合简化整枝、缩节胺化控等措施保证了棉花的高产。

本发明方法在播种时先在土壤表面铺设塑料地膜，然后将种子播种于相邻两幅地膜之间裸露的土壤内，该播种方式完全不同于现有技术中先播种，然后在种有种子的土壤表面铺设地膜的播种方式。其不仅解决了棉花出苗后需要一一戳破棉花苗顶部的地膜以使棉花苗露出的问题，而且还提高了土壤的保墒能力，提高了棉花产量，这是现有技术无法预料的。

本发明方法使得棉花植株的发病率大大降低，减少了对发病植株的处理工作和费用。本发明降低了每亩棉田的灌水量，大大节省了灌溉用水和灌溉用工。采用本发明方法栽培棉花的后期管理工作非常简单，无须多次喷药（除草剂、杀虫剂等）、施肥、灌水，大大节省了劳动力。本发明方法简单，无须专业技术人员指导，便于推广应用。本发明栽培方法可明显提高棉花产量，增加农民收益。

本发明还提供一种棉田土壤耕层重构专用旋转深翻犁，其包括连接梁、第一组犁铧和第二组犁铧。所述连接梁为末端向着犁铧背侧水平弯折的弯梁，所述第一组犁铧设置在所述连接梁的下方，所述第二组犁铧设置在所述连接梁的上方，所述第一组犁铧与所述第二组犁铧为对称设置。

所述第一组犁铧包括第一主犁铧、第一副犁铧和第一深松铲。所述第一主犁铧设置在所述连接梁的前段，所述第一副犁铧设置在所述连接梁的末端，所述第一主犁铧尖部的水平高度比所述第一副犁铧尖部的水平高度低 20 cm。所述第一深松铲设置在所述第一主犁铧的侧下方，所述第一深松铲的铲面与水平面的夹角为 30°，所述第一深松铲尖部的水平高度比所述第一主犁铧尖部的水平高度低 20 cm。在所述第一副犁铧的外侧后方设有第一支撑轮，所述第一支撑轮的轮沿低点的水平高度比所述第一副犁铧尖部的水平高度高 20 cm。

所述第二组犁铧包括第二主犁铧、第二副犁铧和第二深松铲。所述第二主犁铧与所述第一主犁铧相对连接梁为对称设置，所述第二副犁铧与所述第一副犁铧相对连接梁为对称设置，所述第二深松铲与所述第一深松铲相对连接梁为对称设置，在所述第二副犁铧的外侧后方设有第二支撑轮，所述第二支撑轮与所述第一支撑轮相对连接梁为对称设置。

本发明旋转深翻犁能够实现距地表以下 0～20 cm 土层与距地表以下 20～40 cm 土层之间的完全置换，并同时能够对距地表以下 40～60 cm 土层进行松动，其深翻效果非常好。采用本深翻犁进行深翻的棉田，土壤垂直向养分分布更加均衡，土壤蓄水保墒能力大大提高，土传病害大大减轻，田间杂草基本消除。

3.4 附图说明

图 1 是本发明所用旋转深翻犁的结构示意图。

图 2 是图 1 中连接梁的俯视图。

3.5 具体实施方式

3.5.1 实施例 1——旋转深翻犁

如图 1 所示，本发明主要由翻转机构、连接梁、第一组犁铧和第二组犁铧等部分组成。翻转机构包括液压装置和翻转轴，连接梁与翻转轴相连接，液压装置为翻转提供动力，使翻转轴带动连接梁翻转。如图 2 所示，连接梁为末端向着犁铧背侧水平弯折的弯梁，其前端与翻转机构连接，用于承载第一组犁铧和第二组犁铧，并可在翻转机构的作用下带动两组犁铧上下翻转。

如图 1 所示，第一组犁铧设置在连接梁的下方，包括设置在连接梁前段的第一主犁铧和设置在连接梁末端的第一副犁铧，第一副犁铧位于第一主犁铧的背侧后方，且第一主犁铧尖部的水平高度比第一副犁铧尖部的水平高度低 20 cm。当进行深翻作业时，副犁铧位于下一犁幅主犁铧作业的位置，主犁铧的翻地深度比副犁铧的翻地深度深 20 cm。第一主犁铧用于开沟，将深层土壤翻到与其相邻的前一犁幅的沟内；第一副犁铧用于将下一犁幅的表层土壤翻到本犁幅上开好的沟内。

在第一主犁铧的外侧下方设有第一深松铲，第一深松铲的铲面与水平面的夹角为 30°，第一深松铲尖部与第一主犁铧尖部的水平高度差设置为 20 cm，当主犁铧进行开沟时，深松铲用于对沟底下方更深层的土层进行松动。在第一副犁铧的外侧后方设有第一支撑轮，第一支撑轮的轮沿低点的水平高度比第一副犁铧尖部的水平高度高 20 cm，

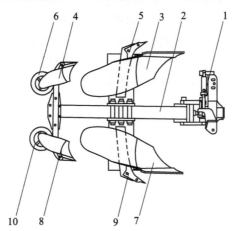

1. 翻转机构　2. 连接梁　3. 第一主犁铧　4. 第一副犁铧　5. 第一深松铲
6. 第一支撑轮　7. 第二主犁铧　8. 第二副犁铧　9. 第二深松铲　10. 第二支撑轮

图 1　旋转深翻犁的结构示意

在深翻作业时，支撑轮始终位于土壤表面，从而使得副犁铧的翻耕深度保持在 20 cm。

第二组犁铧设置在连接梁的上方，包括第二主犁铧、第二副犁铧和第二深松铲。第一主犁铧和第二主犁铧通过对拉螺栓固定连接在连接梁上，且两者相对连接梁上下对称。第一副犁铧和第二副犁铧通过连接板相连，连接板通过螺栓等固定件固定连接在连接梁的末端，且第一副犁铧和第二副犁铧相对连接梁上下对称。

在第二主犁铧的侧上方设有第二深松铲，第二深松铲与第一深松铲相对连接梁上下对称。在第二副犁铧的外侧后方设有第二支撑轮，第二支撑轮与第一支撑轮相对连接梁上下对称。这种完全对称的结构使得在翻耕时，可从农田的一侧依次耕作至农田的另一侧，而不用像传统犁具那样转圈耕作。

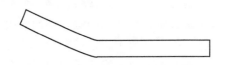

图 2　旋转深翻犁连接梁的俯视图

3.5.2　实施例 2——土壤耕层重构及棉花栽培试验

在河北省邢台市威县枣元乡东张庄村连作棉田进行应用实施，步骤如下。

2014 年 11 月 6 日于棉花收获后，在土壤表面撒施猪粪 3 m³。

11 月 7 日进行土壤翻耕，利用 220 马力拖拉机带动旋转深翻犁工作，先由朝下的第一组犁铧在第一犁幅中耕作，第一组犁铧中的第一主犁铧先行开沟，将第一犁幅的距地表以下 0～40 cm 的土层翻上，形成深度为 40 cm 的土沟，第一深松铲随后对土沟中距地表以下 40～60 cm 的土层进行松动，再后，由第一副犁铧将紧邻所开土沟一侧的第二犁幅土地的距地表以下 0～20 cm 的上表土层翻至由第一主犁铧所开好的土沟中。在由第一组犁铧开出并覆盖了上表土层的土沟内洒施 2 cm 厚的木炭粉，形成覆盖沟内上表土层的炭粉层。当第一犁幅的深耕操作到地头时，拖拉机带动旋转深翻犁掉回头，并将旋转深翻犁上下翻转 180°，使第二组犁铧朝下，在紧邻第一犁幅的第二犁幅上开始第二犁幅的深耕操作。具体操作过程是，由第二组犁铧中的第二主犁铧先行开沟，将第二犁幅的距地表以下 20～40 cm 的土层翻到第一犁幅的土沟中，覆盖在第一犁幅土沟中的炭粉层的上部，在第二犁幅的土地上形成深度为 40 cm 的土沟，第二深松铲对第二犁幅土沟中的距地表以下 40～60 cm 的土层进行松动，再后，由第二副犁铧将紧邻第二犁幅土沟一侧的第三犁幅土地的距地表以下 0～20 cm 的上表土层翻至由第二主犁铧所开好的土沟中。在由第二组犁铧开出并覆盖了上表土层的第二犁幅土沟内撒施 2 cm 厚的木炭粉，形成覆盖第二犁幅土沟内上表土层的炭粉层。当第二犁幅的深耕操作到地头时，拖拉机带动旋转深翻犁掉回头，并将旋转深翻犁上下翻转 180°，使第一组犁铧再次朝下，并在紧邻第二犁幅的第三犁幅上开始第三犁幅的深耕操作。以此类推，直至完成整块棉花种植地的深耕操作。

2015 年 4 月 12 日，在土壤表面每亩撒施尿素 20 kg，磷酸二铵 10 kg，氯化钾 20 kg，撒施肥料后进行灌溉，亩灌水量为 100 m³。

4 月 21 日进行旋耕耙糖后播种，棉花品种采用生育期为 135 d 的冀杂 1 号。播种前，先在旋耕耙糖后的土壤表面铺设塑料地膜，所用塑料地膜的宽度为 60 cm，相邻两幅地膜的铺设间距为 16 cm，棉花种子播种于相邻两幅地膜之间裸露的土壤中。

5 月 24 日定苗，留苗密度为 3 000 株/亩，棉花保留叶枝。

6 月 17 日灌水 1 次，灌水量为 40 m³/亩。灌水后喷施缩节胺 0.5 g/亩。喷施方法为：将 0.5 g 的缩节胺对水 10 kg，配制成每亩的药液用量，使用喷雾器于傍晚无风天气，距离棉花植株顶部 30 cm 处，均匀喷出。

7 月 10 日喷施缩节胺 1.5 g/亩，喷施方法为：将 1.5 g 的缩节胺对水 10 kg，配制成每亩的药液用量，使用喷雾器于傍晚无风天气，距离棉花植株顶部 30 cm 处，均匀喷出。

8 月 5 日喷施缩节胺 2.5 g/亩，喷施方法为：将 2.5 g 的缩节胺对水 10 kg，配制成每亩的药液用量，使用喷雾器于傍晚无风天气，距离棉花植株顶部 30 cm 处，均匀喷出。

其他未提及的大田管理措施同常规管理方法。

同时采用常规技术在相邻连作棉田设置对照实验，对照为农民传统栽培技术，采用灌水 后施肥（施肥量同上）；然后进行旋耕，耙糖后播种，棉花品种为冀杂 1 号，播种完后铺设塑料地膜；棉花植株现蕾后整枝，间苗，留苗密度 3 000 株/亩；6 月 17 日灌水 1 次，灌水量为 40 m³/亩，7 月 10 日喷施缩节胺 1.5 g，对水 10 kg 均匀喷雾。

对比两块实验田的土壤耕层养分、水分含量、田间杂草量、后期病害早衰情况以及棉花产量，对比数据见表 1～表 8。

土壤耕层养分分布情况见表 1～表 3，结果表明，采用本发明方法后，土壤养分沿垂直向分布更加均衡，从而可有效诱导根系下扎，增强根部发育，保证棉花植株健壮生长。

表 1　不同深度土层土壤全氮含量 （g/kg）

处理	0～20 cm	20～40 cm	40～60 cm	60～80 cm
常规技术	0.678 2	0.426 4	0.407 0	0.492 0
本发明方法	0.599 9	0.491 4	0.533 0	0.435 0

表 2　不同深度土层土壤速效磷含量 （mg/kg）

处理	0～20 cm	20～40 cm	40～60 cm	60～80 cm
常规技术	23.4	7.7	2.7	2.3
本发明方法	20.0	14.0	6.7	2.1

表 3　不同深度土层土壤速钾磷含量 （mg/kg）

处理	0～20 cm	20～40 cm	40～60 cm	60～80 cm
常规技术	184.7	71.7	82.7	74.3
本发明方法	138.7	104.7	88.0	73.3

土壤水分含量：根据表4和表5中的结果可知，土壤耕层重构后不同深度土层土壤含水量都有不同程度的增加，尤其是20～40 cm土层在花铃期，含水量比常规技术高4.1%，这对于干旱季节保证棉花正常生长具有重要作用，减少后期棉花早衰现象，提高花铃期成铃率。

表4　苗期不同深度土层土壤水分含量　　　　　　　　（%）

处理	0～20 cm	20～40 cm	40～60 cm	60～80 cm
常规技术	16.9	17.7	19.1	15.7
本发明方法	20.8	19.3	20.4	16.7

表5　花铃期不同深度土层土壤水分含量　　　　　　　（%）

处理	0～20 cm	20～40 cm	40～60 cm	60～80 cm
常规技术	13.8	14.2	16.0	13.3
本发明方法	16.1	18.3	16.1	14.5

田间杂草量：由表6可知，采用本发明方法，棉田间杂草基本被灭除，这不仅节省了除草剂费用，还节省了田间的除草用工成本。

表6　不同时期田间杂草干物质量　　　　　　　　（g/m²）

处理	苗期	收获期
常规技术	10.8	27.7
本发明方法	0	1.4

后期病害早衰情况：由表7可知，采用本发明方法后，棉花植株后期发病株率与病衰指数都明显降低，大大减轻了病害对棉花产量的影响。

表7　棉花植株后期发病与早衰情况

处理	发病株率（%）	病衰指数
常规技术	96.7	32.1
本发明方法	23.6	17.4

棉花生物量与产量：由表8可知，采用本发明方法后，棉花地上部生物量积累增加了7.1%，单株铃数增加了1.4个，单铃重增加0.4 g，籽棉产量增加37.0 kg/亩，增产幅度达到了12.3%。

表8　棉花生物量及产量性状

处理	生物量（kg/亩）	单株铃数（个）	单铃重（g）	籽棉实际产量（kg/亩）
常规技术	867.4	18.5	5.7	299.8
本发明方法	929.3	19.9	6.1	336.8

一种秸秆粉碎清理免耕精量玉米播种机

申请号：201410798232.6

申请日：2014-12-19

公开（公告）号：CN104429236A

公开（公告）日：2015-03-25

申请（专利权）人：河北省农林科学院粮油作物研究所

发明人：籍俊杰　冯晓静　李谦　梁双波　贾秀领　吕丽华　张经廷　赵建民
张峰　杨梦龙　李磊　孙海军　董志萍

申请人地址：河北省石家庄市高新区恒山街162号

申请人邮编：050035

1　摘　要

本发明涉及一种秸秆粉碎清理免耕精量玉米播种机，包括悬挂架、传动装置、粉碎装置、支撑架、施肥装置、播种装置，传动装置包括变速箱、主动带轮和被动带轮，被动带轮将动力传给粉碎装置，粉碎装置包括带有粉碎刀的刀轴和导轮，机壳内壁前端设置有折弯，机壳内壁后端设置有导流板，导流板为由上到下逐渐变宽的四棱锥体形状，秸秆和麦茬被粉碎后经导流板被分流到两侧或一侧，施肥装置设置在支撑架后端，播种装置设置在活动架中，活动架通过四连杆机构设置在支撑架后端，秸秆粉碎清理、施肥、播种能够共同实现，秸秆和麦茬粉碎能改善播种环境，播种速度更快且效果更好，在导流板清理秸秆后的条带上播种玉米，使得玉米幼苗免受二点委夜蛾的危害。

2　权利要求书

（1）一种秸秆粉碎清理免耕精量玉米播种机，包括悬挂架、支撑架及播种装置，悬挂架后端与支撑架前端固定连接，支撑架中设置有机壳，支撑架后端固定设置有两组水平向后伸出的支撑腿组，每组支撑腿组包括两个支撑腿，两支撑腿之间通过轴承设置有地轮，播种装置设置于支撑架后端，其特征在于：在悬挂架和播种装置之间还设置有传动装置、粉碎装置和施肥装置，传动装置的输出端与粉碎装置的输入端连接，传动装置设置于机壳上端，粉碎装置设置于机壳内部，施肥装置设置于支撑架后端，传动装置包括变速箱、主动带轮和被动带轮，变速箱固定于机壳的上端，主动带轮和被动带轮固定于机壳侧面，变速箱的输出端与主动带轮连接，主动带轮和被动带轮通过皮带转动配合；粉碎装置包括刀轴和导轮，刀轴位于机壳内部，刀轴两端通过轴承与机壳两侧端面连接，刀轴一端伸出机壳与被动带轮连接，导轮位于机壳前端，导轮两端通过轴承与机壳前端两侧端面连接，机壳后端内壁设置有多个导流板，导流板为由上到下截面积逐渐增大的四棱锥形状；支撑架后端设置有与导流板相对应的纵向设置且相互平行的活动架，播种装置设置于活动架中。

（2）根据权利要求（1）所述的一种秸秆粉碎清理免耕精量玉米播种机，其特征在于：所述的刀轴外圆周面在导流板相对应的圆周上设置有多个粉碎刀，粉碎刀与刀轴的连接方式为铰接，机壳前端内壁设置有多个折弯。

（3）根据权利要求（1）所述的一种秸秆粉碎清理免耕精量玉米播种机，其特征在于：所述的施肥装置包括肥箱、槽轮及施肥铲，肥箱设置于机壳上端，槽轮设置于肥箱下端，槽轮下方设置有管路与施肥铲连接，施肥铲固定于支撑架后端底部，施肥铲位于导流板后方，施肥装置中槽轮的轴与地轮的转轴通过链传动连接。

（4）根据权利要求（3）所述的一种秸秆粉碎清理免耕精量玉米播种机，其特征在于：所述的支撑架后端在施肥铲相对应的后方设置有碾土轮，碾土轮包括滚筒和碾土板，滚筒两侧圆形挡板的直径大于滚筒直径，滚筒的外圆周面设置有多个碾土板，碾土板为横向设置，碾土板两端分别与滚筒两侧圆形挡板固定，碾土轮与施肥铲个数相同。

（5）根据权利要求（1）所述的一种秸秆粉碎清理免耕精量玉米播种机，其特征在于：所述的活动架与支撑架之间设置有竖直的四连杆机构，四连杆机构的前侧与支撑架的后端固定，四连杆机构的后侧与活动架的前端固定。

（6）根据权利要求（1）所述的一种秸秆粉碎清理免耕精量玉米播种机，其特征在于：所述的活动架与支撑架之间设置有减震器，减震器的两端分别与活动架的前端和支撑架的后端固定。

（7）根据权利要求（1）所述的一种秸秆粉碎清理免耕精量玉米播种机，其特征在于：所述的播种装置包括种箱、排种器、播种铲，种箱固定于活动架上端，种箱的下端与排种器的输入端固定连接，排种器为指甲式玉米单粒精播排种器，播种铲上端与排种器输出端连接，播种铲固定于活动架底部，播种装置中排种器的轴与地轮的转轴之间设置有变速器，地轮的转轴通过链条传动与变速器的输入端连接，排种器的轴通过链条传动与变速器的输出端连接。

（8）根据权利要求（1）所述的一种秸秆粉碎清理免耕精量玉米播种机，其特征在于：所述的活动架的后端设置有多个覆土机构，覆土机构位于播种铲的后方，每组覆土机构包括支撑杆、安装杆和覆土轮，支撑杆竖直设置，支撑杆上端固定于活动架的后端，安装杆为两个且对称设置于支撑杆的两侧，覆土轮为两个且分别安装于两个安装杆的下端，两个覆土轮之间的角度为30°～50°，覆土轮与水平面之间的夹角为60°～80°，覆土机构的个数与播种铲的个数相同。

（9）根据权利要求（1）所述的一种秸秆粉碎清理免耕精量玉米播种机，其特征在于：所述的机壳上端前部固定设置有药箱，药箱下端设置有泵，活动架的后端在设置有覆土机构的上方设置有喷药装置，喷药装置包括调整杆和喷头，调整杆一端与支撑架后端固定，另一端安装喷头，泵和调整杆之间通过软管连接。

（10）根据权利要求（1）所述的一种秸秆粉碎清理免耕精量玉米播种机，其特征在于：所述的导流板的个数为4个。

3 说明书

3.1 技术领域

本发明属于农业机械设备技术领域,具体涉及一种秸秆粉碎清理免耕精量玉米播种机。

3.2 背景技术

在小麦玉米轮作两熟区,小麦收获后,小麦的茬留在田地中,麦茬的存在使得玉米的播种效果和质量降低,还有一部分麦秸会覆盖在田地中,麦秸为二点委夜蛾提供了生存场所,二点委夜蛾对幼苗期玉米危害特别大,在有秸秆的田地中播种玉米会对玉米的生长产生不利的影响,因此,需要在播种玉米时粉碎掉麦茬和麦秸,并且在播种玉米的地方不能覆盖有麦秸,以免滋生对玉米幼苗生长不利的害虫。

3.3 发明内容

本发明提供了一种秸秆粉碎清理免耕精量玉米播种机,该播种机可以将秸秆粉碎并将粉碎的秸秆导流至两侧或一侧,形成玉米播种的条带,该条带上没有大量的秸秆覆盖,这样就使得玉米幼苗生长时免受二点委夜蛾的影响,并且改善了播种地的播种环境,玉米的播种质量和速度都能提升。

本发明的具体技术方案是:一种秸秆粉碎清理免耕精量玉米播种机,包括悬挂架、支撑架及播种装置。悬挂架后端与支撑架前端固定连接,支撑架中设置有机壳,支撑架后端固定设置有两组水平向后伸出的支撑腿组,每组支撑腿组包括两个支撑腿,两支撑腿之间通过轴承设置有地轮,播种装置设置于支撑架后端。关键点是在悬挂架和播种装置之间还设置有传动装置、粉碎装置和施肥装置。传动装置的输出端与粉碎装置的输入端连接,传动装置设置于机壳上端,粉碎装置设置于机壳内部,施肥装置设置于支撑架后端。传动装置包括变速箱、主动带轮和被动带轮,变速箱固定于机壳的上端,主动带轮和被动带轮固定于机壳侧面,变速箱的输出端与主动带轮连接,主动带轮和被动带轮通过皮带转动配合。粉碎装置包括刀轴和导轮,刀轴位于机壳内部,刀轴两端通过轴承与机壳两侧端面连接,刀轴一端伸出机壳与被动带轮连接,导轮位于机壳前端,导轮两端通过轴承与机壳前端两侧端面连接,机壳后端内壁设置有多个导流板,导流板为由上到下截面积逐渐增大的四棱锥形状。支撑架后端设置有与导流板相对应的纵向设置且相互平行的活动架,播种装置设置于活动架中。

所述的刀轴外圆周面在导流板相对应的圆周上设置有多个粉碎刀,粉碎刀与刀轴的连接方式为铰接,机壳前端内壁设置有多个折弯。

所述的施肥装置包括肥箱、槽轮及施肥铲,肥箱设置于机壳上端,槽轮设置于肥箱下端,槽轮下方设置有管路与施肥铲连接,施肥铲固定于支撑架后端底部,施肥铲位于导流板下方,施肥装置中槽轮的轴与地轮的转轴通过链传动连接。

所述的支撑架后端在施肥铲相对应的后方设置有碾土轮,碾土轮包括滚筒和碾土板,滚筒两侧圆形挡板的直径大于滚筒直径,滚筒的外圆周面设置有多个碾土板,碾土板为横向设置,碾土板两端分别与滚筒两侧圆形挡板固定,碾土轮与施肥铲个数相同。

所述的活动架与支撑架之间设置有竖直的四连杆机构,四连杆机构的前侧与支撑架的后端固定，四连杆机构的后侧与活动架的前端固定。

所述的活动架与支撑架之间设置有减震器，减震器的两端分别与活动架的前端和支撑架的后端固定。

所述的播种装置包括种箱、排钟器、播种铲。种箱固定于活动架上端，种箱的下端与排种器的输入端固定连接。排钟器为指甲式玉米单粒精播排种器。播种铲上端与排种器输出端连接，播种铲固定于活动架底部。播种装置中排种器的轴与地轮的转轴之间设置有变速器，地轮的转轴通过链条传动与变速器的输入端连接，排种器的轴通过链条传动与变速器的输出端连接。

所述的活动架的后端设置有多个覆土机构，覆土机构位于播种铲的后方，每组覆土机构包括支撑杆、安装杆和覆土轮，支撑杆竖直设置，支撑杆上端固定于活动架的后端，安装杆为两个且对称设置于支撑杆的两侧，覆土轮为两个且分别安装于两个安装杆的下端，两个覆土轮之间的角度为30°～50°，覆土轮与水平面之间的夹角为60°～80°，覆土机构的个数与播种铲的个数相同。

所述的机壳上端前部固定设置有药箱，药箱下端设置有泵，活动架的后端在设置有覆土机构的上方设置有喷药装置，喷药装置包括调整杆和喷头，调整杆一端与支撑架后端固定，另一端安装喷头，泵和调整杆之间通过软管连接。

本发明的有益效果是：本发明在播种前设置有粉碎装置，粉碎装置将麦茬和麦秸粉碎掉，改善了播种地的环境，播种玉米时不会受到麦茬的影响，使得播种速度加快，播种的质量也有所提高。在粉碎装置后设置导流板，将粉碎的麦秸分流到导流板的两侧或一侧，每个导流板下方都会形成一个空置的条带，在该条带上播种玉米可以使玉米避免虫害，玉米的生长质量得到了保证。

3.4 附图说明

图1是本发明的结构示意图。

图2是图1的左视图。

图3是图1的俯视图。

图4是图3中传动装置和刀轴的连接传动结构示意图。

图5是图3中地轮与施肥装置及播种装置的连接传动结构示意图。

图6是图2中覆土机构的结构示意图。

3.5 具体实施方式

一种秸秆粉碎清理免耕精量玉米播种机，包括悬挂架、支撑架及播种装置。悬挂架后端与支撑架前端固定连接。支撑架中设置有机壳，支撑架后端固定设置有两组水平后伸出的支撑腿组，每组支撑腿组包括两个支撑腿，两支撑腿之间通过轴承设置有地轮，播种装置设置于支撑架后端。在悬挂架和播种装置之间还设置有传动装置、粉碎装置和施肥装置。传动装置的输出端与粉碎装置的输入端连接，传动装置设置于机壳上端，粉碎装置设置于机壳内部。施肥装置设置于支撑架后端，传动装置包括变速箱、主动带轮和被动带轮。变速箱固定于机壳的上端，主动带轮和被动带轮固定于机壳侧面，变速箱的输出端与主动带轮连接，主动带轮和被动带轮通过皮带转动配合。粉碎装置包括刀轴和导轮，刀轴位于机壳内部，刀轴两端通过轴承与机壳两侧端面连接，刀轴一端伸出机壳与被动带轮连接，导轮位于机壳前端，导轮两端通过轴承与机壳前端两侧端面连接，机壳后端内壁设置有多个导流板，导流板为由上到下截面积逐渐增大的四棱锥形状。支撑架后端设置有与导流板相对应的纵向设置且相互平行的活动架，播种装置设置于活动架中。

具体实施例如图 1～图 6 所示。

该玉米播种机依靠牵引机牵引，利用牵引机的传动轴与该玉米播种机的传动轴连接向播种机的传动装置传递动力，传动装置通过被动带轮将动力传到刀轴，牵引机牵引播种机的悬挂架运行，刀轴旋转，将地表的麦秸及麦茬卷进机壳中，刀轴外圆周面在导流板相对应的圆周上设置有多个粉碎刀，粉碎刀与刀轴的连接方式为铰接，机壳前端内壁设置有多个折弯，刀轴的粉碎刀与折弯处配合将麦秸粉碎，然后粉碎的麦秸沿导流板两侧滑下并堆积在导流板下方的两侧。

地轮安装在支撑架后端的支撑腿中，随着牵引机牵引悬挂架运行，地轮也在地面上滚动运行，支撑架后端设置有施肥装置，施肥装置包括肥箱、槽轮及施肥铲，肥箱设置于机壳上端，槽轮设置于肥箱下端，槽轮下方设置有管路与施肥铲连接，施肥铲固定于支撑架底部，施肥铲位于导流板下方，施肥装置中槽轮的轴与地轮的转轴通过链传动连接，随着地轮的转动，带动槽轮的轴转动，槽轮将肥箱中的肥料带到施肥铲上方，然后肥料沿管路到达施肥铲经过的田地中，支撑架后端在施肥铲相对应的后方设置有碾土轮，碾土轮包括滚筒和碾土板，滚筒两侧圆形挡板的直径大于滚筒直径，滚筒的外圆周面设置有多个碾土板，碾土板为横向设置，碾土板两端分别与滚筒两侧圆形挡板固定，碾土轮与施肥铲个数相同。

活动架与支撑架之间设置有竖直的四连杆机构，四连杆机构的前侧与支撑架的后端固定，四连杆机构的后侧与活动架的前端固定，活动架与支撑架之间设置有减震器，减震器的两端分别与活动架的前端和支撑架的后端固定，播种装置位于活动架中，播种装置包括种箱、排种器、播种铲，种箱固定于活动架上端，种箱的下端与排种器的输入端连接，排种器为指甲式玉米单粒精播排种器，播种铲上端与排种器输出端连接，播种铲固定于活动架底部，播种装置中排种器的轴与地轮的转轴之间设置有变速器，地轮的转轴通过链条传动与变速器的输入端连接，排种器的轴通过链条传动与变速器的输出端连接，施肥装置将经过的田地施肥后，播种装置中的排种器进行玉米种子的排种并送到播种铲经过的田地中，变速器可以调节地轮与排种器之间的传动比从而控制排种器下排玉米种子的速度，这样就可以根据要求的株距控制玉米种子播种的种距。

当施肥装置进行完施肥作业后，施肥铲已经将经过的田地进行了翻动，翻动过的田地中存在的土块影响玉米种子的覆盖，碾土轮的设置可以有效地将存在的土块碾碎，为后面播种装置的播种作业奠定良好的环境基础，碾土轮将土块碾碎之后，播种装置就可以很好地进行播种作业，由于活动架与支撑架之间设置有四连杆机构，在播种铲遇到高低不平的地面时，播种铲可以进行上下移动，单个活动架可以独立进行上下移动，活动架和支撑架之间的减震器既能起到减震的作用，也能起到限位作用，在播种装置进行完播种作业后，由于播种铲的翻动，种有玉米的条状田地没有完全覆盖住玉米种子，在播种装置的后方对应设置有多个覆土机构，覆土机构位于播种铲的后方，每组覆土机构包括支撑杆、安装杆和覆土轮，支撑杆竖直设置，支撑杆上端固定于支撑架的后端，安装杆为两个且对称设置于支撑杆的两侧，覆土轮为两个且分别安装于两个安装杆的下端，两个覆土轮之间的角度为30°～50°，覆土轮与水平面之间的夹角为60°～80°，覆土机构的个数与播种铲的个数相同并且与播种铲前后一一对应。

当覆土机构进行完覆土作业后，支撑架的后端设置有喷药装置对田地进行喷药作业。喷药装置包括调整杆和喷头，调整杆一端与支撑架后端固定，另一端安装喷头，泵和调整杆之间通过软管连接。机壳前部上端固定设置有药箱，药箱下端设置有泵，泵将农药输送至调整杆中，最后通过喷头将农药喷洒至覆土机构经过的条状田地上方。喷头为喷幅可调式，通过调节喷头来控制喷洒覆盖面积。

本发明将施肥装置、播种装置及喷药装置集中于一个播种机上，大大节省了播种玉米过程的劳动时间，并且在播种机前端设置了粉碎装置，粉碎装置将田地表面的麦秸和麦茬粉碎，为播种玉米提供了良好的田地环境，在机壳的后侧与粉碎刀相对应的位置设置的导流板，将粉碎的麦秸导流到两侧，从而形成了条状的无麦秸的玉米种子种植带，这样就可以避免二点委夜蛾的滋生对玉米幼苗的生长产生影响，本播种机结构紧凑，不仅功能丰富，能够提高劳动效率，节省劳动时间，而且能够消除麦秸对玉米幼苗生长产生的不利影响，适于在有关行业推广应用。

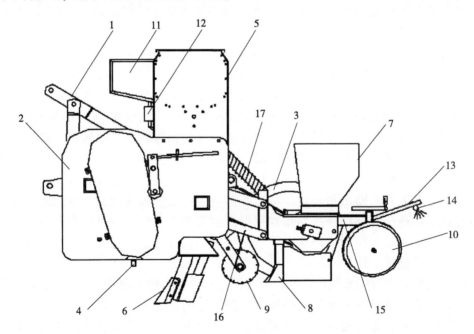

1. 悬挂架　2. 机壳　3. 地轮　4. 粉碎刀　5. 肥箱　6. 施肥铲　7. 种箱　8. 播种铲　9. 碾土轮　10. 覆土轮　11. 药箱　12. 泵　13. 调整杆　14. 喷头　15. 活动架　16. 四连杆机构　17. 减震器

图1　秸秆粉碎清理免耕精量玉米播种机的结构示意

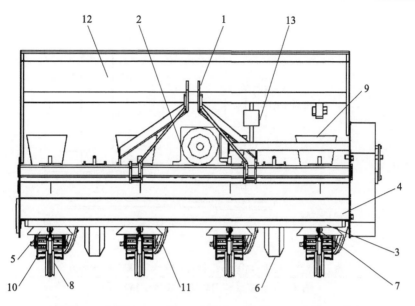

1. 悬挂架　2. 变速箱　3. 刀轴　4. 导轮　5. 导流板　6. 地轮　7. 粉碎刀
8. 施肥铲　9. 种箱　10. 碾土轮　11. 覆土轮　12. 药箱　13. 泵

图 2　秸秆粉碎清理免耕精量玉米播种机的左视图

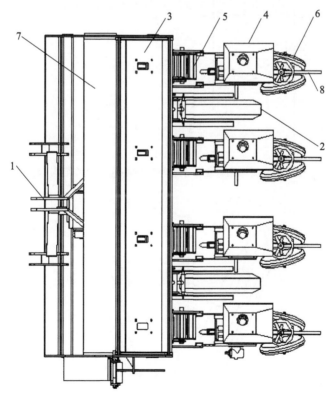

1. 悬挂架　2. 地轮　3. 肥箱　4. 种箱　5. 碾土轮　6. 覆土轮　7. 药箱　8. 调整杆

图 3　秸秆粉碎清理免耕精量玉米播种机的俯视图

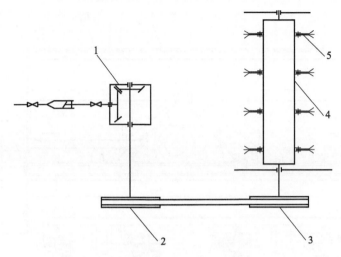

1. 变速箱　2. 主动带轮　3. 被动带轮　4. 刀轴　5. 粉碎刀

图 4　传动装置和刀轴的连接传动结构示意

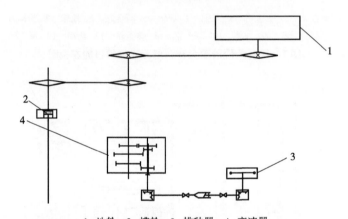

1. 地轮　2. 槽轮　3. 排种器　4. 变速器

图 5　地轮与施肥装置及播种装置的连接传动结构示意

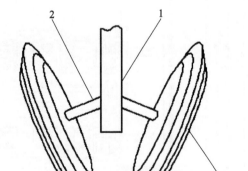

1. 支撑杆　2. 安装杆　3. 覆土轮

图 6　覆土机构的结构示意

● 实用新型专利 ●

一种适合大面积灌溉施肥的中微喷装置

申请号：CN201320419929

申请日：2013-07-16

公开（公告）号：CN203313658U

公开（公告）日：2013-12-04

IPC 分类号：A01C23/04

申请（专利权）人：河北省农林科学院旱作农业研究所

发明人：李科江　曹彩云　郑春莲　党红凯　马俊永　马洪彬　李伟

申请人地址：河北省衡水市胜利东路 1966 号

申请人邮编：053000

1　摘　要

　　本实用新型属于中微喷装置技术领域，公开了一种适合大面积灌溉施肥的中微喷装置。其主要技术特征为：在主管道上依次设置有进液肥口、过滤器、第一阀门、加压泵、压力表和主水表，在主管道的端部连接有灌水器，在所述进液肥口上设置有第二阀门，在所述过滤器和主水表之间的主管道上并联有支管道，在所述支管道上设置有第三阀门和支计量水表，在所述第三阀门和支计量水表外侧的支管道上并联有施肥管道，在该施肥管道上依次串接有第四阀门、第一计量表和比例施肥器，在所述比例施肥器上通过肥料管道连接有肥水桶，在所述肥料管道上带有第二计量表。水量和肥水量通过支计量表、第一计量表和第二计量表很方便地读出，便于观察、容易掌握、使用方便，水、肥比例调节更加方便直观。

2　权利要求书

　　一种适合大面积灌溉施肥的中微喷装置，包括带有进水口和储沙罐的离心沉沙罐，在所述离心沉沙罐顶部连接有主管道，在所述主管道上依次设置有进液肥口、过滤器、第一阀门、加压泵、压力表和主水表，在所述主管道的端部连接有灌水器，其特征在于：在所述进液肥口上设置有第二阀门，在所述过滤器和主水表之间的主管道上并联有支管道，在所述支管道上设置有第三阀门和支计量水表，在所述第三阀门和支计量水表外侧的支管道上并联有施肥管道，在该施肥管道上依次串接有第四阀门、第一计量表和比例施肥器，在所述比例施肥器上通过肥料管道连接有肥水桶，在所述肥料管道上带有第二计量表。

　　上述的一种适合大面积灌溉施肥的中微喷装置，其特征在于：在所述施肥管道末端靠近支管道一侧设置有第五阀门。

3 说明书

3.1 技术领域

本实用新型属于施肥计量装置技术领域，具体地讲涉及一种适合大面积灌溉施肥的中微喷装置。

3.2 背景技术

在作物生产和农业科学实验中，目前对作物浇水、施肥主要采用的中微喷装置，在主管道上设置有进液肥口、过滤器、加压泵和中喷或微喷灌水器，通过灌水器进行喷灌，该装置虽然浇灌和施肥同时进行，但由于结构的原因，存在以下缺陷：其一，浇水施肥比例不好掌握，无法很方便地观察到水量和施肥量，造成水肥比例不均，无法达到最佳效果；其二，浇水和施肥比例不容易调节，这样，导致水肥比例都是大概估算量，造成试验数据不准确，有时出现大的偏差。

3.3 实用新型内容

本实用新型解决的技术问题就是提供一种便于观察、容易掌握、使用安全方便、水、肥比例调节方便一种适合大面积灌溉施肥的中微喷装置。

为解决上述技术问题，本实用新型提出的技术方案为：包括带有进水口和储沙罐的离心沉沙罐，在所述离心沉沙罐顶部连接有主管道，在所述主管道上依次设置有进液肥口、过滤器、第一阀门、加压泵、压力表和主水表，在所述主管道的端部连接有灌水器，在所述进液肥口上设置有第二阀门，在所述过滤器和主水表之间的主管道上并联有支管道，在所述支管道上设置有第三阀门和支计量水表，在所述第三阀门和支计量水表外侧的支管道上并联有施肥管道，在该施肥管道上依次串接有第四阀门、第一计量表和比例施肥器，在所述比例施肥器上通过肥料管道连接有肥水桶，在所述肥料管道上带有第二计量表。

其附加技术特征为：在所述施肥管道末端靠近支管道一侧设置有第五阀门。

本实用新型提供的一种适合大面积灌溉施肥的中微喷装置，同现有技术相比较具有以下优点：其一，由于包括带有进水口和储沙罐的离心沉沙罐，在所述离心沉沙罐顶部连接有主管道，在所述主管道上依次设置有进液肥口、过滤器、第一阀门、加压泵、压力表和主水表，在所述主管道的端部连接有灌水器，在所述进液肥口上设置有第二阀门，在所述过滤器和主水表之间的主管道上并联有支管道，在所述支管道上设置有第三阀门和支计量水表，在所述第三阀门和支计量水表外侧的支管道上并联有施肥管道，在该施肥管道上依次串接有第四阀门、第一计量表和比例施肥器，在所述比例施肥器上通过肥料管道连接有肥水桶，在所述肥料管道上带有第二计量表，当需要高压喷灌且水肥比例要求不严时，可以将支管道上的第三阀门和第四阀门关闭，并将第一阀门和第二阀门打开，开启加压泵，进液肥口中的肥水在负压作用下进入主管道，从而达到水肥混浇，当需要精确的水肥比例时，将第一阀门和第二阀门关闭，将第三阀门和第四阀门打开，通过调节第三阀门和第四阀门来调节流经施肥管道和支管道上的水流比例，从而调节水肥比例，水量和肥水量通过支计量表、第一计量表和第二计量表很方便地读出，便于观察、容易掌握、使用方便，水、肥比例调节更加方便直观。其二，由于在所述施肥管道末端靠近支管道一侧设置有第五阀门，避免了压力不足造成清水回流。

3.4 附图说明

图1为一种适合大面积灌溉施肥的中微喷装置的结构示意图。

3.5 具体实施方式

下面结合附图对本实用新型所提出的一种适合大面积灌溉施肥的中微喷装置的结构做进一步说明。

如图1所示，为一种适合大面积灌溉施肥的中微喷装置的结构示意图。其结构包括带有进水口和储沙罐的离心沉沙罐，在离心沉沙罐的顶部连接有主管道，在主管道上依次设置有进液肥口、过滤器、第一阀门、加压泵、压力表和主水表，在主管道的端部连接有灌水器，在进液肥口上设置有第二阀门，在过滤器和主水表之间的主管道上并联有支管道，在支管道上设置有第三阀门和支计量水表，在第三阀门和支计量水表外侧的支管道上并联有施肥管道，在该施肥管道上依次串接有第四阀门、第一计量表和比例施肥器，在比例施肥器上通过肥料管道连接有肥水桶，在肥料管道上带有第二计量表。当需要高压喷灌且水肥比例要求不严时，可以第三阀门和第四阀门关闭，并将第一阀门和第二阀门打开，开启加压泵，进液肥口中的肥水在负压作用下进入主管道，从而达到水肥混浇；当需要精确的水肥比例时，将第一阀门和第二阀门关闭，将第三阀门和第四阀门打开，通过调节第三阀门和第四阀门来调节流经施肥管道和支管道上的水流比例，从而调节水肥比例，水量和肥水量通过支计量表、第一计量表和第二计量表很方便地读出，便于观察、容易掌握、使用方便，水、肥比例调节更加方便直观。

在施肥管道末端靠近支管道一侧设置有第五阀门，避免了压力不足造成清水回流。

本实用新型的保护范围不仅仅局限于上述实施例，只要结构与本实用新型一种适合大面积灌溉施肥的中微喷装置结构相同，就落在本实用新型保护的范围。

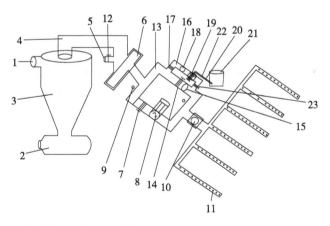

1. 进水口　2. 储沙罐　3. 离心沉沙罐　4. 主管道　5. 进液肥口　6. 过滤器　7. 第一阀门
8. 加压泵　9. 压力表　10. 主水表　11. 灌水器　12. 第二阀门　13. 支管道
14. 第三阀门　15. 支计量水表　16. 施肥管道　17. 第四阀门　18. 第一计量表
19. 比例施肥器　20. 肥料管道　21. 肥水桶　22. 第二计量表　23. 第五阀门

图1　微喷装置结构示意

一种开放施肥法计量装置

申请号：CN201320419931

申请日：2013-07-16

公开（公告）号：CN203324842U

公开（公告）日：2013-12-04

IPC 分类号：A01C23/04；G05D11/02

申请（专利权）人：河北省农林科学院旱作农业研究所

发明人：李科江　曹彩云　党红凯　郑春莲　马俊永　马洪彬　李伟

申请人地址：河北省衡水市胜利东路 1966 号

申请人邮编：053000

1　摘　要

本实用新型属于施肥计量装置技术领域，公开了一种开放施肥法计量装置。其主要技术特征为：包括带有主调节开关和主计量水表的主管道，在所述主调节开关和主计量水表外侧的主管道上并联有施肥管道，在该施肥管道上依次串接有第一调节开关、第一计量表和比例施肥器，在所述比例施肥器上通过肥料管道连接有肥水桶，在所述肥料管道上带有第二计量表。水量和肥水量通过主计量表、第一计量表和第二计量表很方便地读出，便于观察、容易掌握、使用方便，水、肥比例调节更加方便直观；而且比例施肥器不需要压力容器，使用更加安全方便。

2　权利要求书

一种开放施肥法计量装置，其特征在于：包括带有主调节开关和主计量水表的主管道，在所述主调节开关和主计量水表外侧的主管道上并联有施肥管道，在该施肥管道上依次串接有第一调节开关、第一计量表和比例施肥器，在所述比例施肥器上通过肥料管道连接有肥水桶，在所述肥料管道上带有第二计量表。

上述的一种开放施肥法计量装置，其特征在于：在所述施肥管道末端靠近主管道一侧设置有第二调节开关。

3　说明书

3.1　技术领域

本实用新型属于施肥计量装置技术领域，具体地讲涉及一种开放施肥法计量装置。

3.2　背景技术

在农业科学实验中，对作物浇水、施肥不但比例有一定要求，而且水肥的量也应有严格的要求，以达到最佳效果。目前开放施肥法一般采用控制肥料的总量，其他如浇水量等都是大概估算量，造成试验数据不准确，有时出现大的偏差。

3.3 实用新型内容

本实用新型解决的技术问题就是提供一种便于观察、容易掌握、使用安全方便、水、肥比例调节方便一种开放施肥法计量装置。

为解决上述技术问题，本实用新型提出的技术方案为：包括带有主调节开关和主计量水表的主管道，在所述主调节开关和主计量水表外侧的主管道上并联有施肥管道，在该施肥管道上依次串接有第一调节开关、第一计量表和比例施肥器，在所述比例施肥器上通过肥料管道连接有肥水桶，在所述肥料管道上带有第二计量表。

其附加技术特征为：在所述施肥管道末端靠近主管道一侧设置有第二调节开关。

本实用新型提供的一种开放施肥法计量装置，同现有技术相比较具有以下优点：其一，由于包括带有主调节开关和主计量水表的主管道，在所述主调节开关和主计量水表外侧的主管道上并联有施肥管道，在该施肥管道上依次串接有第一调节开关、第一计量表和比例施肥器，在所述比例施肥器上通过肥料管道连接有肥水桶，在所述肥料管道上带有第二计量表，清水进入主管道后，一部分流经施肥管道，在施肥管道的比例施肥器内与肥水进行调配后，重新进入主管道与主管道内清水混合成浇灌肥水，通过调整主管道上的主调节开关和施肥管道上的第一调节开关，来调节主管道和施肥管道上的流水量，从而调整施肥量，水量和肥水量通过主计量表、第一计量表和第二计量表很方便地读出，便于观察、容易掌握、使用方便，水、肥比例调节更加方便直观；而且比例施肥器不需要压力容器，使用更加安全方便。其二，由于在所述施肥管道末端靠近主管道一侧设置有第二调节开关，避免了压力不足造成清水回流。

3.4 附图说明

图1为一种开放施肥法计量装置的结构示意图。

3.5 具体实施方式

下面结合附图对本实用新型所提出的一种开放施肥法计量装置的结构做进一步说明。

如图1所示，为一种开放施肥法计量装置的结构示意图。其结构包括带有主调节开关和主计量水表的主管道，在主调节开关和主计量水表外侧的主管道上并联有施肥管道，在该施肥管道上依次串接有第一调节开关、第一计量表和比例施肥器，在比例施肥器上通过肥料管道连接有肥水桶，在肥料管道上带有第二计量表。肥料采用全溶和非全溶肥料NPK，用网袋等放置在肥水桶内，清水进入主管道后，一部分流经施肥管道，在施肥管道的比例施肥器内与肥水进行调配后，重新进入主管道与主管道内清水混合成浇灌肥水，通过调整主管道上的主调节开关和施肥管道上的第一调节开关，来调节主管道和施肥管道上的流水量，从而调整施肥量，水量和肥水量通过主计量表、第一计量表和第二计量表很方便地读出，便于观察、容易掌握、使用方便，水、肥比例调节更加方便直观；而且比例施肥器不需要压力容器，使用更加安全方便。在施肥管道末端靠近主管道一侧设置有第二调节开关，避免了压力不足造成清水回流。

本实用新型的保护范围不仅仅局限于上述实施例，只要结构与本实用新型一种开放施肥法计量装置结构相同，就落在本实用新型保护的范围。

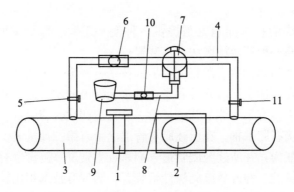

1. 主调节开关 2. 主计量水表 3. 主管道 4. 施肥管道 5. 第一调节开关 6. 第一计量表
7. 施肥器 8. 肥料管道 9. 肥水桶 10. 第二计量表 11. 第二调节开关

图1 开放施肥法计量装置的结构

小水量井用大田微喷灌装置

申请号：CN201420277748

申请日：2014-05-28

公开（公告）号：CN203827820U

公开（公告）日：2014-09-17

IPC分类号：A01G25/02

申请（专利权）人：河北省农林科学院旱作农业研究所

发明人：李科江　曹彩云　马筱建　郑春莲　党红凯　李伟　马俊永

申请人地址：河北省衡水市胜利东路1966号

申请人邮编：053000

1　摘　要

本实用新型属于微喷灌装置技术领域，具体地讲涉及小水量井用大田微喷灌装置，其主要技术特征为：包括多个汇水支管和汇水总管、过滤机构、加压泵和微喷管道，所述过滤机构位于所述加压泵前端，在所述加压泵两侧的汇水总管上并联有带有第一阀门的调压管。由于单个小水量浅水井水量少，经汇总后水量增加，但水量不太稳定，对于加压泵来说，容易造成水量过剩或不足，通过调节调压管上的第一阀门，来调节加压泵两侧的压力差，实现水量与加压泵匹配；而且在启动加压泵前先启动小水量浅水井的水泵，待水流到达加压泵时，再启动加压泵，避免加压泵空转烧坏，小水量浅水井中的水经调压管流过，避免在小水量浅水井管道中造成过大压力，缩短井管的使用寿命。

2　权利要求书

小水量井用大田微喷灌装置，其特征在于：包括多个汇水支管和汇水总管、过滤机构、加压泵和微喷管道，所述过滤机构位于所述加压泵前端，在所述加压泵两侧的汇水总管上并联有带有第一阀门的调压管。

上述的小水量井用大田微喷灌装置，其特征在于：所述加压泵前端的汇水总管上设置有第一压力表，在所述加压泵后端的汇水总管上设置有第二压力表。

上述的小水量井用大田微喷灌装置，其特征在于：在每个所述汇水支管上均加装有单向阀，在所述单向阀前端的汇水支管上设置有进气阀。

上述的小水量井用大田微喷灌装置，其特征在于：在所述过滤机构前端的汇水总管上设置有注肥口。

3　说明书

3.1　技术领域

本实用新型属于微喷灌技术领域，尤其涉及小水量井用大田微喷灌装置。

3.2 背景技术

我国是资源性缺水国家，许多地区粮食生产与缺少矛盾十分尖锐，如华北地区由于深层地下水的超量开采，已严重影响到人们生活和生态环境，许多节水灌溉技术越来越受到重视。微喷灌技术具有节水省工、灌水均匀等优点，在大田粮食作物节水灌溉上应用面积不断扩大。但大田微喷灌要求水井的出水量一般要>40 m³/h，这样才能发挥喷灌技术的长处。而在许多地区如河北低平原地区，许多浅水井一般出水量在15 m³/h左右，这些区域淡水资源十分宝贵，迫切需要微喷节水技术，但如果按常规喷灌技术，每个浅水井采用一个加压泵、过滤器等微喷灌首部，浇灌设备的成本大大增加，人力管理成本也造成很大增加，抵消了微喷省工的好处，而且多首部还造成能源的浪费。如果直接将浅水井连接在微喷灌首部上，由于浅水井采用普通塑料管，抗压强度差，在高压下，容易爆裂，影响井泵使用。

3.3 实用新型内容

本实用新型的解决的技术问题就是提供一种适用于小水量浅水井、节约成本、微喷灌效果好的小水量井用大田微喷灌装置。

本实用新型采用的技术方案为：包括多个汇水支管和汇水总管、过滤机构、加压泵和微喷管道，所述过滤机构位于所述加压泵前端，在所述加压泵两侧的汇水总管上并联有带有第一阀门的调压管。

其附加技术特征为：所述加压泵前端的汇水总管上设置有第一压力表，在所述加压泵后端的汇水总管上设置有第二压力表；在每个所述汇水支管上均加装有单向阀，在所述单向阀前端的汇水支管上设置有进气阀；在所述过滤机构前端的汇水总管上设置有注肥口。

本实用新型所提供的小水量井用大田微喷灌装置与现有技术相比，具有以下优点：其一，由于包括多个汇水支管和汇水总管、过滤机构、加压泵和微喷管道，所述过滤机构位于所述加压泵前端，在所述加压泵两侧的汇水总管上并联有带有第一阀门的调压管，将两个或两个以上小水量浅水井通过汇水支管和汇水总管汇合，然后经过滤机构和加压泵进入微喷管道，由于单个小水量浅水井水量少，经汇总后水量增加，但水量不太稳定，对于加压泵来说，容易造成水量过剩或不足，通过调节调压管上的第一阀门，结合第一压力表指示来调节加压泵两侧的压力差，实现水量与加压泵匹配；而且在启动加压泵前先启动小水量浅水井的水泵，待水流到达加压泵时，再启动加压泵，避免加压泵空转烧坏，小水量浅水井中的水经调压管流过，避免在小水量浅水井管道中造成过大压力，缩短井管的使用寿命。其二，由于在所述加压泵前端的汇水总管上设置有第一压力表，在所述加压泵后端的汇水总管上设置有第二压力表，工作人员可以很方便地看到加压泵两端的压力差，及时调节第一阀门过水量的大小。其三，在每个所述汇水支管上均加装有单向阀，在所述单向阀前端的汇水支管上设置有进气阀，避免了因误操作等造成倒流，杜绝了地下水的污染，还防止因倒流造成泵管压力过大而损坏泵管，当该小水量井停止工作时，放气阀可以随时进气，避免产生过大负压使提水管抽瘪，其四，由于在所述过滤机构前端的汇水总管上设置有注肥口，在浇灌的同时进行施肥。

3.4 附图说明

图1为本实用新型小水量井用大田微喷灌装置的结构示意图。

3.5 具体实施方式

下面结合附图对本实用新型小水量井用大田微喷灌装置的结构和使用原理做进一步详细说明。

如图1所示，为本实用新型小水量井用大田微喷灌装置的结构示意图，本实用新型小水量井用大田微喷灌装置，包括多个汇水支管和汇水总管、过滤机构、加压泵和微喷管道，过滤机构位于加压泵的前端，在加压泵两侧的汇水总管上并联有带有第一阀门的调压管。将两个或两个以上小水量浅水井通过汇水支管和汇水总管汇合，然后经过滤机构和加压泵进入微喷管道，由于单个小水量浅水井水量少，经汇总后水量增加，但水量不太稳定，对于加压泵来说，容易造成水量过剩或不足，通过调节调压管上的第一阀门，来调节加压泵两侧的压力差，实现水量与加压泵匹配；而且在启动加压泵前先启动小水量浅水井的水泵，待水流到达加压泵时，再启动加压泵，避免加压泵空转烧坏，小水量浅水井中的水经调压管流过，避免在小水量浅水井管道中造成很大压力，缩短井管的使用寿命。

在加压泵前端的汇水总管上设置有第一压力表，在加压泵后端的汇水总管上设置有第二压力表，工作人员可以很方便地看到加压泵两端的压力差，及时调节第一阀门过水量的大小。

在每个汇水支管上均加装有单向阀，在单向阀前端的汇水支管上设置有进气阀，避免了因误操作等造成倒流，杜绝了地下水的污染，还防止因倒流造成泵管压力过大而损坏泵管，当该小水量井停止工作时，进气阀可以随时进气，避免产生过大负压使提水管抽瘪。

在过滤机构前端的汇水总管上设置有注肥口，在浇灌的同时进行施肥。

本实用新型的保护范围不仅仅局限于上述实施例，只要结构与本实用新型小水量井用大田微喷灌装置的结构相同或相似，就落在本实用新型保护的范围。

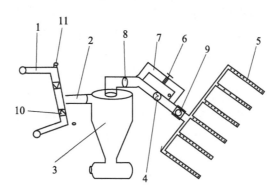

1. 汇水支管　2. 汇水总管　3. 过滤机构　4. 加压泵　5. 微喷管道　6. 第一阀门
7. 调压管　8. 第一压力表　9. 第二压力表　10. 单向阀　11. 进气阀

图1　小水量井用大田微喷灌装置的结构

便携式机动微喷带收带机

申请号：CN201420277746

申请日：2014-05-28

公开（公告）号：CN203845600U

公开（公告）日：2014-09-24

IPC分类号：B65H75/34

申请（专利权）人：河北省农林科学院旱作农业研究所

发明人：李科江　党红凯　郑春莲　曹彩云　马俊永　李伟　马筱建

申请人地址：河北省衡水市胜利东路1966号

申请人邮编：053000

1　摘　要

本实用新型属于微喷灌辅助工具技术领域，具体地讲涉及便携式机动微喷带收带机，其主要技术特征为：包括架体，在所述架体上通过轴承固定有转轴，在所述转轴的中部设置有主动轮，在所述主动轮两侧各设置一个缠带轮，所述缠带轮包括位于内侧、与所述转轴固定的第一挡盘和位于外侧、与所述转轴可拆装连接的第二挡盘，在所述第一挡盘和第二挡盘之间的转轴上设置有沿轴向的带头卡槽，带头卡槽的外端直达转轴端部，所述主动轮与动力机构动力连接。同时将对称的两个微喷带收起，大大提高了劳动效率，收起的微喷带形状规范，便于运输和储存，不会造成微喷带对折，延长了微喷带的使用寿命，下次使用时展开即可；而且该设备结构简单，使用方便，便于携带。

2　权利要求书

便携式机动微喷带收带机，其特征在于：包括架体，在所述架体上通过轴承固定有转轴，在所述转轴的中部设置有主动轮，在所述主动轮两侧各设置一个缠带轮，所述缠带轮包括位于内侧、与所述转轴固定的第一挡盘和位于外侧、与所述转轴可拆装连接的第二挡盘，在所述第一挡盘和第二挡盘之间的转轴上设置有沿轴向的带头卡槽，带头卡槽的外端直达转轴端部，所述主动轮与动力机构动力连接。

上述的便携式机动微喷带收带机，其特征在于：在所述架体上设置有由上挡轴和下挡轴构成的带体限位槽，该带体限位槽与所述缠带轮对应。

上述的便携式机动微喷带收带机，其特征在于：在所述上挡轴和下挡轴设置有套管。

3　说明书

3.1　技术领域

本实用新型属于微喷浇灌设备的辅助机械技术领域，尤其涉及便携式机动微喷带收带机。

3.2 背景技术

在农业生产过程中，大田采用大面积漫灌灌溉，水源浪费严重，造成地下水超量开采，尤其缺水的华北平原等区域，不但造成水源浪费，还直接提高了农作物生产成本。为了节约用水，大田采用微喷带微喷灌溉节水增产效果明显。微喷带微喷灌是采用微喷带作灌水器的喷灌系统。微喷带铺设一般间隔 1.8～2.4 m，微喷带数量大，而且沿微喷带支管的两侧对称设置。在浇灌完成后，需要将微喷带收起。目前收起微喷带的方法主要有以下两种：其一，人工手工收起，用手简单将微喷带盘起，劳动强度大，微喷带盘起不规范，容易对折对微喷带造成损伤，不便于储存和运输，下次使用时展开不方便。其二，人工或动力采用卷轴缠绕，缠绕时，大多只能缠绕一侧的微喷带，效率低，劳动强度大。

3.3 实用新型内容

本实用新型解决的技术问题就是提供一种收带效率高、携带方便、收起后的微喷带形状规范，便于储存和运输的便携式机动微喷带收带机。

本实用新型采用的技术方案为：包括架体，在所述架体上通过轴承固定有转轴，在所述转轴的中部设置有主动轮，在所述主动轮两侧各设置一个缠带轮，所述缠带轮包括位于内侧、与所述转轴固定的第一挡盘和位于外侧、与所述转轴可拆装连接的第二挡盘，在所述第一挡盘和第二挡盘之间的转轴上设置有沿轴向的带头卡槽，带头卡槽的外端直达转轴端部，所述主动轮与动力机构动力连接。

其附加技术特征为：在所述架体上设置有由上挡轴和下挡轴构成的带体限位槽，该带体限位槽与所述缠带轮对应；在所述上挡轴和下挡轴设置有套管。

本实用新型所提供的便携式机动微喷带收带机与现有技术相比，具有以下优点：其一，由于包括架体，在所述架体上通过轴承固定有转轴，在所述转轴的中部设置有主动轮，在所述主动轮两侧各设置一个缠带轮，所述缠带轮包括位于内侧、与所述转轴固定的第一挡盘和位于外侧、与所述转轴可拆装连接的第二挡盘，在所述第一挡盘和第二挡盘之间的转轴上设置有沿轴向的带头卡槽，带头卡槽的外端直达转轴端部，所述主动轮与动力机构动力连接，当需要收微喷带时，将两条微喷带的端部分别插入两个缠带轮的带头卡槽内，然后开动动力机构，位于微喷带支管两侧对称设置的两个微喷带分别缠绕在转轴上，当缠绕完毕后，关闭动力机构，打开位于转轴两端的第二挡盘，将缠绕好的微喷带卸下，然后将该便携式机动微喷带收带机移动至下一个微喷带地方，继续进行收带；同时将对称的两个微喷带收起，大大提高了劳动效率，收起的微喷带形状规范，便于运输和储存，不会造成微喷带对折，延长了微喷带的使用寿命，下次使用时展开即可。该设备结构简单，使用方便，便于携带。其二，由于在所述架体上设置有由上挡轴和下挡轴构成的带体限位槽，该带体限位槽与所述缠带轮对应，先将微喷带穿过带体限位槽，然后再将微喷带的端部固定在带头卡槽内，避免了微喷带滚带、方向偏移等现象地发生。其三，由于在所述上挡轴和下挡轴设置有套管，微喷带与上挡轴和下挡轴之间的摩擦力小，减少了微喷带与上挡轴和下挡轴之间的摩擦，延长了微喷带的使用寿命，缠绕时更省力。

3.4 附图说明

图1为本实用新型便携式机动微喷带收带机的结构示意图。

3.5 具体实施方式

下面结合附图对本实用新型便携式机动微喷带收带机的结构和使用原理做进一步详细说明。

如图1所示，为本实用新型便携式机动微喷带收带机的结构示意图，本实用新型便携式机动微喷带收带机，包括架体，在架体上通过轴承固定有转轴，在转轴的中部设置有主动轮，在主动轮的两侧各设置一个缠带轮，缠带轮包括位于内侧、与转轴固定的第一挡盘和位于外侧、与转轴可拆装连接的第二挡盘，在第二挡盘外侧的转轴上设置有定位销，在第一挡盘和第二挡盘之间的转轴上设置有沿轴向的带头卡槽，带头卡槽的外端直达转轴端部，主动轮与动力机构动力连接。当需要收起微喷带时，将两条微喷带的端部分别插入两个缠带轮的带头卡槽内，然后开动动力机构，位于微喷灌管两侧对称设置的两个微喷带分别缠绕在转轴上，当缠绕完毕后，关闭动力机构，打开位于转轴两端的第二挡盘，将缠绕好的微喷带卸下，然后将该便携式机动微喷带收带机移动下一个微喷带地方，继续进行收带。同时将对称的两个微喷带收起，大大提高了劳动效率，收起的微喷带形状规范，便于运输和储存，不会造成微喷带对折，延长了微喷带的使用寿命，下次使用时展开即可。该设备结构简单，使用方便，便于携带。

在架体上设置有由上挡轴和下挡轴构成的带体限位槽，该带体限位槽与缠带轮对应，先将微喷带穿过带体限位槽，然后再将微喷带的端部固定在带头卡槽内，避免了微喷带滚带、方向偏移等现象地发生。

在上挡轴和下挡轴设置有套管，微喷带与上挡轴和下挡轴之间的摩擦力小，减少了微喷带与上挡轴和下挡轴之间的摩擦，延长了微喷带的使用寿命，缠绕时更省力。

本实用新型的保护范围不仅仅局限于上述实施例，只要结构与本实用新型便携式机动微喷带收带机的结构相同或相似，就落在本实用新型保护的范围。

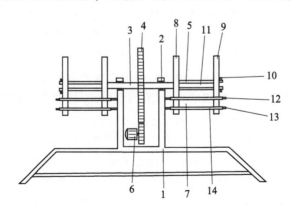

1. 架体 2. 轴承 3. 转轴 4. 主动轮 5. 缠带轮 6. 动力机构 7. 带体限位槽
8. 第一挡盘 9. 第二挡盘 10. 定位销 11. 带头卡槽 12. 上挡轴 13. 下挡轴 14. 套管

图1 便携式机动微喷带收带机的结构

起垄覆膜机

申请号：CN201420278493

申请日：2014-05-29

公开（公告）号：CN203968603U

公开（公告）日：2014-12-03

IPC分类号：A01G13/02；A01B49/04

申请（专利权）人：沧州市农林科学院

发明人：徐玉鹏　阎旭东　林长青　王秀领　肖宇　岳明强　刘振敏

申请人地址：河北省沧州市运河区学院路

申请人邮编：061000

1　摘　要

一种起垄覆膜机，包括机架，在机架上由前至后依次设置有起垄开沟器、覆膜部分、展膜压膜机构、圆盘犁覆土器及支撑轮。所述起垄开沟器设置在机架的前端，所述起垄开沟器包括起垄器及起垄成型装置，所述起垄成型装置包括设置在两侧的固定板、顶部的连接板及起垄修形板构成，所述修形板开设有圆弧形开口，所述开口内侧设置有锯齿，修形板纵向可滑动的设置在固定板上，新型结构的起垄覆膜机，通过修形板的设置，利于聚集水分，起到保墒的作用。在起垄时有利于垄型的保持，防止出现塌方的现象，克服原有装置与土壤刚性接触的缺陷，使垄肩丰满圆润，在覆膜机进行作业时，铺膜质量大大提高，基本能够实现塑料薄膜的零破损。

2　权利要求书

（1）一种起垄覆膜机，其特征在于，包括机架，在机架上由前至后依次设置有起垄开沟器、覆膜部分、展膜压膜机构、圆盘犁覆土器及支撑轮。所述起垄开沟器设置在机架的前端，所述起垄开沟器包括起垄器及起垄成型装置，所述起垄成型装置包括设置在两侧的固定板、顶部的连接板及起垄修形板构成，所述修形板开设有圆弧形开口，所述开口内侧设置有锯齿，所述修形板的两侧设置有滑块，所述固定板上设置有纵向导轨，通过滑块与纵向导轨的配合使修形板纵向可滑动的设置在固定板上，所述修形板顶部固定有螺杆，所述螺杆穿过连接板并通过螺母固定在连接板上。所述覆膜部分上设置有膜筒，所述展膜压膜机构包括展膜轮、压膜轮、连接架及固定架，所述展膜轮及压膜轮可转动的设置在固定架上整体形成展膜压膜组件，所述展膜压膜组件为两个并设置在膜筒支架的两侧，所述展膜轮与压膜轮分别设置在固定架的两侧，所述展膜轮设置在固定架的内侧，所述展膜轮比压膜轮更靠近膜筒，所述展膜轮高于压膜轮。

（2）根据权利要求（1）所述的起垄覆膜机，其特征在于，每个固定板上还设置有开沟犁刀。

（3）根据权利要求（1）所述的起垄覆膜机，其特征在于，所述修形板的材质为橡胶。

（4）根据权利要求（1）所述的起垄覆膜机，其特征在于，所述展膜轮可调高度及长度的设置在固定架上。

（5）根据权利要求（1）所述的起垄覆膜机，其特征在于，还包括调整板，所述展膜轮可转动的设置在调整板上，所述调整板上横向并排设置有多个定位孔，所述固定架上纵向设置有多个固定孔，定位孔与固定孔通过螺栓与螺母的配合实现展膜轮可调高度及长度的设置在固定架上。

（6）根据权利要求（1）所述的起垄覆膜机，其特征在于，所述膜筒支架的两侧纵向设置有多个通孔，所述膜筒与通孔配合可调高度的设置在膜筒支架上。

（7）根据权利要求（1）所述的起垄覆膜机，其特征在于，所述铺膜机机架上设置有调整丝杆，所述连接架设置在铺膜机机架上并通过调整丝杆调节铺膜支架及展膜压膜机构的高度。

3 说明书

3.1 技术领域

本实用新型主要涉及黑龙港流域雨养旱作区农业生产的农用机械设备领域，尤其是一种起垄覆膜机。

3.2 背景技术

世界上约有85%的农地为依靠天然降水的旱地农业，也称雨养农业。中国约有3/4的农地是旱地农业，按照中国年降水量范围划分，这些旱地农业多半干旱半湿润地区，抗旱保墒耕作是旱地农业生产最基本的耕作技术，特别是在干旱常发地区，如何顺应自然规律，最大限度的利用有限的自然降水，提高水分利用率，缓解旱作农业区作物的缺水问题，是多年来努力探索解决的方向。

在农作物的种植中，在农作物下种之前进行扶垄工作，起垄后，涝天排水顺畅，不至于积水，同时由于根系所处地势提高，相对降低了地下水位，根际的土壤水分不易饱和，不至于因缺氧造成根系窒息，在一定程度上能够保墒抗旱，在机械化程度比较低的过去，扶垄往往由人工操作，劳动强度大，工作效率低。随着农业机械化程度的不断提高，扶垄这种既简单又沉重的体力劳动在广大的农村已经逐步实现了机械化。扶垄机是扶垄作业的必要机械设备，而起垄器又是扶垄机上的必要装置。传统起垄器中，起垄器支架与起垄铲焊接在一起，起垄铲翻土时，容易兜土，起垄高度偏低，一定程度上影响了作业质量，且通常情况下起垄机的起垄成型装置与土壤间为刚性接触，机器走过后垄侧会出现不同程度的塌方，形成一个尖锐的垄肩，在铺膜时容易使塑料薄膜损坏，降低了铺膜质量；同时，该垄面刮土板形成的垄埂上平面为平整结构，不利于保墒。

3.3 实用新型内容

本实用新型的目的在于提供一种结构简单，能有效进行起垄工作的起垄覆膜机。

为了解决上述技术问题，本实用新型提供一种起垄覆膜机，包括机架，在机架上由前至后依次设置有起垄开沟器、覆膜部分、展膜压膜机构、圆盘犁覆土器及支撑轮；所述起垄开沟器设置在机架的前端，所述起垄开沟器包括起垄器及起垄成型装置，所述起垄成型装置包括设置在两侧的固定板、顶部的连接板及起垄修形板构成，所述修形板开设有圆弧形开口，所述开口内侧设置有锯齿，所述修形板的两侧设置有滑块，所述固定板上设置有纵向导轨，通过滑块与纵向导轨的配合使修形板纵向可滑动的设置在固定板上，所述修形板顶部固定有螺杆，所述螺杆穿过连接板并通过螺母固定在连接板上；所述覆膜部分上设置有膜筒，所述展膜压膜机构包括展膜轮、压膜轮、连接架及固定架，所述展膜轮及压膜轮可转动的设置在固定架上整体形成展膜压膜组件，所述展膜压膜组件为两个并设置在膜筒支架的两侧，所述展膜轮与压膜轮分别设置在固定架的两侧，所述展膜轮设置在固定架的内侧，所述展膜轮比压膜轮更靠近膜筒，所述展膜轮高于压膜轮。

本实用新型改进为：每个固定板上还设置有开沟犁刀。所述修形板的材质为橡胶。所述展膜轮可调高度及长度的设置在固定架上。还包括调整板，所述展膜轮可转动的设置在调整板上。所述调整板上横向并排设置有多个定位孔，所述固定架上纵向设置有多个固定孔，定位孔与固定孔通过螺栓与螺母的配合实现展膜轮可调高度及长度的设置在固定架上。本实用新型改进有，所述膜筒支架的两侧纵向设置有多个通孔，所述膜筒与通孔配合可调高度的设置在膜筒支架上。所述铺膜机机架上设置有调整丝杆，所述连接架设置在铺膜机机架上并通过调整丝杆调节铺膜支架及展膜压膜机构的高度。

本实用新型的有益效果为：新型结构的起垄覆膜机，结构简单，使用方便，适用于凸型地垄，是烟叶、马铃薯、玉米、毛芋、甘蔗等作物的理想覆膜工具，通过修形板的设置利于聚集水分，起到保墒的作用。利用这种修形板达到了柔性修形的效果，在起垄时有利于垄型的保持，防止出现塌方的现象，克服原有装置与土壤刚性接触的缺陷，使垄肩丰满圆润，在覆膜机进行作业时，铺膜质量大大提高，基本能够实现塑料薄膜的零破损。

3.4 附图说明

图 1 为本实用新型的起垄覆膜机的结构示意图。

图 2 为本实用新型的起垄覆膜机的展膜压膜机构的左视图。

3.5 具体实施方式

为详细说明本实用新型的技术内容、构造特征、所实现目的及效果，以下结合实施方式并配合附图详予说明。

参照图 1～图 2，本实用新型提出一种起垄覆膜机包括机架，在机架上由前至后依次设置有起垄开沟器、覆膜部分、展膜压膜机构、圆盘犁覆土器及支撑轮。

具体在运行前，可以根据地垄高度和垄间距选择适当的微耕机驱动轮并调整好驱动轮距，铺膜机与微耕机互相连接。根据实际垄高调整好起垄开沟器、覆膜部分、展膜压膜机构、圆盘犁覆土器及支撑轮。整个铺膜机在运行时，首先通过刮垄开沟器作用于地垄顶部使其成为有规律的形状，之后通过展膜压膜机构将薄膜展开，覆于凸型地垄上并压住，之后圆盘犁覆土器将浮土覆在膜两侧从而完成铺膜作业。

具体的，所述起垄开沟器设置在机架的前端，所述起垄开沟器包括起垄器及起垄成型装置。起垄器在本实施例中为犁刀，通过犁刀转子朝前反转，犁刀跟着反转，将两侧泥土翻起堆集到中部形成凸型地垄。所述起垄成型装置包括设置在两侧的固定板、顶部的连接板及起垄修形板构成。所述修形板开设有圆弧形开口，所述开口内侧设置有锯齿，所述修形板的两侧设置有滑块。所述固定板上设置有纵向导轨，通过滑块与纵向导轨的配合使修形板纵向可滑动的设置在固定板上。所述修形板顶部固定有螺杆，所述螺杆穿过连接板并通过螺母固定在连接板上。

通过这种结构的起垄开沟器，修形板采用仿鲨鱼齿形结构，通过螺母的旋转可以带动起垄成型装置的纵向移动。根据具体垄的高度选择修形板的位置，固定以后，当铺膜机移动后，修形板就会在垄梗上形成多个小沟槽，这些小沟槽可以有效地聚集水分，起到保墒的作用。利用这种修形板达到了柔性修形的效果，在起垄时有利于垄型的保持，防止出现塌方的现象，克服原有装置与土壤刚性接触的缺陷，使垄肩丰满圆润，在覆膜机进行作业时，铺膜质量大大提高，基本能够实现塑料薄膜的零破损。

本实施例中，每个固定板上还设置有开沟犁刀，开沟犁刀使覆膜机在移动时两侧形成两条有规律的压膜沟，便于后期压膜轮的按压，铺膜作业的完成。

本实施例中，所述修形板的材质为橡胶，橡胶设置首先降低了整个铺膜机的成本，同时，其也放置刚性接触产生的塌方现象。

本实施例中，所述覆膜部分上设置有膜筒，所述展膜压膜机构包括展膜轮、压膜轮、连接架及固定架。所述展膜轮及压膜轮可转动的设置在固定架上整体形成展膜压膜组件。所述展膜压膜组件为两个并设置在膜筒支架的两侧，所述展膜轮与压膜轮分别设置在固定架的两侧，所述展膜轮设置在固定架的内侧，所述展膜轮比压膜轮更靠近膜筒，所述展膜轮高于压膜轮。

具体的，薄膜展开后，伸出的薄膜首先碰到展膜轮，展膜轮将整个薄膜的两端向下压，形成一个圆弧形，将其覆于凸型地垄上，之后的薄膜再通过压膜轮，压膜轮位于展膜轮下方，将薄膜紧密地压在压膜沟上，

本实施例中，所述展膜轮可调高度及长度的设置在固定架上，更加适应不同土垄高度以及铺膜高度。具体的，这种调节方式为很多种，例如采用液压缸或者气缸驱动连接杆来带动，或者采用平面四杆机构的移动来带动，均可以实现本实用新型的目的，但是结合具体铺膜机的使用情况，展膜轮并不需要频繁的更换高度，只需在使用前固定即可。因此在本实施例中，所述展膜压膜机构还包括调整板，所述展膜轮可转动的设置在调整板上，所述调整板上横向并排设置有多个定位孔。所述固定架上纵向设置有多个固定孔，定位孔与固定孔通过螺栓与螺母的配合实现展膜轮可调高度及长度的设置在固定架上。

其中，选择不同的固定孔与定位孔的配合可以实现展膜轮不同高度的调节，具体附图中，所述固定孔与定位孔都为3个，可以实现在纵向平面中展膜轮个固定位置，只需将螺栓与螺母拆下并在特定位置在旋上即可。

本实施例中，所述膜筒支架的两侧纵向设置有多个通孔，所述膜筒与通孔配合可调高度的设置在膜筒支架上，膜筒可选择的设置在相对的两个通孔中，可以根据需要旋转膜筒的高度。

本实施例中，所述铺膜机机架上设置有调整丝杆，所述连接架设置在铺膜机机架上

并通过调整丝杆调节膜筒支架及展膜压膜机构的高度，通过调整丝杆可以直接调节整个膜筒支架及展膜压膜机构的高度，而上述展膜轮或者膜筒高度的调节都可以在整个膜筒支架及展膜压膜机构的高度调节的基础上实现各个部件的位置微调。

以上所述仅为本实用新型的实施例，并非因此限制本实用新型的专利范围，凡是利用本实用新型说明书及附图内容所作的等效结构或等效流程变换，或直接或间接运用在其他相关的技术领域，均同理包括在本实用新型的专利保护范围内。

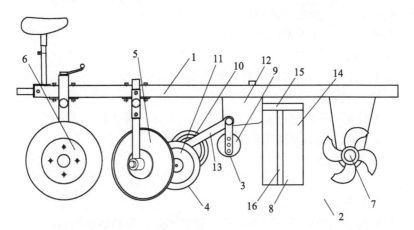

1. 机架　2. 起垄开沟器　3. 覆膜部分　4. 展膜压膜机构　5. 圆盘犁覆土器
6. 支撑轮　7. 起垄器　8. 起垄成型装置　9. 膜筒　10. 展膜轮　11. 压膜轮
12. 连接架　13. 固定架　14. 固定板　15. 连接板　16. 修形板

图 1　起垄覆膜机的结构示意

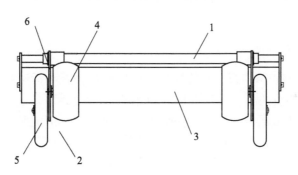

1. 覆膜部分　2. 展膜压膜机构　3. 膜筒
4. 展膜轮　5. 压膜轮　6. 固定架

图 2　起垄覆膜机的展膜压膜机构的左视图

可伸缩护苗挡板

申请号：CN201420364679

申请日：2014-07-03

公开（公告）号：CN204168766U

公开（公告）日：2015-02-25

IPC 分类号：A01D41/12

申请（专利权）人：1. 河北省农林科学院棉花研究所；2. 曲周县银絮棉花种植专业合作社；3. 曲周县农牧局

发明人：李伟明　王树林　刘文艺　祁虹　张谦　冯国艺　林永增　任景河

申请人地址：河北省石家庄市和平西路 598 号

申请人邮编：050000

1 摘 要

本实用新型涉及一种可伸缩护苗挡板，包括固定挡板和活动挡板；所述固定挡板为截面呈"V"形的折角板，固定在联合收割机的切割器刀梁上，用以遮挡切割器刀刃；所述活动挡板为截面呈"V"形的折角板，滑动定位在所述固定挡板上，作为所述固定挡板的延长板，以使保护宽度与麦田中的棉苗垄宽相适应。实用新型结构简单，安装方便，可适用于不同幅宽的麦棉套作模式，解决了麦棉套作田不能应用小麦收割机的难题。

2 权利要求书

（1）一种可伸缩护苗挡板，其特征是，包括固定挡板和活动挡板；所述固定挡板为截面呈"V"形的折角板，固定在联合收割机的切割器刀梁上，用以遮挡切割器刀刃；所述活动挡板为截面呈"V"形的折角板，滑动定位在所述固定挡板上，作为所述固定挡板的延长板，以使保护宽度与麦田中的棉苗垄宽相适应。

（2）根据权利要求（1）所述的可伸缩护苗挡板，其特征是，在所述固定挡板上焊接有向长边外侧延伸出的片状连接杆，在所述连接杆上开有固定孔。

（3）根据权利要求（1）所述的可伸缩护苗挡板，其特征是，在所述活动挡板的板面上开有长孔槽，在所述固定挡板上穿接的紧固螺栓从所述活动挡板上的所述长孔槽穿过并紧固定位。

3 说明书

3.1 技术领域

本实用新型涉及一种小麦联合收割机切割器上的辅助装置，具体地说是一种可伸缩护苗挡板。

3.2　背景技术

麦棉套作种植模式是提高土地复种指数、稳定棉花与小麦产量的重要技术措施，在20世纪80—90年代的黄河流域、长江流域等地区种植推广面积很大，但随着小麦联合收割机械的应用，麦棉套作模式由于不能使用小麦联合收割机收获而种植面积锐减。近年来随着国家对粮食安全重视程度的提高以及粮棉争地矛盾的进一步加剧，麦棉套作技术模式被重新提到了议事日程并得到了极大的重视，因此急需一种可应用于麦棉套作模式的收获机械。

3.3　实用新型内容

本实用新型涉及一种应用在小麦联合收割机上的可伸缩护苗挡板，以解决现有麦棉套作种植模式不能使用小麦联合收割机的问题。

本实用新型是这样实现的：一种可伸缩护苗挡板，包括固定挡板和活动挡板；所述固定挡板为截面呈"V"形的折角板，固定在联合收割机的切割器刀梁上，用以遮挡切割器刀刃；所述活动挡板为截面呈"V"形的折角板，滑动定位在所述固定挡板上，作为所述固定挡板的延长板，以使保护宽度与麦田中的棉苗垄宽相适应。

在所述固定挡板上焊接有向长边外侧延伸出的片状连接杆，在所述连接杆上开有固定孔。在所述活动挡板的板面上开有长孔槽，在所述固定挡板上穿接的紧固螺栓从所述活动挡板上的所述长孔槽穿过并紧固定位。

本实用新型的固定挡板经连接杆固定在联合收割机的切割器刀梁上，活动挡板与固定挡板平行设置且可沿固定挡板水平滑动。两板横截面形状皆为"V"形，用以遮挡切割器刀刃，防止切割器伤害棉植株。在固定挡板上穿接的紧固螺栓从活动挡板上的长孔槽穿过并紧固定位。两板的总长与麦田中的棉苗垄宽相适应。

本实用新型结构简单，安装方便，可适用于不同幅宽的麦棉套作模式，解决了麦棉套作田不能应用小麦收割机的难题。

3.4　附图说明

图1是本实用新型的固定挡板的结构示意图。

图2是本实用新型的活动挡板的结构示意图。

图3是本实用新型的结构示意图。

3.5　具体实施方式

本实用新型包括固定挡板、活动挡板。两板可由长方形薄铁板制成，结构简单、成本低。

如图1所示，本实用新型的固定挡板是横截面为"V"形的折角板，在固定挡板上设置有可与小麦收割机的切割器连接的连接杆，在固定挡板的板体上还穿接有紧固螺栓。

如图2所示，本实用新型的活动挡板是横截面为"V"形的折角板，在活动挡板的板体上沿水平方向设置有长孔槽，长孔槽可用来穿接紧固螺栓。

两板的横截面形状还可为"U"形或框形等，目的是在安装完成后，两板可罩住切割器刀刃，防止切割器伤害棉植株。

如图3所示，固定挡板与活动挡板平行设置，活动挡板可沿固定挡板水平滑动。

　　使用时将固定挡板上的连接杆安装在小麦收割机切割器刀梁的方颈螺栓上，活动挡板套在固定挡板的内部或外部，根据麦棉套作的幅宽确定两板的总长，重合部分使用紧固螺栓穿过长孔槽固定。需要调节挡板宽度时，将螺栓松开即可左右调节活动挡板至适合宽度。这样，在收割机行进过程中，切割器就可单独对小麦植株进行切割，不会伤害棉植株。

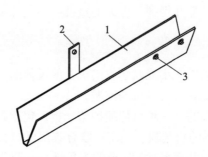

1. 固定挡板　2. 连接杆　3. 紧固螺栓

图 1　固定挡板的结构示意

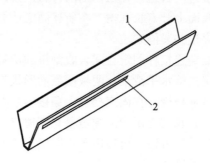

1. 活动挡板　2. 长孔槽

图 2　活动挡板的结构示意

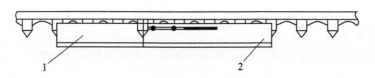

1. 固定挡板　2. 活动挡板

图 3　小麦联合收割机切割器上的辅助装置示意

一种可调式拢禾装置

申请号：CN201420680608

申请日：2014-11-14

公开（公告）号：CN204231949U

公开（公告）日：2015-04-01

IPC 分类号：A01D63/04

申请（专利权）人：1. 河北省农林科学院棉花研究所；2. 曲周县银絮棉花种植专业合作社；3. 曲周县农牧局

发明人：王树林　祁虹　刘文艺　张谦　冯国艺　林永增　李伟明　任景河

申请人地址：河北省石家庄市和平西路 598 号

申请人邮编：050000

1　摘　要

本实用新型涉及一种可调式拢禾装置，包括有：套筒，为卧式四棱锥台状壳体，其后端侧的大口端用于插接在小麦收割机分禾器的前端部，其底板的前端探出套筒的壳体，在底板中开有用于穿接固定螺栓的固定孔；支撑杆，竖直焊接在所述套筒的底板探出端上；滑动套管，套接在所述支撑杆上；螺纹接口，横向贯通开设在所述滑动套管的侧壁上；以及拢禾杆，为直杆，其一端制有螺纹，用以螺纹连接在所述滑动套管上的所述螺纹接口中。使用时先将套筒安装在小麦收割机的分禾器前端部，再将滑动套管套接在支撑杆上，调整好高度与角度后，将拢禾杆在螺纹接口内拧紧固定。配装本装置后，可将田间不规则幅宽的小麦完全收割干净，有效解决了小麦收割不完全的问题。

2　权利要求书

一种可调式拢禾装置，其特征是，包括有：套筒，为卧式四棱锥台状壳体，其后端侧的大口端用于插接在小麦收割机分禾器的前端部，其底板的前端探出套筒的壳体，在底板中开有用于穿接固定螺栓的固定孔；支撑杆，竖直焊接在所述套筒的底板探出端上；滑动套管，套接在所述支撑杆上；螺纹接口，横向贯通开设在所述滑动套管的侧壁上；以及拢禾杆，为直杆，其一端制有螺纹，用以螺纹连接在所述滑动套管上的所述螺纹接口中。

3　说明书

3.1　技术领域

本实用新型涉及一种小麦联合收割机分禾器上的辅助装置，具体地说是一种可调式拢禾装置。

3.2 背景技术

20世纪80—90年代，在黄河流域、长江流域地区大面积推广麦棉套作种植技术。麦棉套作种植模式是提高土地复种指数、稳定棉花与小麦产量的一个重要技术措施。但是，随着小麦联合收获机械的广泛应用，这种麦棉套作模式由于不能使用小麦联合收割机进行收割操作而使种植面积锐减。

近年来随着国家对粮食安全的重视，以及粮棉争地矛盾的进一步加剧，麦棉套作技术模式被重新提上了议事日程，并得到了极大的重视。推广麦棉套作种植模式的一个主要障碍因素就是小麦联合收割机的应用。随着小麦收割机护苗挡板技术的应用，在麦棉套作田内基本实现了小麦联合收割机的应用。但是，由于小麦播种幅宽不规则，当小麦幅宽略大于小麦收割机的割台宽度时，就会导致割台侧边上会有一行小麦不能收割下来，产生小麦收割不完全的现象。

3.3 实用新型内容

本实用新型的目的就是提供一种可调式拢禾装置，以解决小麦收割机在麦棉套作田收割小麦时存在的对小麦收割不完全的问题。

本实用新型包括：套筒，为卧式四棱锥台状壳体，其后端侧的大口端用于插接在小麦收割机分禾器的前端部，其底板的前端探出套筒的壳体，在底板中开有用于穿接固定螺栓的固定孔；支撑杆，竖直焊接在所述套筒的底板探出端上；滑动套管，套接在所述支撑杆上；螺纹接口，横向贯通开设在所述滑动套管的侧壁上；以及拢禾杆，为直杆，其一端制有螺纹，用以螺纹连接在所述滑动套管上的所述螺纹接口中。

本实用新型结构简单，安装方便，使用过程中是根据小麦幅宽调整拢禾杆的外张角度，并根据小麦株高来调整拢禾杆的设置高度，由此，通过对拢禾杆外张角度及高度的调整，可适用于不同类型的麦棉套作田，彻底解决了麦棉套作田由于小麦播幅不规则导致的小麦收割机对成熟小麦收割不完全的问题。

3.4 附图说明

图1是本实用新型的结构示意图。

3.5 具体实施方式

如图1所示，本实用新型包括套筒、支撑杆、滑动套管和拢禾杆等部分。套筒为卧式四棱锥台状壳体，其内部形状及后端侧的大口端与小麦收割机分禾器的前端形状相合，即套筒的近分禾器端的端口大，前部的端口逐渐缩小，其形状与小麦收割机分禾器前端吻合，以便于插接在分禾器的前端部。套筒的底板的前端探出套筒的壳体，用以作为支撑杆的焊接座，在底板中开有固定孔，用以穿接固定螺栓，在螺的配合下，将套筒固定在小麦收割机分禾器的前端部。支撑杆为铁质圆杆，竖直焊接在套筒的底板探出端上，并垂直于地表。滑动套管套接在支撑杆上，其内径略大于支撑杆的直径，可在支撑杆上上下移动，也可相对支撑杆转动。在滑动套管的中部侧壁上横向开设有贯通的螺纹接口。螺纹接口的一种简单的设置方式是，在滑动套管的中部侧壁上横向钻孔，孔径略大于拢禾杆的直径，然后再在孔口处焊接一个螺母，螺母的内孔与钻孔相对，由此形成螺纹接口。拢禾杆是一根直杆，其一端制有螺纹，用以螺纹连接在滑动套管上的螺纹接口中，在实现二者的固定连接的同时，还可实现滑动套管在支撑杆上的定位。

使用时，首先将套筒安装在小麦收割机的分禾器前端部，通过套筒底板上的固定孔，用固定螺栓与螺母配合，将套筒拧紧在分禾器的顶端；然后，再将滑动套管套接在支撑杆上，将拢禾杆的螺纹端拧进滑动套管的螺纹接口内，根据田间小麦的实际种植情况，上下调整好滑动套管的设置高度，并调整好拢禾杆的外张角度，之后，通过拧紧拢禾杆，即可将滑动套管固定在支撑杆上，由此实现本拢禾装置的安装和固定，最后，启动小麦收割机，对麦棉套作的地块中的小麦进行机械收割作业。

配装本拢禾装置后，可将田间不规则幅宽的小麦完全收割干净，有效解决了小麦收割不完全的问题。

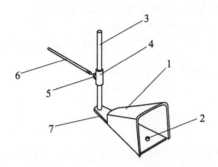

1. 套筒　2. 固定孔　3. 支撑杆　4. 滑动套管　5. 螺母接口　6. 拢禾杆　7. 底板

图1　小麦联合收割机分禾器上的辅助装置结构示意

起垄施肥旋耕覆膜除草一体机

申请号：CN201420272073
申请日：2014-05-27
公开（公告）号：CN204259371U
公开（公告）日：2015-04-15
IPC 分类号：A01B49/06；A01M7/00；A01G13/02
申请（专利权）人：沧州市农林科学院
发明人：徐玉鹏　阎旭东　陈善义　孔德平　肖宇　芮松青　刘艳坤
申请人地址：河北省沧州市运河区学院路
申请人邮编：061000

1　摘　要

　　一种起垄施肥旋耕覆膜除草一体机，包括机架，所述机架上设置有打药装置、旋耕机构、施肥机构、起垄开沟器、覆膜部分、展膜压膜机构、圆盘犁覆土器及支撑轮；在实现同等作业功能的条件下，能一次完成旋耕整地、打药、施肥、起垄覆膜和膜上压土等一体化作业，大大提升了耕种效率和节省了劳动力，整体结构简单，使用方便，另外，在不增加金属用量的情况下，对受力位置进行加厚，延长了旋耕刀的使用寿命。

2　权利要求书

　　（1）一种起垄施肥旋耕覆膜除草一体机，其特征在于，包括机架，所述机架上设置有打药装置、旋耕机构、施肥机构、起垄开沟器、覆膜部分、展膜压膜机构、圆盘犁覆土器及支撑轮；所述起垄开沟器设置在机架的前端，所述起垄开沟器包括开沟犁刀、刮垄器及连接扁铁，所述开沟犁刀为两个，设置在刮垄器的两侧，所述连接扁铁的一端连接刮垄器的中部，另一端连接机架；所述旋耕机构设置在起垄开沟器前端，所述旋耕机构包括可转动设置在机架上的旋耕犁，所述打药装置包括药箱和打药喷头，所述药箱固定在机架上，所述旋耕犁包括刀轴及旋耕刀，所述旋耕刀并列等距的固定在刀轴上，所述旋耕刀在宽度方向上均包括刀背部分、中间过渡部分和刀刃部分，所述中间过渡部分的厚度大于刀背部分，所述刀背部分的厚度大于刀刃部分，所述旋耕刀的折弯处设置有凸起；所述打药喷头设置在旋耕刀凸起内，所述打药喷头通过导管与药箱相连。

　　（2）根据权利要求（1）所述的起垄施肥旋耕覆膜除草一体机，其特征在于，所述施肥机构包括由施肥箱及施肥器组成，所述施肥箱固定在机架上，所述施肥器设置在施肥箱内。

　　（3）根据权利要求（1）所述的起垄施肥旋耕覆膜除草一体机，其特征在于，所述凸起的形状为球形、椭球形或棱柱形。

（4）根据权利要求（1）所述的起垄施肥旋耕覆膜除草一体机，其特征在于，所述展膜压膜机构包括压沟轮、支撑杆、弹簧及固定架，所述压沟轮可转动的设置在支撑杆的底部，所述支撑杆的顶端穿过固定架并可滑动的 设置在固定架上，所述支撑杆上还设置有卡位，所述弹簧套设在支撑杆上，弹簧的一段顶住卡位上，另一端顶在固定架上。

（5）根据权利要求（4）所述的起垄施肥旋耕覆膜除草一体机，其特征在于，所述固定架上延其径向设置有锁紧定位块，所述支撑杆上设置有轴向的定位槽，锁紧定位块伸入定位槽内。

（6）根据权利要求（5）所述的起垄施肥旋耕覆膜除草一体机，其特征在于，所述锁紧定位块为锁紧螺钉。

（7）根据权利要求（4）所述的起垄施肥旋耕覆膜除草一体机，其特征在于，所述卡位为螺母，所述支撑杆上设置有与螺母内螺纹相配的外螺纹。

3 说明书

3.1 技术领域

本实用新型主要涉及黑龙港流域雨养旱作区农业生产的农用机械设备领域，尤其是一种起垄施肥旋耕覆膜除草一体机。

3.2 背景技术

烟叶、棉花、花生、玉米等农作物在播种或移栽前后都需要覆膜，干旱地区是为了保墒和保温，多雨地区是为了保温和保肥，传统的种植方式中往往采用人工铺膜，随着农业技术的发展，渐渐出现了机械铺膜方式，机械铺膜不但效率高，能满足现代农业大面积作物种植的农时要求，而且比人工成本更低，但是，现在的覆膜机功能还是较少，都是采用先人工施肥打药、在机械旋耕整地，机械起垄覆膜、最后进行人工横向压土的分段作业方式，这种多项作业形式不但容易形成土壤连续机械作业出现压实，破坏土壤团粒结构，而且多项作业费时费工，作业效果不佳。

3.3 实用新型内容

本实用新型的目的在于提供一种结构简单，多功能，并且工作方便的一种起垄施肥旋耕覆膜除草一体机。

为了解决上述技术问题，本实用新型提供一种起垄施肥旋耕覆膜除草一体机，包括机架，所述机架上设置有打药装置、旋耕机构、施肥机构、起垄开沟器、覆膜部分、展膜压膜机构、圆盘犁覆土器及支撑轮；所述起垄开沟器设置在机架的前端，所述起垄开沟器包括开沟犁刀、刮垄器及连接扁铁，所述开沟犁刀为两个，设置在刮垄器的两侧，所述连接扁铁的一端连接刮垄器的中部，另一端连接机架；所述旋耕机构设置在起垄开沟器前端，所述旋耕机构包括可转动设置在机架上的旋耕犁，所述打药装置包括药箱和打药喷头，所述药箱固定在机架上，所述旋耕犁包括刀轴及旋耕刀，所述旋耕刀并列等距的固定在刀轴上，所述旋耕刀在宽度方向上均包括刀背部分、中间过渡部分和刀刃部分，所述中间过渡部分的厚度大于刀背部分，所述刀背部分的厚度大于刀刃部分，所述旋耕刀的折弯处设置有凸起；所述打药喷头设置在旋耕刀凸起内，所述打药喷头通过导管与药箱相连。

本实用新型改进有，所述施肥机构包括由施肥箱及施肥器组成，所述施肥箱固定在机架上，所述施肥器设置在施肥箱内。

本实用新型改进为：所述凸起的形状为球形、椭球形或棱柱形；所述展膜压膜机构包括压沟轮、支撑杆、弹簧及固定架，所述压沟轮可转动的设置在支撑杆的底部，所述支撑杆的顶端穿过固定架并可滑动的设置在固定架上，所述支撑杆上还设置有卡位，所述弹簧套设在支撑杆上，弹簧的一段顶住卡位上，另一端顶在固定架上。所述固定架上延其径向设置有锁紧定位块，所述支撑杆上设置有轴向的定位槽，锁紧定位块伸入定位槽内；所述锁紧定位块为锁紧螺钉；所述卡位为螺母，所述定位杆上设置有与螺母内螺纹相配的外螺纹。

本实用新型的有益效果为：本实用新型的起垄施肥旋耕覆膜除草一体机，在实现同等作业功能的条件下，能一次完成旋耕整地、打药、施肥、起垄覆膜和膜上压土等一体化作业，大大提升了耕种效率和节省了劳动力，整体结构简单，使用方便，另外，在不增加金属用量的情况下，对受力位置进行加厚，延长了旋耕刀的使用寿命。

3.4 附图说明

图1为本实用新型的起垄施肥旋耕覆膜除草一体机的结构示意图；图2为本实用新型的起垄施肥旋耕覆膜除草一体机的起垄开沟器的主视图；图3为本实用新型的起垄施肥旋耕覆膜除草一体机的旋耕刀的结构示意图。

3.5 具体实施方式

为详细说明本实用新型的技术内容、构造特征、所实现目的及效果，以下结合实施方式并配合附图详予说明。

参照图1~图3，本实用新型提出一种起垄施肥旋耕覆膜除草一体机，包括机架，所述机架上设置有打药装置、旋耕机构、施肥机构、起垄开沟器、覆膜部分、展膜压膜机构、圆盘犁覆土器及支撑轮；所述起垄开沟器设置在机架的前端，所述起垄开沟器包括开沟犁刀、刮垄器及连接扁铁，所述开沟犁刀为两个，设置在刮垄器的两侧，所述连接扁铁的一端连接刮垄器的中部，另一端连接机架；首先，将本实用新型的起垄施肥旋耕覆膜除草一体机固定在拖拉机后方，可以采用销轴铰接，装设好打药装置、旋耕机构、施肥机构、起垄开沟器、覆膜部分、展膜压膜机构、圆盘犁覆土器及支撑轮，作业前进时，先通过旋耕机构进行松土旋耕，并在旋耕的同时通过打药装置进行喷药，之后施肥器启动，对旋耕好的土地进行施肥，施肥后起垄开沟器马上进行起垄，具体的，起垄开沟器上的刮垄器将垄顶改变成有规律的形状，同时开沟犁刀伸入地面，在前进的过程中，将地面形成两条有规律的压膜沟，通过刮垄开沟器作用之后，后续再通过展膜压膜机构将膜从覆膜部分内取出并展开平覆于凸型地垄上，并将膜边紧密地压在压膜沟上，圆盘犁覆土器随即将浮土覆在压膜沟上从而完成铺膜作业。

通过这种一体化的设计，大大提升了耕种效率和节省了劳动力，整体结构简单，使用方便。

本实施例中，参照图3，所述旋耕机构设置在起垄开沟器前端，所述旋耕机构包括可转动设置在机架上的旋耕犁，所述打药装置包括药箱和打药喷头，所述药箱固定在机架上，所述旋耕犁包括刀轴及旋耕刀，所述旋耕刀并列等距的固定在刀轴上，所述旋耕刀在宽度方向上均包括刀背部分、中间过渡部分和刀刃部分，所述中间过渡部分的厚度大于刀背部分，所述刀背部分的厚度大于刀刃部分，所述旋耕刀的折弯处设置有凸起。

区别于传统的旋耕刀，在旋耕刀的宽度方向上，刀背部分最厚，中间过渡部分次之，刀刃部分最薄，从刀背部分起至刀刃部分厚度依次减薄；在旋耕刀的长度方向上，自刀身与刀柄的结合部起至刀头的末端，旋耕刀的厚度逐渐减薄。金属量集中在刀背上，但刀背是不参与切削的，旋耕刀磨损至刀刃部分的刃口线就报废了。使用同样多的金属，不参与切削的刀背部分集中的金属量较多，参与切削的刀刃部分集中的金属量较少，旋耕刀使用寿命较短。

本实施例中，通过厚度位置的改变，在不增加金属用量的情况下，对受力位置进行加厚，延长了旋耕刀的使用寿命，进一步的，在旋耕刀受力较大的折弯处设置了增强旋耕刀承受能力的凸起加强筋，凸起可以设置在旋耕刀的正面或者背面，通过改变旋耕刀的表面形状，将旋耕刀的金相组织结构由原来的晶粒呈密排直线分布改变为晶粒密排曲线分布，有助于增强物体几何面的刚性与强度的特性，克服了旋耕刀在工作中由于受理过于集中造成的旋耕刀弯曲变形或者断裂现象进一步的延长了旋耕刀的使用寿命。

本实施例中，所述打药喷头设置在旋耕刀凸起内，所述打药喷头通过导管与药箱相连，通过这种方式，可以实现在旋耕的同时进行打药，打药直接打入旋耕的土中，大大提升了除草的效率，只需将导管换穿过旋耕犁的刀轴即可实现，可以根据需要选择打药喷头设置在一个旋耕刀上或者是所有的旋耕刀上。

本实用新型并不限制一个旋耕刀上凸起的数量，可以是 1 个或者是多个，本实施例中，所述凸起的形状为球形、椭球形或棱柱形等。

本实施例中，所述展膜压膜机构包括压沟轮、支撑杆、弹簧及固定架，所述压沟轮可转动的设置在支撑杆的底部，所述支撑杆的顶端穿过固定架并可滑动的设置在固定架上，所述支撑杆上还设置有卡位，所述弹簧套设在支撑杆上，弹簧的一段顶住卡位上，另一端顶在固定架上。压沟轮的作用就是将薄膜有效的压至压膜沟内，便于随后的覆土装置将土导入压膜沟内。苗带沟内覆土使得地膜不易被风掀起，本实施例中，压沟膜是采用弹簧预紧，弹簧的一段固定在固定架上，可以采用挂接或者直接采用焊接，弹簧的另一端固定在卡位上的，通过弹簧的设置，当压沟轮受到较大的阻力时，压沟轮会克服弹簧的阻力，使压沟轮会向上升一些，而在阻力较小后，通过弹簧的回复力及压沟轮及支撑杆自身的重力回自动回位，使其根据地面土质情况调整压沟轮的纵向位置，随着地面起伏，保证压沟效果，同时保证了薄膜的平展铺设。

本实施例中，所述卡位为螺母，所述定位杆上设置有与螺母内螺纹相配的外螺纹，当旋转螺母后，可以调整压沟轮伸出固定架的长度，即纵向位置，可以根据不同的垄高进行调节，防止压沟轮没有接触垄面的情况。

本实施例中，所述固定架上延其径向设置有锁紧定位块，所述支撑杆上设置有轴向的定位槽，锁紧定位块伸入定位槽内。定位块在本实施例中可以为方形，适配定位槽的径向形状，有效的限制支撑杆的径向转动，只预留了支撑杆的轴向自由度，保证了压沟的质量，在另一实施例中，所述锁紧定位块为锁紧螺钉，通过螺纹的设置，在未使用时，可以有效地将定位螺钉旋出，拆卸方便而且结构简单。

本实施例中，所述刮垄器呈圆弧形，连接扁铁的一端连接在圆弧形的铺膜机顶部，通过圆弧形刮垄器的设置，能有效地将地垄底部形成有规律的形状。所述铺膜机机架上设置有连接调整架，所述连接扁铁可调高度的设置在连接调整架上，通过连接扁铁的高度调节，进一步的带动整个刮垄开沟器的高度，使得本实施例中的铺膜机可以适用于不同高度的铺膜场合。具体的，可调高度的方法为很多种，例如一实施例中，可以采用液压缸驱动或者采用伺服电机带动滚珠丝杠的驱动方式，这种方式可以有效地实现整个刮垄开沟器的高度，但是其成本高，而且整个铺膜机在运行过程中并不需要频繁的调节高度，因此本实施例中，所述连接调整架纵向均匀设置有固定孔，所述连接扁铁上纵向均匀设置有通孔，通孔与固定孔通过螺栓及螺母的配合实现连接扁铁可调高度的设置在连接调整架上，需要调节高度时，可以旋下螺母并取下螺钉，根据需要的高度选择不同的固定孔与通孔配合，在通过螺母与螺钉固定住，实现刮垄开沟器的高度调节。

本实施例中，所述开沟犁刀通过螺钉固定在刮垄器上，开沟犁刀通过螺钉的固定牢固的固定在刮垄器上，而且在需要维修或者清理时也可以简单的拆开，当然本实施例并不限制开沟犁刀的固定方式，采用其他不可拆连接例如焊接、铆接等也是本实用新型的保护方案。

以上所述仅为本实用新型的实施例，并非因此限制本实用新型的专利范围，凡是利用本实用新型说明书及附图内容所作的等效结构或等效流程变换，或直接或间接运用在其他相关的技术领域，均同理包括在本实用新型的专利保护范围内。

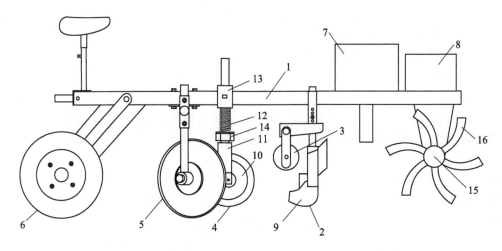

1. 机架　2. 起垄开沟器　3. 覆膜部分　4. 展膜压膜机构　5. 圆盘犁覆土器
6. 支撑轮　7. 施肥机构　8. 药箱　9. 开沟犁刀　10. 压沟轮　11. 支撑杆
12. 弹簧　13. 固定架　14. 卡位　15. 刀轴　16. 旋耕刀

图1　起垄施肥旋耕覆膜除草一体机的结构示意

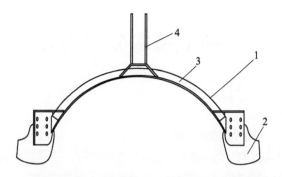

1. 起垄开沟器　2. 开沟犁刀　3. 刮垄器　4. 直接扁铁

图 2　起垄施肥旋耕覆膜除草一体机的起垄开沟器的主视图

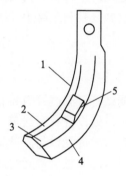

1. 旋耕刀　2. 刀背部分　3. 中间过渡部分　4. 刀刃部分　5. 凸起

图 3　起垄施肥旋耕覆膜除草一体机的旋耕力的结构示意

一种土壤水分张力计

申请号：CN201520437813
申请日：2015-06-24
公开（公告）号：CN204705576U
公开（公告）日：2015-10-14
IPC分类号：G01N19/10
申请（专利权）人：河北省农林科学院旱作农业研究所
发明人：李科江　曹彩云　党红凯　郭丽　马俊永　郑春莲
申请人地址：河北省衡水市桃城区胜利东路1966号
申请人邮编：053000

1　摘　要

一种土壤水分张力计，包括测试管，测试管内装有水，测试管的底部设置有陶瓷探头，测试管的顶部为注水口，注水口处设置有密封盖，密封盖与注水口密封锁紧，测试管的上端设置有真空表盘，真空表盘的进气口与测试管连通，真空表盘上设置有指针和显示区域，真空表盘上的显示区域由四个显示单元组成，四个显示单元是以真空表盘的中心点为圆心同心设置的四个扇形结构，四个显示单元分别用不同的颜色标注而成，指针的一端与真空表盘的中心点处形成转动配合，指针的另一端指向显示区域中的一个显示单元。测试时一眼就能看出指针所指的位置，从而知道土壤的水分状况，结构简单，操作方便，省时省力，提高了测试效率，方便农民和技术人员应用。

2　权利要求书

（1）一种土壤水分张力计，包括测试管，测试管内装有水，测试管的底部设置有陶瓷探头，测试管的顶部为注水口，注水口处设置有密封盖，密封盖与注水口密封锁紧，测试管的上端设置有真空表盘，真空表盘的进气口与测试管连通，真空表盘上设置有指针和显示区域，其特征在于：所述的真空表盘上的显示区域由4个显示单元组成，4个显示单元是以真空表盘的中心点为圆心同心设置的4个扇形结构，4个显示单元分别用不同的颜色标注而成，指针的一端与真空表盘的中心点处形成转动配合，指针的另一端指向显示区域中的1个显示单元。

（2）根据权利要求（1）所述的一种土壤水分张力计，其特征在于：所述的真空表盘上的四个显示单元的颜色按逆时针方向由右向左依次为红色显示单元、黄色显示单元、绿色显示单元、蓝色显示单元。

（3）根据权利要求（2）所述的一种土壤水分张力计，其特征在于：所述的红色显示单元对应的真空度为-100～-35 kPa，黄色显示单元对应的真空度为-35～-25 kPa，绿色显示单元对应的真空度为-25～-5 kPa，蓝色显示单元对应的真空度为-5～0 kPa。

（4）根据权利要求（1）所述的一种土壤水分张力计，其特征在于：所述的测试管的上端还设置有调零口，调零口的一端与测试管连通，调零口的另一端设置有密封盖，密封盖与调零口密封锁紧。

3 说明书

3.1 技术领域

本实用新型属于测量仪表技术领域，涉及一种土壤水分张力计。

3.2 背景技术

张力计是测量土壤水势的一种工具，包括一个测试管，测试管的下端装有陶瓷探头，上端装有真空表盘，上端的注水口上设置有密封盖，测试时将张力计安装在土壤内，陶瓷探头与土壤紧密接触，测试管内的水通过陶瓷探头渗入土壤中，随着水量的减少，测试管内出现部分真空，气压变成负值，真空表盘上的指针随着真空度的改变而改变在显示区域中的位置，直至测试管内的水量不再减少时，指针便不再摆动。现有的显示区域都是用数字进行标示的而单位是巴，读取数值后还要通过对照表才能断定土壤的水分状况从而指导灌溉，需要专业知识才能应用，不便于农业推广和农民应用。

3.3 发明内容

本实用新型为了克服现有技术的缺陷，设计了一种土壤水分张力计，可以快速准确地判断出土壤的水分状况，结构简单，操作方便，省时省力，方便农民和技术人员应用。

本实用新型所采取的具体技术方案是：一种土壤水分张力计，包括测试管，测试管内装有水，测试管的底部设置有陶瓷探头，测试管的顶部为注水口，注水口处设置有密封盖，密封盖与注水口密封锁紧，测试管的上端设置有真空表盘，真空表盘的进气口与测试管连通，真空表盘上设置有指针和显示区域，关键是：所述的真空表盘上的显示区域由 4 个显示单元组成，4 个显示单元是以真空表盘的中心点为圆心同心设置的 4 个扇形结构，4 个显示单元分别用不同的颜色标注而成，指针的一端与真空表盘的中心点处形成转动配合，指针的另一端指向显示区域中的 1 个显示单元。

所述的真空表盘上的 4 个显示单元的颜色按逆时针方向由右向左依次为红色显示单元、黄色显示单元、绿色显示单元、蓝色显示单元。

所述的红色显示单元对应的真空度为 $-100 \sim -35$ kPa，表示作物生长的土壤干旱，需要立即灌溉；黄色显示单元对应的真空度为 $-35 \sim -25$ kPa，表示作物处于接近干旱的临界点，应准备灌溉；绿色显示单元对应的真空度为 $-25 \sim -5$ kPa，表示作物的土壤含水量适宜；蓝色显示单元对应的真空度为 $-5 \sim 0$ kPa，表示作物的土壤含水量偏多，根系长期处于这种土壤水分状态通气不良会引起渍害。

所述的测试管的上端还设置有调零口，调零口的一端与测试管连通，调零口的另一端设置有密封盖，密封盖与调零口密封锁紧。

本实用新型的有益效果是：将显示区域分成 4 个独立的显示单元，每个显示单元分别用不同的颜色标示出来，从而代表不同的水势，测试时一眼就能看出土壤的水分状况，从而指导作物的灌溉，结构简单，操作方便，省时省力，提高了测试效率，方便农民和技术人员应用。

3.4　附图说明

图1为本实用新型的结构示意图。

图2为本实用新型中真空表盘的结构示意图。

3.5　具体实施方式

下面结合附图和具体实施例对本实用新型做详细说明。

具体实施例，如图1、图2所示，一种土壤水分张力计，包括测试管，测试管内装有水，测试管的底部设置有陶瓷探头，测试管的顶部为注水口，注水口处设置有密封盖，密封盖与注水口密封锁紧，测试管的上端设置有真空表盘，真空表盘的进气口与测试管连通，真空表盘上设置有指针和显示区域，真空表盘上的显示区域由4个显示单元组成，4个显示单元是以真空表盘的中心点为圆心同心设置的4个扇形结构，4个显示单元分别用不同的颜色标注而成，按逆时针方向由右向左依次为红色显示单元、黄色显示单元、绿色显示单元、蓝色显示单元，红色显示单元对应的真空度为 $-100 \sim -35\ \mathrm{kPa}$，表示作物生长的土壤干旱，需要立即灌溉；黄色显示单元对应的真空度为 $-35 \sim -25\ \mathrm{kPa}$，表示作物处于接近干旱的临界点，应准备灌溉；绿色显示单元对应的真空度为 $-25 \sim -5\ \mathrm{kPa}$，表示作物的土壤含水量适宜；蓝色显示单元对应的真空度为 $-5 \sim 0\ \mathrm{kPa}$，表示作物的土壤含水量偏多，根系长期处于这种土壤水分状态通气不良会引起渍害，其中蓝色显示单元远离绿色显示单元的一边为零点值所对应的位置，指针的一端与真空表盘的中心点处形成转动配合，指针的另一端指向显示区域中的一个显示单元。测试时一眼就能看出土壤的水分状况，从而指导作物的灌溉，结构简单，操作方便，省时省力，提高了测试效率，方便农民和技术人员应用。

作为对本实用新型的进一步改进，测试管的上端还设置有调零口，调零口的一端与测试管连通，调零口的另一端设置有密封盖，密封盖与调零口密封锁紧，利用调零口可以调整测试管内的真空度，提高测量精度。

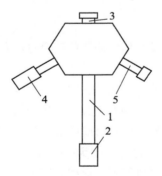

1. 测试管　2. 陶瓷探头　3. 注水口　4. 真空表盘　5. 调零口

图1　土壤水分张力计的结构示意

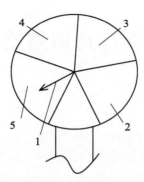

1. 指针　2. 红色显示单元　3. 黄色显示单元　4. 绿色显示单元　5. 蓝色显示单元

图2　土壤水分张力计真空表盘的结构示意

镇压强度可调型镇压器

申请号：CN201521017837

申请日：2015-12-10

公开（公告）号：CN205161044U

公开（公告）日：2016-04-20

IPC 分类号：A01B29/00

申请（专利权）人：1. 马洪彬；2. 河北省农林科学院旱作农业研究所

发明人：党红凯　曹彩云　郑春莲　李科江　马俊永　郭丽　李伟　马洪彬

申请人地址：河北省衡水市站前西路万和苑小区 6 号楼 3-302

申请人邮编：053000

1　摘　要

本实用新型属于镇压器技术领域，公开了一种镇压强度可调型镇压器。其主要技术特征为：包括设置有镇压辊和悬挂的机架，所述的机架上设置有轨道，轨道上设置有移动式配重箱，配重箱由箱体和箱盖构成，箱体和箱盖一端通过转轴相连接，另一端通过锁扣相连接。本实用新型提供的镇压强度可调型镇压器使用时，先将悬挂与动力机械连接，然后根据镇压场地不同，打开锁扣，将箱盖从箱体上抬起，在箱体内装盛不同重量的土壤等配重，将箱盖盖在箱体上，扣好锁扣，也可以将装有配重的配重箱在轨道上前后移动，实现不同的镇压强度，适应多种场合需求。

2　权利要求书

镇压强度可调型镇压器，包括设置有镇压辊和悬挂的机架，其特征在于：所述的机架上设置有轨道，轨道上设置有移动式配重箱，配重箱由箱体和箱盖构成，箱体和箱盖一端通过转轴相连接，另一端通过锁扣相连接。

3　说明书

3.1　技术领域

本实用新型属于镇压器技术领域，具体地讲涉及一种镇压强度可调型镇压器。

3.2　背景技术

在进行农作物播种时，旋耕后需要用镇压器对土壤进行镇压。当前的镇压器包括设置有镇压辊和悬挂的机架，使用时将悬挂与动力机械连接，靠镇压辊的重量对土壤进行镇压。由于镇压辊重量一定，镇压强度不能调节，不能适应多种场合的需求。

3.3　实用新型内容

本实用新型解决的技术问题就是提供一种能适应多种场合需求的镇压强度可调型镇压器。

为解决上述技术问题，本实用新型提供的技术方案为：包括设置有镇压辊和悬挂的机架，所述的机架上设置有轨道，轨道上设置有移动式配重箱，配重箱由箱体和箱盖构成，箱体和箱盖一端通过转轴相连接，另一端通过锁扣相连接。

本实用新型提供的镇压强度可调型镇压器使用时，先将悬挂与动力机械连接，然后根据镇压场地不同，打开锁扣，将箱盖从箱体上抬起，在箱体内装盛不同重量的土壤等配重，将箱盖盖在箱体上，扣好锁扣，也可以将装有配重的配重箱在轨道上前后移动，实现不同的镇压强度，适应多种场合需求。

3.4 附图说明

图1为本实用新型镇压强度可调型镇压器的结构示意图。

图2为镇压强度可调型镇压器侧面的第一种结构示意图。

图3为镇压强度可调型镇压器侧面的第二种结构示意图。

图4为镇压强度可调型镇压器侧面的第三种结构示意图。

3.5 具体实施方式

下面结合附图对本实用新型镇压强度可调型镇压器的结构做进一步说明。如图1所示，本实用新型镇压强度可调型镇压器包括机架，机架上设置有镇压辊和悬挂，机架上设置有轨道，轨道上设置有移动式配重箱。如图2所示，机架上设置有镇压辊和悬挂，机架上设置有轨道，轨道上设置有移动式配重箱，移动式配重箱在轨道前端，移动式配重箱5内装盛不同重量的土壤等配重。如图3所示，移动式配重箱在轨道后端。如图4所示，机架上设置有镇压辊和悬挂，机架1上设置有轨道，配重箱由箱体和箱盖构成，箱体和箱盖一端通过转轴相连接，另一端通过锁扣相连接，箱体立起，箱盖打开，土壤等配重被倒干净。

本实用新型提供的镇压强度可调型镇压器使用时，先将悬挂与动力机械连接，然后根据镇压场地不同，打开锁扣，将箱盖从箱体上抬起，在箱体内装盛不同重量的土壤等配重，将箱盖盖在箱体上，扣好锁扣，也可以将装有配重的配重箱在轨道上前后移动，

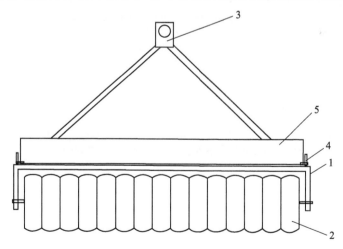

1. 机架　2. 镇压辊　3. 悬挂　4. 轨道　5. 配重箱

图1　镇压强度可调型镇压器的结构示意

实现不同的镇压强度，适应多种场合需求。

本实用新型不仅限于上述形式，但不管是采用何种结构，只要是与本实用新型所提供的镇压强度可调型镇压器结构相同，都落入本实用新型的保护范围。

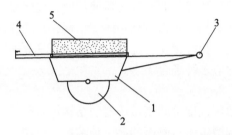

1. 机架　2. 镇压辊　3. 悬挂　4. 轨道　5. 配重箱

图 2　镇压强度可调型镇压器侧面的第一种结构示意

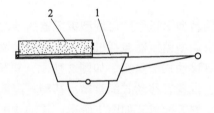

1. 轨道　2. 配重箱

图 3　镇压强度可调型镇压器侧面的第二种结构示意

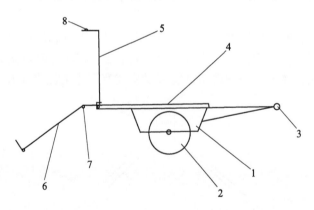

1. 机架　2. 镇压辊　3. 悬挂　4. 轨道　5. 箱体　6. 箱盖　7. 转轴　8. 锁扣

图 4　镇压强度可调型镇压器侧面的第三种结构示意

一种谷子微垄铺膜覆土精量穴播机

申请号：CN201520512956

申请日：2015-07-15

公开（公告）号：CN204907019U

公开（公告）日：2015-12-30

IPC 分类号：A01B49/06；A01C7/06；A01G13/02；A01B13/02；A01C7/18

申请（专利权）人：定西市三牛农机制造有限公司

发明人：赵明　李顺国　夏雪岩　刘猛　陈其鲜　裴云峰　刘志刚　张润生　赵伟

申请人地址：甘肃省定西市安定区巉口镇巉口村西街社 19 号

申请人邮编：743000

1　摘　要

本实用新型涉及农业器具，具体为谷子微垄铺膜覆土精量穴播机。其包括设置在机架上的施肥装置、储种装置，及通过排种器与储种装置连接的播种装置；所述的机架前端设有牵引架，下方、施肥装置的开沟器后侧设有抚土板，机架内侧、抚土板后端设有起垄装置，起垄装置后端设有覆膜装置；所述的施肥装置的施肥调节轴与传动装置的被动轴连接，所述的传动装置的被动轴通过皮带与其主动轴连接，且主动轴连接有上设有凸起的压辊。其有益效果在于：设计合理、覆膜后种子播在集雨槽内，提高集雨、保墒效果及谷子出苗率。

2　权利要求书

（1）一种谷子微垄铺膜覆土精量穴播机，其包括设置在机架上的施肥装置、储种装置，及通过排种器与储种装置连接的播种装置；其特征在于：所述的机架前端设有牵引架，下方、施肥装置的开沟器后侧设有抚土板，机架内侧、抚土板后端设有起垄装置，起垄装置后端设有覆膜装置；所述的施肥装置的施肥调节轴与传动装置的被动轴连接，所述的传动装置的被动轴通过皮带与其主动轴连接，且主动轴连接有上设有凸起的压辊；所述的机架外侧对称的设有覆土装置，覆土装置后端设有播种装置，且播种装置后端设有压实轮。

（2）根据权利要求（1）所述一种谷子微垄铺膜覆土精量穴播机，其特征在于：所述的压辊的外圆周面上至少设有两个凸起，且机架前端上方设置的储种装置的数目，机架内侧、播种装置后端设置的压实轮的数目与凸起的数目一致。

（3）根据权利要求（1）所述一种谷子微垄铺膜覆土精量穴播机，其特征在于：所述的播种装置的播种路线与凸起在覆膜装置覆的地膜上压的凹槽重合。

（4）根据权利要求（1）所述一种谷子微垄铺膜覆土精量穴播机，其特征在于：所述的压实轮的压实路线与播种装置的播种路线一致。

（5）根据权利要求（1）所述一种谷子微垄铺膜覆土精量穴播机，其特征在于：所述的储种装置下方设有调节轴，其一端穿出储种装置连接有调节手轮。

3　说明书

3.1　技术领域

本实用新型涉及农业器具的技术领域，具体为一种谷子微垄铺膜覆土精量穴播机。

3.2　背景技术

谷子属禾本科的一种植物。古称稷、粟，亦称粱。一年生草本；秆粗壮、分蘖少，狭长披针形叶片，有明显的中脉和小脉，具有细毛；穗状圆锥花序；穗长 20～30 cm；小穗成簇聚生在三级支梗上，小穗基本有刺毛。每穗结实数百至上千粒，籽实极小，径约 0.1 cm，谷穗一般成熟后金黄色，卵圆形籽实，粒小多为黄色，去皮后俗称小米。广泛栽培于欧亚大陆的温带和热带，中国黄河中上游为主要栽培区，其他地区也有少量栽种。蛋白质、维生素 B_2、该种是中国北方人民的主要粮食之一，谷粒的营养价值很高，含丰富的蛋白质和脂肪和维生素，据中央卫生研究院的分析，含蛋白质 9.7%，脂肪 1.7%，碳水化合物 77%，而且在每 100 g 小米中，含有胡萝卜素 0.12 mg，维生素 B_1 0.66 mg 和维生素 B_2 0.09 mg，烟酸、钙、铁等不仅供食用，入药有清热、清渴、滋阴、补脾肾和肠胃，利小便、治水泻等功效，又可酿酒。其茎叶又是牲畜的优等饲料，它含粗蛋白质 5%～7%，超过一般牧草的含量 1.5～2 倍，而且纤维素少，质地较柔软，为骡、马所喜食；其谷糠又是猪、鸡的良好饲料。因此，种植户们开始大面积的种植谷子，但是目前的谷子种植机在覆膜后直接进行播种，即所述的种子播在垄上，种穴与垄平行并没有其他集雨槽，这样降低了垄的集雨、保墒效果，降低了谷子出苗率。因此针对该问题我们研制了一种设计合理、覆膜后种子播在集雨槽内，提高集雨、保墒效果及谷子出苗率的谷子微垄铺膜精量穴播机。

3.3　实用新型内容

本实用新型的目的是针对以上所述的现有技术中存在的问题，提供一种设计合理、覆膜后种子播在集雨槽内，提高集雨、保墒效果及谷子出苗率的谷子微垄铺膜覆土精量穴播机。为了实现所述目的，本实用新型具体采用如下技术方案。

一种谷子微垄铺膜覆土精量穴播机，其包括设置在机架上的施肥装置、储种装置，及通过排种器与储种装置连接的播种装置。其特征在于：所述的机架前端设有牵引架，下方、施肥装置的开沟器后侧设有抚土板，机架内侧、抚土板后端设有起垄装置，起垄装置后端设有覆膜装置；所述的施肥装置的施肥调节轴与传动装置的被动轴连接，所述的传动装置的被动轴通过皮带与其主动轴连接，且主动轴连接有上设有凸起的压辊；所述的机架外侧对称的设有覆土装置，覆土装置后端设有播种装置，且播种装置后端设有压实轮。

所述的压辊的外圆周面上至少设有两个凸起，且机架后端上方设置的储种装置的数目，机架内侧、播种装置后端设置的压实轮的数目与凸起的数目一致。所述的播种装置的播种路线与凸起在覆膜装置覆的地膜上压的凹槽重合。所述的压实轮的压实路线与播种装置的播种路线一致。所述的储种装置下方设有调节轴，其一端穿出储种装置连接有调节手轮。

本实用新型一种谷子微垄铺膜覆土精量穴播机，所述的施肥装置的施肥调节轴与传动装置的被动轴连接，所述的传动装置的被动轴通过皮带与其主动轴连接，且主动轴连接有上设有凸起的压辊，且播种装置的播种路线与凸起在覆膜装置覆的地膜上压的凹槽重合，压实轮的压实路线与播种装置的播种路线一致，其使覆膜后种子播在凸起压的集雨槽内，提高集雨、保墒效果及谷子出苗率。

与现有技术相比，本实用新型的有益效果在于：第一，储种装置通过排种器与播种装置连接，其方便控制种子排出量，不易使播种装置内的种子扎堆排出，节省种子、降低浪费。第二，所述的播种装置后端设有压实轮，不会使种子在土壤中浮着，提高种子出苗率。第三，所述的施肥装置后端连接有上设有凸起的压辊，且播种装置的播种路线与凸起在覆膜装置覆的地膜上压的凹槽重合，压实轮的压实路线与播种装置的播种路线一致，其使覆膜后种子播在凸起压的集雨槽内，提高集雨、保墒效果及谷子出苗率；第四，压辊充当了地轮的作用，减少了本实用新型的构件，成本低廉。

3.4 附图说明

图1为本实用新型的结构示意图。

图2为播种装置与排种器的连接示意图。

3.5 具体实施方式

以下结合图1、图2对本实用新型的结构及其有益效果进一步说明。

一种谷子微垄铺膜覆土精量穴播机，如图1所示，其包括设置在机架上的施肥装置、储种装置，及通过排种器与储种装置连接的播种装置。所述的机架前端设有牵引架，下方、施肥装置的开沟器后侧设有抚土板，机架内侧、抚土板后端设有起垄装置，起垄装置后端设有覆膜装置；所述的施肥装置的施肥调节轴与传动装置的被动轴连接，所述的传动装置的被动轴通过皮带与其主动轴连接，且主动轴连接有上设有凸起的压辊；所述的机架外侧对称的设有覆土装置，覆土装置后端设有播种装置，且播种装置后端设有压实轮。

所述的施肥装置的施肥调节轴与传动装置的被动轴连接，所述的传动装置的被动轴通过皮带与其主动轴连接，且主动轴连接有上设有凸起的压辊，且播种装置的播种路线与凸起在覆膜装置覆的地膜上压的凹槽重合，压实轮的压实路线与播种装置的播种路线一致，其使覆膜后种子播在凸起压的集雨槽内，提高集雨、保墒效果及谷子出苗率。

工作时，首先将牵引架与拖拉机的输出轴连接，然后在其的牵引下，本装置前进，压辊充当地轮，其带动传动装置对施肥的排出量进行调节，然后通过开沟器进行施肥，然后通过抚土板将田地抚平，并将田地表面的杂物一起清除；然后通过起垄装置起垄，覆膜装置进行覆膜，然后通过压辊上设的凸起在覆膜装置覆的地膜上压制凹槽，且播种装置的播种路线与凸起在覆膜装置覆的地膜上压的凹槽重合，压实轮的压实路线与播种装置的播种路线一致，其使覆膜后种子播在凸起压的集雨槽内，提高集雨、保墒效果及谷子出苗率，播种结束后，通过压实轮将土壤压实，不会使种子在土壤中浮着，提高种子出苗率。储种装置通过排种器与播种装置连接，其方便控制种子排出量，不易使播种装置内的种子扎堆排出，节省种子、降低浪费。

以上实施例的说明和优选实施例的列举，并不是对本实用新型中保护范围的限定，在本实用新型的权利要求的保护范围内所做出的没有创造性的简单改变，都包含在本实用新型的保护范围之内。

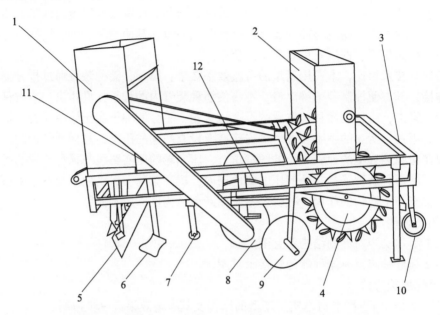

1. 施肥装置　2. 储种装置　3. 机架　4. 播种装置　5. 抚土板　6. 起垄装置
7. 覆膜装置　8. 压辊　9. 覆土装置　10. 压实轮　11. 传动装置　12. 凸起

图1　谷子微垄铺膜覆土精量穴播机的结构示意

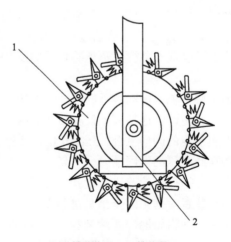

1. 播种装置　2. 排种器

图2　播种装置与排种器的连接示意

农药混配罐

申请号：CN201620048787

申请日：2016-01-19

公开（公告）号：CN205305815U

公开（公告）日：2016-06-15

IPC分类号：A01M7/00

申请（专利权）人：1. 河北省农林科学院棉花研究所；2. 曲周县银絮棉花种植专业合作社；3. 曲周县农牧局

发明人：王树林　任晓瑞　刘文艺　祁虹　王燕　张谦　冯国艺　林永增　任景河

申请人地址：河北省石家庄市和平西路598号

申请人邮编：050051

1　摘　要

本实用新型涉及一种农药混配罐，其结构是在罐体的顶部开设有加料口，在罐体的底部侧壁上开设有排液口；排液口外接有排液管道，排液管道分为两路，一路为间接排液管，另一路为直接排液管；在间接排液管的末端设有循环泵，循环泵的液体输入端与间接排液管相连，在循环泵的液体输出端分出两条管道，分别为循环管道和放液管道，循环管道连接到罐体的顶部；在间接排液管、直接排液管、循环管道和放液管道上分别设有开关阀门。本实用新型解决了少量药液配混烦琐，大量药液难以混匀的问题，提高了药液混配效率，可为各种大、中、小、微型喷雾装置提供药液。本实用新型结构简单，拆装简便，装置轻巧，便于移动，且成本低廉，适用范围广。

2　权利要求书

（1）一种农药混配罐，其特征是，在罐体的顶部开设有加料口，在所述罐体的底部侧壁上开设有排液口；所述排液口外接有排液管道，所述排液管道分为两路，一路为间接排液管，另一路为直接排液管；在所述间接排液管的末端设有循环泵，所述循环泵的液体输入端与所述间接排液管相连，在所述循环泵的液体输出端分出两条管道，分别为循环管道和放液管道，所述循环管道连接到所述罐体的顶部；在所述间接排液管、直接排液管、循环管道和放液管道上分别设有开关阀门。

（2）根据权利要求（1）所述的农药混配罐，其特征是，在所述直接排液管的管体上接有若干分支管，在每个分支管上分别设有开关阀。

（3）根据权利要求（1）所述的农药混配罐，其特征是，在所述加料口上封盖有料口盖，所述料口盖的一个端面铰接在所述罐体上。

（4）根据权利要求（1）所述的农药混配罐，其特征是，所述罐体通过设置在其底部的支座固定在台车式行走支架上，所述循环泵通过连接件固定设置在所述行走支架上。

3 说明书

3.1 技术领域

本实用新型涉及一种药液混合装置，具体地说是一种农药混配罐。

3.2 背景技术

农业生产中利用喷雾器喷洒农药防治虫害已经是必不可少的一个环节，常见的喷雾器为小型农用喷雾器，其主要用于花卉、苗圃、小块农田蔬菜、果树的病虫害防治过程中，由于其体积小、自重轻、便于携带运输等优点在农业喷药装置领域占有较大的比重。近年来，随着规模化种植园的出现，中小型喷药机械迅速发展起来，与小型喷雾器相比，中小型喷药机械工作效率高、喷射效果好，在规模化种植中存在着巨大的优势。但随之而来的是农药混配的问题，由于中小型喷药机械容量较大，采用常规的混配装置已不能满足药液配制、供给、运输等方面的需求。

3.3 实用新型内容

本实用新型的目的就是提供一种农药混配罐，以解决现有的混配容器混合均匀度差、混配效率低的问题。本实用新型是这样实现的：一种农药混配罐，在罐体的顶部开设有加料口，在所述罐体的底部侧壁上开设有排液口；所述排液口外接有排液管道，所述排液管道分为两路，一路为间接排液管，另一路为直接排液管；在所述间接排液管的末端设有循环泵，所述循环泵的液体输入端与所述间接排液管相连，在所述循环泵的液体输出端分出两条管道，分别为循环管道和放液管道，所述循环管道连接到所述罐体的顶部；在所述间接排液管、直接排液管、循环管道和放液管道上分别设有开关阀门。在所述直接排液管的管体上接有若干分支管，在每个分支管上分别设有开关阀。

在所述加料口上封盖有料口盖，所述料口盖的一个端面铰接在所述罐体上。所述罐体通过设置在其底部的支座固定在台车式行走支架上，所述循环泵通过连接件固定设置在所述行走支架上。

使用时，将所有的开关阀门关闭，根据需要量将一定比例的农药与水分别从加料口加入罐体中，然后打开间接排液管和循环管道上的开关阀门，同时开启循环泵，药液在循环泵作用下从排液口出来，再经循环管道从罐体顶部进入罐体内，促进农药与水的混合，如此循环往复，直至药液完全混合均匀为止，关闭循环泵以及循环管道和间接排液管道上的开关阀门。若是要给小型背负式喷雾器供药，则只需打开分散出液管上的开关阀门；若是要给中小型喷药机械供药，则需要打开间接排液管和放液管道上的开关阀门，并开启循环泵，即可快速完成供药工作。

本实用新型容量大，最大可配制 5 000 kg 药液，供应 700 亩农田用药。本实用新型采用循环泵将罐体内的药液循环抽出和泵入，从而增强了农药与水的混合力度，混配得到的药液更加均匀，解决了少量药液配混烦琐，大量药液难以混匀的问题，同时大大提高了药液混配效率，可为各种大、中、小、微型喷雾装置提供药液。本实用新型结构简单，拆装简便，装置轻巧，便于移动，且成本低廉，适用范围广。

3.4 附图说明

图 1 是本实用新型的结构示意图。

3.5 具体实施方式

如图1所示，本实用新型主要由罐体、循环泵和管道等部分组成。

罐体为卧式设置的圆柱状容器，为农药和水的混配提供空间。将罐体设置成卧式的是为了便于使用者进行加料等操作，如果从节省占地面积的角度考虑，罐体也可以设置成立式的。如图1所示，在罐体的底部设置有支座，用以支撑整个罐体，使其能稳定放置在平面上。在罐体的顶部开设有加料口，水和农药均通过该加料口加入罐体内部。在加料口上扣盖有料口盖，加料完毕后将料口盖扣盖好，防止外界杂质进入罐体内污染药液。料口盖的一个端面铰接在罐体上，料口盖可绕铰接轴翻转，以打开或关闭加料口。料口盖也可以采用其他常见连接方式设置在罐体上，如滑动连接等。

在罐体的一个圆形端面的顶部设有循环液进口，在该圆形端面的底部设有排液口，农药和水混合后得到的药液从该排液口排出。在排液口外接有排液管道，该排液管道分为两路，一路为间接排液管，用于为中小型喷药机械提供配制好的药液；另一路为直接排液管，用于为背负式或其他形式的小型喷雾器提供药液。在间接排液管上和直接排液管上分别设置有开关阀门，用于控制管道的通断。

循环泵设置在间接排液管的末端，其液体输入端与间接排液管相连，在循环泵的液体输出端分出两条管道，一条为循环管道，另一条为放液管道，在循环管道上和放液管道上分别设有开关阀门。循环管道的末端连接到罐体上的循环液进口上，循环泵和循环管道用于将罐体内的药液循环抽出和注入，以达到农药与水充分混匀的目的。当药液混合均匀后，关闭循环管道上的开关阀门，打开放液管道上的开关阀门，通过循环泵和放液管道快速将药液注入中小型喷药机械中。

当需要将混配好的药液注入小型喷雾器中时，关闭间接排液管上的开关阀门，打开直接排液管上的开关阀门，药液即可从直接排液管的端口流出。为了提高排液效率，在直接排液管的管体上接有若干分支管，并在每个分支管上分别设有开关阀门，这样可同

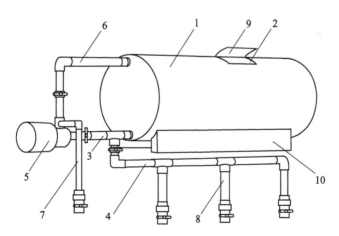

1. 罐体　2. 加料口　3. 间接排液管　4. 直接排液管　5. 循环泵　6. 循环管道
7. 放液管道　8. 分支管　9. 料口盖　10. 支座

图1　农药混配罐的结构示意

时向多个喷雾器中排放药液。

为了方便药液在田间运输，可将罐体和循环泵固定设置在台车式行走车架上。

本实用新型的各个管道由 PVC 管或 PE 软管连接而成，放液管道和直接排液管的长度可设置成任意需要的长度，以便于给喷药装置供药。

旋转式深翻犁

申请号：CN201620103412

申请日：2016-02-02

公开（公告）号：CN205356976U

公开（公告）日：2016-07-06

IPC 分类号：A01B13/14；A01B15/04；A01B15/14

申请（专利权）人：河北省农林科学院棉花研究所

发明人：王树林　祁虹　林永增　王燕　张谦　冯国艺　梁青龙

申请人地址：河北省石家庄市和平西路 598 号

申请人邮编：050051

1　摘　要

本实用新型涉及一种旋转式深翻犁，其结构包括翻转机构、与翻转机构相连的连接梁和对称设置在连接梁上的第一组犁铧和第二组犁铧，连接梁为末端向犁铧背侧水平弯折的弯梁；第一组犁铧包括设置在连接梁前段的第一主犁铧、设置在连接梁末端的第一副犁铧和设在第一主犁铧侧下方的第一深松铲，第一主犁铧的尖部低于第一副犁铧的尖部，在第一副犁铧的外侧后方设有第一支撑轮，第一支撑轮的底沿高于第一副犁铧的尖部；第二组犁铧包括与第一主犁铧对称的第二主犁铧、与第一副犁铧对称的第二副犁铧和设在第二主犁铧侧上方的第二深松铲，在第二副犁铧的外侧后方设有第二支撑轮。本实用新型可实现指定深度土层之间的完全置换，并可同时松动更深层的土层。

2　权利要求书

（1）一种旋转式深翻犁，包括有：翻转机构，与所述翻转机构相连的连接梁，以及对称设置在所述连接梁上的第一组犁铧和第二组犁铧，所述连接梁为末端向着犁铧背侧水平弯折的弯梁。

所述第一组犁铧设置在所述连接梁的下方，所述第二组犁铧设置在所述连接梁的上方，其特征是：所述第一组犁铧包括第一主犁铧、第一副犁铧和第一深松铲；所述第一主犁铧设置在所述连接梁的前段，所述第一副犁铧设置在所述连接梁的末端，所述第一主犁铧尖部的水平高度低于所述第一副犁铧尖部的水平高度；所述第一深松铲设置在所述第一主犁铧的侧下方，所述第一深松铲尖部的水平高度低于所述第一主犁铧尖部的水平高度；在所述第一副犁铧的外侧后方设有第一支撑轮，所述第一支撑轮的轮沿低点的水平高度高于所述第一副犁铧尖部的水平高度；所述第二组犁铧包括第二主犁铧、第二副犁铧和第二深松铲；所述第二主犁铧与所述第一主犁铧相对连接梁为对称设置，所述第二副犁铧与所述第一副犁铧相对连接梁为对称设置，所述第二深松铲与所述第一深松铲相对连接梁为对称设置，在所述第二副犁铧的外侧后方设有第二支撑轮，所述第二支撑轮与所述第一支撑轮相对连接梁为对称设置。

（2）根据权利要求（1）所述的旋转式深翻犁，其特征是，所述第一主犁铧尖部与所述第一副犁铧尖部的水平高度差为 20 cm；所述第一深松铲的铲面与水平面呈 30°夹角，所述第一深松铲尖部与所述第一主犁铧尖部的水平高度差为 20 cm；所述第一支撑轮的轮沿低点与所述第一副犁铧尖部的水平高度差为 20 cm。

3 说明书

3.1 技术领域

本实用新型涉及一种深翻犁，具体地说是一种旋转式深翻犁。

3.2 背景技术

随着农作物种植年限的增加，农田土壤距地表以下 15～30 cm 之间的土层会形成犁底层，犁底层的存在阻碍了农作物根系下扎与上下层土壤之间水分的交换，对农作物生长十分不利；也正是由于犁底层的存在，土壤蓄积水分的能力大大下降。

土地深翻是近年来逐步推广的一项耕作技术，是抵御旱涝等自然灾害的重要措施。土地深翻可打破犁底层，并将原有的种植层土壤与深层土壤进行置换，把营养丰富、病虫害少的下层土壤提到上层，作为新的种植层，实现土壤的循环利用。

进行土地深翻需要用到深翻犁，但是，目前较多使用的深翻犁只是简单地将深处的土壤层翻到上面来，而不能实现指定深度土层之间的完全互换，从而使得土地深翻达不到预期的效果。

3.3 实用新型内容

本实用新型的目的就是提供一种旋转式深翻犁，以解决现有深翻犁深翻效果不理想的问题。本实用新型是这样实现的：一种旋转式深翻犁，包括翻转机构，与所述翻转机构相连的连接梁，以及对称设置在所述连接梁上的第一组犁铧和第二组犁铧，所述连接梁为末端向着犁铧背侧水平弯折的弯梁。

所述第一组犁铧设置在所述连接梁的下方，所述第二组犁铧设置在所述连接梁的上方；所述第一组犁铧包括第一主犁铧、第一副犁铧和第一深松铲；所述第一主犁铧设置在所述连接梁的前段，所述第一副犁铧设置在所述连接梁的末端，所述第一主犁铧尖部的水平高度低于所述第一副犁铧尖部的水平高度；所述第一深松铲设置在所述第一主犁铧的侧下方，所述第一深松铲尖部的水平高度低于所述第一主犁铧尖部的水平高度；在所述第一副犁铧的外侧后方设有第一支撑轮，所述第一支撑轮的轮沿低点的水平高度高于所述第一副犁铧尖部的水平高度；所述第二组犁铧包括第二主犁铧、第二副犁铧和第二深松铲；所述第二主犁铧与所述第一主犁铧相对连接梁为对称设置，所述第二副犁铧与所述第一副犁铧相对连接梁为对称设置，所述第二深松铲与所述第一深松铲相对连接梁为对称设置，在所述第二副犁铧的外侧后方设有第二支撑轮，所述第二支撑轮与所述第一支撑轮相对连接梁为对称设置。

所述第一主犁铧尖部与所述第一副犁铧尖部的水平高度差为 20 cm；所述第一深松铲的铲面与水平面呈 30°夹角，所述第一深松铲尖部与所述第一主犁铧尖部的水平高度差为 20 cm；所述第一支撑轮的轮沿低点与所述第一副犁铧尖部的水平高度差为 20 cm。

使用本实用新型对农田进行深耕时，由拖拉机带动旋转深翻犁在第一犁幅的土地上直线前行，先由朝下的第一组犁铧在第一犁幅中耕作，第一组犁铧中的第一主犁铧先行开沟，将第一犁幅的距地表以下 0～40 cm 的土层翻上，形成深度为 40 cm 的土沟，第一深松铲随后对土沟中距地表以下 40～60 cm 的土层进行松动，再后，由第一副犁铧将紧邻所开土沟一侧的第二犁幅土地的距地表以下 0～20 cm 的上表土层翻至由第一主犁铧所开好的土沟中。

当第一犁幅的深耕操作到地头时，拖拉机带动旋转深翻犁掉回头，并将旋转深翻犁上下翻转 180°，使第二组犁铧朝下，在紧邻第一犁幅的第二犁幅上开始第二犁幅的深耕操作；具体操作过程是，由第二组犁铧中的第二主犁铧先行开沟，将第二犁幅的距地表以下 20～40 cm 的土层翻到第一犁幅的土沟中，覆盖在第一犁幅土沟中的炭粉层的上部，在第二犁幅的土地上形成深度为 40 cm 的土沟，第二深松铲对第二犁幅土沟中的距地表以下 40～60 cm 的土层进行松动，再后，由第二副犁铧将紧邻第二犁幅土沟一侧的第三犁幅土地的距地表以下 0～20 cm 的上表土层翻至由第二主犁铧所开好的土沟中。

当第二犁幅的深耕操作到地头时，拖拉机带动旋转深翻犁掉回头，并将旋转深翻犁上下翻转 180°，使第一组犁铧再次朝下，并在紧邻第二犁幅的第三犁幅上开始第三犁幅的深耕操作；以此类推，直至完成整块农田的深耕操作。

本实用新型可实现指定深度土层之间的完全置换，并同时能够对更深层土层进行松动，深翻效果非常好。采用本实用新型进行深翻的农田，土壤垂直向养分分布更加均衡，土壤蓄水保墒能力大大提高，土传病害大大减轻，田间杂草基本消除。

3.4 附图说明

图 1 是本实用新型的结构示意图。

图 2 是图 1 中连接梁的俯视图。

3.5 具体实施方式

如图 1 所示，本实用新型主要由翻转机构、连接梁、第一组犁铧和第二组犁铧等部分组成。

翻转机构包括液压装置和翻转轴，连接梁与翻转轴相连接，液压装置为翻转提供动力，使翻转轴带动连接梁翻转。如图 2 所示，连接梁为末端向着犁铧背侧水平弯折的弯梁，其前端与翻转机构连接，用于承载第一组犁铧和第二组犁铧，并可在翻转机构的作用下带动两组犁铧上下翻转。

如图 1 所示，第一组犁铧设置在连接梁的下方，包括设置在连接梁前段的第一主犁铧和设置在连接梁末端的第一副犁铧，第一副犁铧位于第一主犁铧的外侧后方，且第一主犁铧尖部的水平高度小于第一副犁铧尖部的水平高度。当进行深翻作业时，副犁铧位于下一犁幅主犁铧作业的位置，主犁铧的翻地深度大于副犁铧的翻地深度。第一主犁铧用于开沟，并将深层土壤翻到与其相邻的前一犁幅；第一副犁铧用于将下一犁幅的表层土壤翻到本犁幅上开好的沟内。

在第一主犁铧的外侧下方设有第一深松铲，第一深松铲的尖部低于第一主犁铧的尖部，当主犁铧进行开沟时，深松铲用于对沟底下方更深层的土层进行松动。在第一副犁铧的外侧后方设有第一支撑轮，第一支撑轮的轮沿低点高于第一副犁铧的尖部，在深翻作业时，支撑轮始终位于土壤表面，支撑轮底沿与副犁铧尖部之间的水平高度差即为副犁铧所翻土层的深度。

第二组犁铧设置在连接梁的上方，包括第二主犁铧、第二副犁铧和第二深松铲。第一主犁铧和第二主犁铧通过对拉螺栓固定连接在连接梁上，且两者相对连接梁上下对称。第一副犁铧和第二副犁铧通过连接板相连，连接板通过螺栓等固定件固定连接在连接梁的末端，且第一副犁铧和第二副犁铧相对连接梁上下对称。

在第二主犁铧的侧上方设有第二深松铲，第二深松铲与第一深松铲相对连接梁上下对称。在第二副犁铧的外侧后方设有第二支撑轮，第二支撑轮与第一支撑轮相对连接梁上下对称。这种完全对称的结构使得在翻耕时，可从农田的一侧依次耕作至农田的另一侧，而不用像传统犁具那样转圈耕作。

根据对现有棉田土层结构的分析，将第一主犁铧尖部与第一副犁铧尖部的水平高度差设置为 20 cm，第一深松铲的铲面与水平面呈 30° 夹角，第一深松铲尖部与第一主犁铧尖部的水平高度差设置为 20 cm，第一支撑轮轮沿低点与第一副犁铧尖部的水平高度差设置为 20 cm。由此可实现将距地表以下 0~20 cm 土层和距地表以下 20~40 cm 土层之间的完全置换，同时实现对距地表以下 40~60 cm 土层的松动。

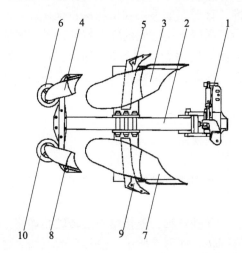

1. 翻转机构　2. 连接梁　3. 第一主犁铧　4. 第一副犁铧　5. 第一深松铲　6. 第一支撑轮

7. 第二主犁铧　8. 第二副犁铧　9. 第二深松铲　10. 第二支撑轮

图 1　旋转式深翻犁的结构示意

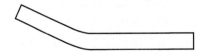

图 2　旋转式深翻犁连接梁的俯视图

盐碱地开沟起垄多功能棉花播种机

申请号：CN201520927773

申请日：2015-11-20

公开（公告）号：CN205408449U

公开（公告）日：2016-08-03

IPC分类号：A01B49/06；A01B13/02；A01C7/06；A01C7/18；A01G13/02

申请（专利权）人：沧州市农林科学院

发明人：平文超　刘贞贞　张洪强　张忠波　李洪芹　孙玉英　柴卫东　刘永平　孙世军　钮向宁　刘毅　杨长青　徐晓丽　李洪民　王安路　钟如芬

申请人地址：河北省沧州市运河区棉纺新村农科院

申请人邮编：061000

1　摘　要

一种盐碱地开沟起垄多功能棉花播种机，包括机架。所述机架上设置有：牵引架、旋耕机构、起垄机构、施肥机构、播种装置、镇压装置、覆膜机构、压膜机构、刮土铲和轧土轮。新型结构的盐碱地开沟起垄多功能棉花播种机，能实现旋耕、起垄、施肥、覆膜、播种等多项功能。整体结构简单，操作方便，而且每个结构之间的配合非常紧密，产生的垄型丰满圆润且平滑过渡，原来的一膜双行变为四行，小行间棉株为品字形交叉排列。在相同的播种密度下，新型播种机可使株距扩大，增加行内光照通透性。

2　权利要求书

（1）一种盐碱地开沟起垄多功能棉花播种机，其特征在于，包括机架。所述机架上设置有：牵引架，包括机架及连接用牵引环，用于与动力机械连接；旋耕机构，对棉田进行旋耕；起垄机构，包括起垄刀，起垄刀的底侧中部开设有圆弧形开口，所述对棉田进行起微垄；施肥机构，包括肥料箱及肥料犁，肥料犁设置在机架两侧，并与肥料箱相连，肥料箱在机架运行过程中不断地往肥料犁输送肥料，在待播种位置进行施肥；播种装置，包括种子箱及播种机，播种机包括两对播种犁，每对播种犁为两个，两个播种犁错位放置，播种犁与种子箱相连；镇压装置，包括膜内起垄器及镇压轮，膜内起垄器中部为圆弧凹形与垄形对应，将浮土压实塑形，镇压轮设置在膜内起垄器的两侧，镇压轮对播种行的表土进行压实；覆膜机构，包括膜筒，对起垄部分进行覆膜；压膜机构，设置在对位膜筒位置的两侧，对地膜两侧进行压实；刮土铲，包括内向刮土铲及外向刮土铲，内向刮土铲设置在外向刮土铲前端，内向刮土铲将土压住地膜边缘；轧土轮，对内向刮土铲刮至地膜边缘的土进行压实。

（2）根据权利要求（1）所述的盐碱地开沟起垄多功能棉花播种机，其特征在于，还包括换挡器。所述换挡器包括主动齿轮、把手及多个齿数不同的从动齿轮。所述从动齿轮固定在同一根从动轴上，所述种子箱内设置有拨盘，从动轴与拨盘相连并控制拨盘转动，拨盘在转动过程中将种子输送至播种犁。所述主动轮设置在主动轴上，主动轴从外界引进动力，主动轴在把手的控制下载主动轴上移动，并在移动的过程中与从动齿轮啮合。

（3）根据权利要求（1）所述的盐碱地开沟起垄多功能棉花播种机，其特征在于，所述牵引架与动力机械的连接采用销轴铰接。

（4）根据权利要求（1）所述的盐碱地开沟起垄多功能棉花播种机，其特征在于，所述镇压轮为橡胶轮。

（5）根据权利要求（1）所述的盐碱地开沟起垄多功能棉花播种机，其特征在于，所述播种机上设置有播种架，所述播种犁设置在播种架上，所述播种犁在播种架上在水平方向上可自由移动。

3 说明书

3.1 技术领域

本发明专利主要涉及黑龙港流域雨养旱作区农业生产的农用机械设备领域，尤其是一种盐碱地开沟起垄多功能棉花播种机。

3.2 背景技术

世界上约有 85% 的农地为依靠天然降水的旱地农业，也称雨养农业。中国约有 75% 的农地是旱地农业，按照中国年降水量范围划分，这些旱地农业多半干旱半湿润地区，抗旱保墒耕作是旱地农业生产最基本的耕作技术，特别是在干旱常发地区，如何顺应自然规律，最大限度的利用有限的自然降水，提高水分利用率，缓解旱作农业区作物的缺水问题，是多年来努力探索解决的方向。

河北省滨海盐碱旱是雨养旱作农业区，淡水资源严重匮乏，土地资源利用率低，粮食产量低且不稳，农民种植业效益较低。棉花抗旱耐盐适应性强，具有盐碱地先锋作物的称号，在含盐量 0.3% 以下的土壤中可以正常生长，因此河北省实施棉花战略东移。但春季干旱、土壤返盐保苗难是棉花生产存在的关键问题。

在农作物的种植中，在农作物下种之前进行扶垄工作，起垄后，涝天排水顺畅，不至于积水，同时由于根系所处地势提高，相对降低了地下水位，根际的土壤水分不易饱和，不至于因缺氧造成根系窒息，在一定程度上能够保墒抗旱，在机械化程度比较低的过去，扶垄往往由人工操作，劳动强度大，工作效率低。随着农业机械化程度的不断提高，扶垄这种既简单有沉重的体力劳动在广大的农村已经逐步实现了机械化。

目前，在滨海盐碱旱地广泛应用的棉花播种机械主要为棉花播种覆膜一体机，其由支架、"V" 形刮土板，种子箱，播种犁、覆膜轴，压膜轮，盖土铲和压膜辊组成。

播种方法为：耕地造墒后，旋耕镇压，拖拉机悬挂链接支架驱动棉花播种机，播种机前部 "V" 形刮土板将地面刮平，两个播种犁在平面上双行播种，行宽可调 40～60 cm，播种机后部的覆膜装置进行覆膜盖土压膜，即播种完成。这种播种方式的缺点如下。

第一，在盐碱旱作区，现有棉花播种机不能开沟起垄，棉花出苗期间的少量降雨不能及时收集在棉花根部用于补墒压盐。

第二，现有棉花播种机的行宽配置，与大型棉花采摘机不配套，不利于规模化种植。

第三，现有棉花播种机为一机双行，相同密度下，棉株间距较小，不利于棉株个体发育。

第四，现有棉花播种机旋耕、施肥、播种覆膜分别操作，程序繁、用工多、效率低。

3.3 发明专利内容

本发明专利的目的在于提供一种结构简单，效果好，能全面对棉花进行种植的盐碱地开沟起垄多功能棉花播种机。为了解决上述技术问题，本发明专利提供一种多功能起垄覆膜播种机，包括机架。所述机架上设置有：牵引架，包括机架及连接用牵引环，用于与动力机械连接；旋耕机构，对棉田进行旋耕；起垄机构，包括起垄刀，起垄刀的底侧中部开设有圆弧形开口，所述对棉田进行起微垄；施肥机构，包括肥料箱及肥料犁，肥料犁设置在机架两侧，并与肥料箱相连，肥料箱在机架运行过程中不断地往肥料犁输送肥料，在待播种位置进行施肥；播种装置，包括种子箱及播种机，播种机包括两对播种犁，每对播种犁为两个，两个播种犁错位放置，播种犁与种子箱相连；镇压装置，包括膜内起垄器和镇压辊，膜内起垄器中部为圆弧凹形与垄形对应，将浮土压实塑形，镇压轮位于膜内起垄器的两侧对应播种犁位置设置有橡胶镇压轮，镇压轮对播种行的表土进行压实并形成膜中沟，避免棉苗灼伤；覆膜机构，包括膜筒，对起垄部分进行覆膜；压膜机构，设置在对位膜筒位置的两侧，对地膜两侧进行压实；刮土铲，包括内向刮土铲及外向刮土铲，内向刮土铲设置在外向刮土铲前端，内向刮土铲将土压住地膜边缘；轧土轮，对内向刮土铲刮至地膜边缘的土进行压实。

本项专利主要发明点：第一，棉花播种换挡器，换挡器包括主动齿轮、把手及多个齿数不同的从动齿轮，从动齿轮固定在同一根从动轴上，种子箱内设置有拨盘，从动轴与拨盘相连并控制拨盘转动，拨盘在转动过程中将种子输送至播种犁，主动轮设置在主动轴上，主动轴从外界引进动力，主动轴在把手的控制下载主动轴上移动，并在移动的过程中与从动齿轮啮合，可以调节株距，确定不同密度。第二，膜内起垄器，圆弧凹形铁桶镇压后，产生的垄型丰满圆润，而且平滑过渡，在形成微垄起到集雨作用。第三，为避免铁轮镇压时的刚性接触，造成土壤过分板结，选用橡胶镇压轮形成膜中沟，既有利于出苗有防止幼苗灼伤。第四，4个错位播种点小行宽13 cm，大行宽63 cm，与机器采摘配套，错位播种充分利用空间，增加行内通光性有利增产。第五，播种机上设置有播种架，播种犁设置在播种架上，播种犁在播种架上在水平方向上可自由移动，行距可调。第六，播种机牵引架与动力机械的连接采用销轴铰接。可以根据需要挂一组或两组，既适合小面积种植也适合规模化种植使用。

本项发明专利的有益效果为：新型结构的盐碱地开沟起垄多功能棉花播种机，能实现旋耕、起垄、施肥、覆膜、播种等多项功能，整体结构简单，操作方便，而且每个结构之间的配合非常紧密，产生的垄型丰满圆润，而且平滑过渡，而且由原来的一膜双行变为四行，且小行间棉株为品字形交叉排列，在相同的播种密度下，新型播种机可使株距扩大，增加行内光照通透性。即显著提高劳动功效，有保障系列操作的及时、精准、便捷。增产效果显著。

3.4 附图说明

图 1 为本实用新型的盐碱地开沟起垄多功能棉花播种机的结构示意图。

图 2 为本实用新型的盐碱地开沟起垄多功能棉花播种机的换挡器的结构示意图。

3.5 具体实施方式

为详细说明本实用新型的技术内容、构造特征、所实现目的及效果，以下结合实施方式并配合附图详予说明。

参照图 1 和图 2，本实用新型提出本实用新型提供一种盐碱地开沟起垄多功能棉花播种机，包括机架。所述机架上设置有：牵引架，包括连接架及连接用牵引环，用于与动力机械连接；牵引架的设置方便了整个多功能起垄覆膜机的移动，直接固定在拖拉机后方，可以采用销轴铰接；旋耕机构，对棉田进行旋耕，旋耕机构采用农业上常用的旋耕设备即可，进行松土；起垄机构，包括起垄刀，起垄刀的底侧中部开设有圆弧形开口，所述对棉田进行起微垄，只有圆弧形开口位置的土被留下。施肥机构，包括肥料箱及肥料犁，肥料犁设置在机架两侧，并与肥料箱相连，肥料箱在机架运行过程中不断地往肥料犁输送肥料，在待播种位置进行施肥。播种装置，包括种子箱及播种机，播种机包括两对播种犁，每对播种犁为两个，两个错位放置，播种犁与种子箱相连；镇压装置，包括镇压辊，镇压辊中部为圆弧形与垄形对应，将浮土压实塑形，镇压轮的两侧对应播种犁位置设置有镇压轮，镇压轮对播种行的表土进行压实；覆膜机构，包括膜筒，对起垄部分进行覆膜；压膜机构，设置在对位膜筒位置的两侧，对地膜两侧进行压实；刮土铲，包括内向刮土铲及外向刮土铲，内向刮土铲设置在外向刮土铲前端，内向刮土铲将土压住地膜边缘；轧土轮，对内向刮土铲刮至地膜边缘的土进行压实。

新型结构的盐碱地开沟起垄多功能棉花播种机，在使用时，首先将整个机架通过牵引架固定在动力机械后，动力机械在本实施例中为拖拉机，可以采用销轴铰接等，之后将上述机构按照要求固定在机架上，作业进行时，首先通过旋耕机构对棉田进行松土旋耕，旋耕机械的动力通过牵引机械提供，旋耕后对棉田起微垄，并在起垄的同时通过施肥机构对待种植棉花位置进行施肥，本实施例中，施肥通过施肥犁来实现，由于播种位置在垄的两侧，因此，肥料犁为两个，设置在机架上对应播种的位置，实现了播种的同时，可以在小行间进行同步小量施肥，即节省了人工又提高了肥效。

本实施例中，播种采用错位点播，合理地利用了整个垄上的空间位置，在保证两个种子之间距离的基础上，提升的播种的密度，具体的播种犁为两个一组，分别设置在机架的两侧，本实施例中，播种机设有 4 个错位播种犁，小行宽 13 cm，错位点播，大行宽 63 cm。

进一步的，为了适配不同的环境及不同播种间距的要求，本实施例中，所述播种机上设置有播种架，所述播种犁设置在播种架上，所述播种犁在播种架上在水平方向上可自由移动，具体的移动结构，可以通过多个滚珠丝杆来调节。在这基础上，本发明又进一步增加了播种密度调节技术，具体的，所述播种机还包括换挡器，所述换挡器包括主动齿轮、把手及多个齿数不同的从动齿轮，所述从动齿轮固定在同一根从动轴上，所述种子箱内设置有拨盘，从动轴与拨盘相连并控制拨盘转动，拨盘在转动过程中将种子输送至播种犁，所述主动齿轮设置在主动轴上，主动轴从外界引进动力，主动齿轮在把手的控制下在主动轴上左右移动，并在移动的过程中与从动齿轮啮合。

每个从动齿轮同轴但是齿数不同，可以根据需要设置多个挡位的从动齿轮，直径不同，用于调节传动轴的转速，从动轴与拨盘之间可以通过变速箱传动或铰链传动等，本实用新型并不做具体限制，只要能将从动轴的动力传送至变速箱即可。

通过把手的控制使主动齿轮在主动轴上来回滑动，并在移动的过程中与不同的从动齿轮进行啮合，啮合的过程中，从动轴就产生了多种转速，进一步地使拨盘也产生了多种转速的旋转，拨盘转动的过程中将种子箱内的种子拨到播种犁，实现了不同的播种速度，可根据不同地力棉田的要求调节播种密度。

播种后，通过镇压装置对垄上的表土进行压实，具体的，镇压装置包括镇压辊及镇压轮，镇压辊的中部为圆弧过渡，适配垄形，当镇压辊旋转着经过垄后，对垄表面浮土进行压实塑性，镇压轮设置在镇压辊的两侧，其对应播种犁位置，即播种犁进行了 4 行棉花播种，镇压轮对应为 4 个，对播种行的表土进行压实，并且高度低于整个垄表面高度，形成一个压沟。

后续再通过覆膜机构对 4 行棉花进行平展的覆膜，腹膜后，压膜机构对其进行压膜，具体包括两个压膜轮，对铺开的地膜边缘下压，利于压土。

其后设置的内向刮土铲向内刮土用于压住地膜边缘，外向刮土铲向外刮土，用于大行间裸地起垄，最后设置的轧土轮，内向刮土铲向内刮土压住地膜边缘后，由轧土轮压实，防止大风掀膜。

采用这种方式的起垄及播种方式，膜内起小垄，并且可以一次性播种 4 行，而且每粒种子的成长空间都很足够，覆膜后实现了一膜覆盖 4 行，小行间棉株为品字形交叉排列，在相同的播种密度下，新型播种机可使株距扩大，增加行内光照通透性。

进一步的，覆膜大行起小垄，通过外向刮土铲实现裸露大行起大垄，通过这种设置方式，棉花苗期遇少量降雨，落在小垄地膜上的雨水会向着小垄两侧向棉花幼苗处流动，沿出苗孔汇集到幼苗根部，不仅为幼苗生长发育提供必要的水分，还可以将棉苗根部土壤中的盐分压向深层土壤，同时，由于地膜的隔水作用，雨后水分的蒸发主要在大行间裸地大垄处进行，根据"盐随水走"的水盐运动规律，棉花幼苗根处的盐分会随水分蒸发移动到大垄的上部表层土壤中，从而达到降低棉花幼苗根部土壤中盐分含量，减轻棉苗所受胁迫的目的。

本实施例中，起垄多功能棉花播种机播种，小行宽 13 cm，大行宽 63 cm，符合现有大型棉花采摘机收获的行宽配置，有利于实现大规模机械化采收。

本实施例中，通过镇压轮对播种行的表土进行压实，再经过覆膜后，压沟与膜之间形成一个膜中沟，这种结构有利于水分的汇集，另外，新长出的苗也不会直接因为顶住隔膜而损坏。

后续再通过展膜压膜机构将膜从覆膜部分内取出并展开平覆于凸型地垄上，随即将浮土覆在压膜沟上从而完成铺膜作业。

本实施例中，起垄刀的圆弧形开口采用仿鲨鱼齿形结构，即表面为锯齿形，当铺膜机移动后，起垄刀就会在垄梗上形成多个小沟槽，这些小沟槽可以有效地聚集水分，起到保墒的作用，达到了柔性修形的效果，在起垄时有利于垄型的保持，防止出现塌方的现象，克服原有装置与土壤刚性接触的缺陷，使垄肩丰满圆润，在覆膜机进行作业时，铺膜质量大大提高，基本能够实现塑料薄膜的零破损。

所述起垄刀的材质为橡胶，橡胶设置首先降低了整个铺膜机的成本，同时，其也放置刚性接触产生的塌方现象。

以上所述仅为本实用新型的实施例，并非因此限制本实用新型的专利范围，凡是利用本实用新型说明书及附图内容所作的等效结构或等效流程变换，或直接或间接运用在其他相关的技术领域，均同理包括在本实用新型的专利保护范围内。

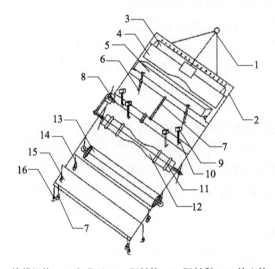

1. 牵引架　2. 机架　3. 旋耕机构　4. 起垄刀　5. 肥料箱　6. 肥料犁　7. 轧土轮　8. 播种架　9. 种子箱
10. 播种犁　11. 镇压辊　12. 镇压轮　13. 覆膜机构　14. 压膜轮　15. 内向刮土铲　16. 外向刮土铲

图1　盐碱地开沟起垄多功能棉花播种机的结构示意

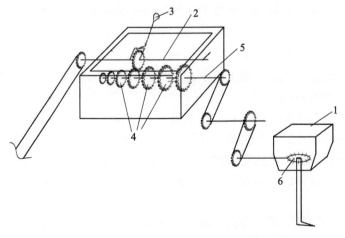

1. 种子箱　2. 主动齿轮　3. 把手　4. 从动齿轮　5. 从动轴　6. 拨盘

图2　盐碱地开沟起垄多功能棉花播种机的换挡器的结构示意

追施水溶肥机

申请号：CN201620161800

申请日：2016-03-03

公开（公告）号：CN205431016U

公开（公告）日：2016-08-10

IPC分类号：A01C23/02；A01C5/06

申请（专利权）人：1. 沧州市农林科学院；2. 孙世军

发明人：阎旭东　孙世军　陈善义　肖宇　刘震　徐玉鹏

申请人地址：河北省沧州市运河区棉纺新村农科院

申请人邮编：061000

1　摘　要

一种追施水溶肥机，包括机架，所述机架装配在拖拉机后方，所述机架上设置有肥料箱、出水管、主流管、分流管、流量泵、施肥管、施肥轮及覆土器。所述施肥轮包括旋转件及设置在旋转件两侧的侧轮，两个侧轮呈"V"形，施肥管设置在两个侧轮之间，并将肥料施在旋转件上。所述覆土器设置在施肥轮后方，将施肥轮开设的沟覆土，能够精确地控制水溶肥的追施量，且只需在驾驶室内就能完成所有动作，同时整个机器的施肥点的行距可调、施肥深度可调，且水溶肥的溶解度高，整体结构简单，操作方便，且每个结构之间的配合非常紧密，提高了农作物种植的经济效益和社会效益。

2　权利要求书

（1）一种追施水溶肥机，其特征在于，包括机架，所述机架装配在拖拉机后方，所述机架上设置有肥料箱、出水管、主流管、分流管、流量泵、施肥管、施肥轮及覆土器。所述肥料箱内装设有水溶肥，肥料箱的底部设置有出水孔，所述出水管的一端与出水孔相连，另一端与主流管相连，所述分流管为多个，分流管的一端与主流管相连，另一端与流量泵相连，流量泵与施肥管相连，流量泵各自控制施肥管的流量。所述施肥轮包括旋转件及设置在旋转件两侧的侧轮，两个侧轮呈"V"形，施肥管设置在两个侧轮之间，并将肥料施在旋转件上，所述覆土器设置在施肥轮后方，将施肥轮开设的沟覆土。

（2）根据权利要求（1）所述的追施水溶肥机，其特征在于，所述机架上还设置有开沟盘，所述开沟盘包括转轮及反射性设置在转轮上的凸起杆，所述开沟盘设置在施肥轮的前方。

（3）根据权利要求（1）所述的追施水溶肥机，其特征在于，所述施肥轮与机架之间设置有缓冲弹簧。

（4）根据权利要求（1）所述的追施水溶肥机，其特征在于，所述机架上设置有控制器，所述控制器控制流量泵的运作，所述控制器为单片机或 PLC。

（5）根据权利要求（1）所述的追施水溶肥机，其特征在于，所述覆土器包括连接架及覆土盘，所述连接架与机架相连，所述覆土盘为多个，通过线与连接架连接，相邻覆土盘之间通过线连接。

（6）根据权利要求（5）所述的追施水溶肥机，其特征在于，所述覆土盘为圆环状金属盘。

（7）根据权利要求（1）所述的追施水溶肥机，其特征在于，所述机架与施肥轮相连一端设置有条形槽，施肥轮固定在条形槽上，相邻施肥轮之间的距离通过条形槽的固定位置可调。

（8）根据权利要求（1）所述的追施水溶肥机，其特征在于，所述机架包括固定架及竖直移动架，所述固定架上设置有纵向条形槽，所述竖直移动架通过螺栓与固定架相连，并能调节竖直移动架的纵向位置，所述肥料箱设置机架上，所述主流管、分流管、流量泵、施肥管、施肥轮及覆土器设置在竖直移动架上。

（9）根据权利要求（1）所述的追施水溶肥机，其特征在于，所述施肥箱内设置有搅拌器。

3 说明书

3.1 技术领域

本实用新型设计农业机械技术领域，尤其涉及一种追施水溶肥机。

3.2 背景技术

我国黑龙港流域主要指位于河北省、山东省及天津市环渤海低平原区，涉及耕地面积 3 000 余万亩，60%以上为中低产田，其中 150 万亩为雨养旱作（无人工灌溉条件地区）。该区年降水量一般在 400～600 mm，80%以上的降雨集中在 7—9 月，完全靠天种地，且分布不均，年际间波动大。而其余 9 个月正是小麦的生长季节（传统的冬小麦种植技术一般于 10 月上旬播种，第 2 年 6 月中下旬收获）。降水量仅为 150～250 mm，而小麦的蒸腾系数（又称需水量，指植物合成 1 g 干物质所蒸腾消耗的水分克数）为 257～774，比秋季作物高近一倍，冬春干旱时有发生，严重影响冬小麦生长发育。传统旱地小麦产量低而不稳，一般为 100～150 kg/亩。除受干旱制约外，土壤肥力不足是造成旱地小麦产量低的又一主要因素。小麦的生育期较长，对肥料的需求量大，生育后期容易缺肥。由于该区域春季干旱严重，旱地又不能浇水，浇不上水则追不上肥，而小麦春季返青起身期正值穗分化关键时期，直接影响其小穗数和穗粒数的分化与形成，进而影响最后的产量。因此，春季脱肥是造成该地区小麦产量低的重要原因。

在小麦种植的过程中，通过旱地小麦春季追施水溶肥技术，解决旱地小麦春季追不上肥的问题，确保小麦后期营养生长需求，旱地小麦春季追施水溶肥技术，每亩只用 1 m³ 水，用水量少。肥料充分溶解后施入，利于小麦根系吸收利用，肥料利用率高，增产效果显著，试验表明，春季追施水溶肥的地块，可以比春季不能追肥的麦田平均每亩增产 30%以上，增产效果显著。

目前对于小麦的追肥、施肥，一般都是采用人工方式进行，这种方式效果还可以，施肥比较均匀，但是劳动强度大，虽然有些地方出现的采用牵引式的追肥、施肥机械，实现了机械化施肥，提高了工作效率，但是其施肥的可控性及成功率都不高，而且经常造成压坏麦苗等问题，造成粮食减产。

3.3 实用新型内容

本实用新型的目的在于提供一种结构简单，效果好，完全自动化，不会压坏麦苗、工作效率高的追施水溶肥机。

为了解决上述技术问题，本实用新型提供一种追施水溶肥机，包括机架，所述机架装配在拖拉机后方，所述机架上设置有肥料箱、出水管、主流管、分流管、流量泵、施肥管、施肥轮及覆土器。所述肥料箱内装设有水溶肥，肥料箱的底部设置有出水孔，所述出水管的一端与出水孔相连，另一端与主流管相连，所述分流管为多个，分流管的一端与主流管相连，另一端与流量泵相连，流量泵与施肥管相连，流量泵各自控制施肥管的流量。所述施肥轮包括旋转件及设置在旋转件两侧的侧轮，两个侧轮呈"V"形，施肥管设置在两个侧轮之间，并将肥料施在旋转件上，所述覆土器设置在施肥轮后方，将施肥轮开设的沟覆土。

为最大程度上减少对小麦苗的损坏，本实用新型改进有，所述机架上还设置有开沟盘，所述开沟盘包括转轮及反射性设置在转轮上的凸起杆，所述开沟盘设置在施肥轮的前方。为降低刚性冲击造成施肥轮的损坏。

本实用新型改进有，所述施肥轮与机架之间设置有缓冲弹簧。为方便整个机器的控制。

本实用新型改进有，所述机架上设置有控制器，所述控制器控制流量泵的运作，所述控制器为单片机或 PLC。

本实用新型改进有，所述覆土器包括连接架及覆土盘，所述连接架与机架相连，所述覆土盘为多个，通过线与连接架连接，相邻覆土盘之间通过线连接。所述覆土盘为圆环状金属盘。所述机架与施肥轮相连一端设置有条形槽，施肥轮固定在条形槽上，相邻施肥轮之间的距离通过条形槽的固定位置可调。所述机架包括固定架及竖直移动架，所述固定架上设置有纵向条形槽，所述竖直移动架通过螺栓与固定架相连，并能调节竖直移动架的纵向位置，所述肥料箱设置机架上，所述主流管、分流管、流量泵、施肥管、施肥轮及覆土器设置在竖直移动架上。为了方便水溶肥在肥料箱内的溶解，本实用新型改进有，所述施肥箱内设置有搅拌器。

本实用新型的有益效果为：新型结构的追施水溶肥机，能够精确地控制水溶肥的追施量，而且只需在驾驶室内就能完成所有动作，同时整个机器的施肥点的行距可调、施肥深度可调，而且水溶肥的溶解度高，整体结构简单，操作方便，而且每个结构之间的配合非常紧密，提高了农作物种植的经济效益和社会效益。

3.4 附图说明

图 1 为本实用新型的追施水溶肥机的结构示意图。

3.5 具体实施方式

为详细说明本实用新型的技术内容、构造特征、所实现目的及效果，以下结合实施方式并配合图详予说明。

参照图1，本实用新型提出本实用新型提供一种追施水溶肥机，包括机架，所述机架装配在拖拉机后方，所述机架上设置有肥料箱、出水管、主流管、分流管、流量泵、施肥管、施肥轮及覆土器。所述肥料箱内装设有水溶肥，肥料箱的底部设置有出水孔，所述出水管的一端与出水孔相连，另一端与主流管相连，所述分流管为多个，分流管的一端与主流管相连，另一端与流量泵相连，流量泵与施肥管相连，流量泵各自控制施肥管的流量。具体的，本实用新型中的肥料箱内装满水溶肥，无须大量的清水即可形成，本实施中，为了方便水溶肥在肥料箱内的溶解，肥料箱内设置有搅拌器，所述搅拌器采用普通的搅拌器即可，具体的，包括电机和搅拌枝，所述搅拌枝包括搅拌杆及设置在搅拌杆上的搅拌棍，电机带动搅拌枝的旋转，进而提升了水溶肥的溶解速度。

在拖拉机向前推动的过程中，溶解后的水溶肥通过出水管流出，并流至主流管，在主流管上分流并分别流至各个分流管，通过流量泵控制从分流管流至施肥管的流速及流量，根据小麦的生长情况及土地的生产情况，选择合适的流速及流量。具体的流量泵的控制，可以通过控制器来控制，所述控制器为单片机或PLC，控制器还控制机架上所有电器件的动作，使用者直接在驾驶室内即可完成所有操作。

本实施例中，所述机架上还设置有开沟盘，所述开沟盘包括转轮及反射性设置在转轮上的凸起杆，所述开沟盘设置在施肥轮的前方。

在机器向前进的过程中，开沟盘转动，开沟盘的转动通过链轮直接从发动机内引入，开沟盘转动的过程中，直接对待施肥位置进行初步松土，开沟，方便后期施肥轮的进入，最大程度上减少对小麦苗的损坏。所述施肥轮包括旋转件及设置在旋转件两侧的侧轮，两个侧轮呈"V"形，施肥管设置在两个侧轮之间，并将肥料施在旋转件上，所述覆土器设置在施肥轮后方，将施肥轮开设的沟覆土。"V"形结构的设计，使施肥轮能更好地进入施肥沟，施肥管通过施肥轮的转动，将肥料均匀的撒入施肥沟。

本实施例中，所述施肥轮与机架之间设置有缓冲弹簧，降低刚性冲击造成施肥轮的损坏。在开沟施肥后，需要对施肥沟进行覆土。本实施例中，所述覆土器包括连接架及覆土盘。所述连接架与机架相连，所述覆土盘为多个，通过线与连接架连接，相邻覆土盘之间通过线连接，在整个机器向前移动的过程中，覆土盘吊设在连接架后方，并在移动的过程中在地面上拖动，通过线连接保证相邻覆土盘之间的距离。具体的，线可以使用铁链等，保证其连接强度。

本实施例中，所述覆土盘为圆环状金属盘，具有一定的重量，能让它始终与地面贴合，保证了工作的质量。

本实施例中，所述机架与施肥轮相连一端设置有条形槽，施肥轮固定在条形槽上，相邻施肥轮之间的距离通过条形槽的固定位置可调，根据具体的小麦行距，调整相邻施肥轮之间的距离，与其对应，保证了整个工作的完整性。

本实施例中，所述机架包括固定架及竖直移动架。所述固定架上设置有纵向条形槽，所述竖直移动架通过螺栓与固定架相连，并能调节竖直移动架的纵向位置。所述肥料箱设置机架上，所述主流管、分流管、流量泵、施肥管、施肥轮及覆土器设置在竖直移动架上，纵向位置可调，就是调整施肥深度，也可以根据不同的种植场合，选择不同的追肥结构。通过施肥深度及行距的调整，使追施水溶肥机的适应性更广，一台机器即可实现多种场合的追肥。

以上所述仅为本实用新型的实施例，并非因此限制本实用新型的专利范围，凡是利用本实用新型说明书及附图内容所作的等效结构或等效流程变换，或直接或间接运用在其他相关的技术领域，均同理包括在本实用新型的专利保护范围内。

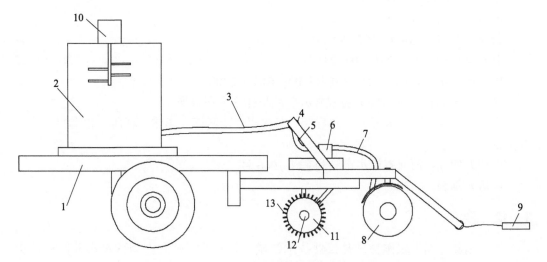

1. 机架　2. 肥料箱　3. 出水管　4. 主流管　5. 分流管　6. 流量泵　7. 施肥管
8. 施肥轮　9. 覆土器　10. 搅拌器　11. 开沟盘　12. 转轮　13. 凸起杆

图1　追施水溶肥机的结构示意

农作物试验水分蒸渗计量仪

申请号：CN201620312673

申请日：2016-04-14

公开（公告）号：CN205506824U

公开（公告）日：2016-08-24

IPC 分类号：G01N33/24；G01N5/00；G01N23/00

申请（专利权）人：河北省农林科学院旱作农业研究所

发明人：党红凯　曹彩云　郑春莲　马俊永　李科江　李伟　郭丽　宋翠婷　马洪彬

申请人地址：河北省衡水市胜利东路 1966 号

申请人邮编：053000

1 摘 要

本实用新型属于农作物试验仪器技术领域，公开了一种农作物试验水分蒸渗计量仪。其主要技术特征为：包括箱体，在所述箱体内侧下方设置有砾石层，在所述砾石层上方设置有第一滤网，在所述第一滤网上方设置有细沙层，在所述细砂层上方设置有第二滤网，在所述第二滤网上方设置有土壤层，所述土壤层上端面低于箱体边沿，在所述箱体侧面设置有土壤水分传感器，该土壤水分传感器与带有显示机构的控制机构连接；在所述箱体的下方设置有支撑架，在所述支撑架下方设置有重量传感器，所述重量传感器与所述的控制机构连接；在所述箱体底部设置有排水口，在所述箱体下方设置有储水箱，第一滤网和第二滤网避免了泥土进入细沙层和砾石层，使得造成试验数据更加准确。

2 权利要求书

（1）农作物试验水分蒸渗计量仪，其特征在于：包括箱体，在所述箱体内侧下方设置有砾石层，在所述砾石层上方设置有第一滤网，在所述第一滤网上方设置有细砂层，在所述细砂层上方设置有第二滤网。在所述第二滤网上方设置有土壤层，所述土壤层上端面低于箱体边沿。在所述箱体侧面设置有土壤水分传感器，该土壤水分传感器与带有显示机构的控制机构连接。在所述箱体的下方设置有支撑架，在所述支撑架下方设置有重量传感器，所述重量传感器与所述的控制机构连接。在所述箱体底部设置有排水口，在所述箱体下方设置有储水箱，在所述储水箱上方设置有进水口，该进水口通过导管与箱体的排水口连通。

（2）根据权利要求（1）所述的农作物试验水分蒸渗计量仪，其特征在于：在所述箱体内设置有溢水管，所述溢水管的上端高出土壤层的上表面且低于所述箱体的外沿，所述溢水管与箱体的排水口之间的导管上设置有第一阀门。

（3）根据权利要求（1）所述的农作物试验水分蒸渗计量仪，其特征在于：在靠近所述储水箱的底部设置有第二阀门。

（4）根据权利要求（1）所述的农作物试验水分蒸渗计量仪，其特征在于：在所述的土壤层内设置有中子水分测试管。

3 说明书

3.1 技术领域

本实用新型属于农作物试验仪器技术领域，尤其涉及农作物试验水分蒸渗计量仪。

3.2 背景技术

在农作物试验中，除了对氮磷钾及微量测量外，还需要对土壤水分进行测量，对每天的土壤水分的蒸发、渗漏情况进行实时测量。目前主要测量方法是在大地的土壤中插入中子仪或将土壤烘干的方法。上述方法观测不方便，且在土壤中埋设的水分传感器不能移动，成本较高，而且大地土壤表面高低不平，低处土壤水分大、而高处土壤水分小，造成试验数据不准确。

3.3 实用新型内容

本实用新型要解决的技术问题就是提供一种试验数据准确、成本低、测量方便、可实时记录试验数据的农作物试验水分蒸渗计量仪。

为解决上述技术问题，本实用新型采用的技术方案为：包括箱体，在所述箱体内侧下方设置有砾石层。在所述砾石层上方设置有第一滤网。在所述第一滤网上方设置有细砂层。在所述细砂层上方设置有第二滤网。在所述第二滤网上方设置有土壤层，所述土壤层上端面低于箱体边沿。在所述箱体侧面设置有土壤水分传感器，该土壤水分传感器与带有显示机构的控制机构连接。在所述箱体的下方设置有支撑架，在所述支撑架下方设置有重量传感器，所述重量传感器与所述的控制机构连接。在所述箱体底部设置有排水口，在所述箱体下方设置有储水箱，在所述储水箱上方设置有进水口，该进水口通过导管与箱体的排水口连通。

其附加技术特征为：在所述箱体内设置有溢水管，所述溢水管的上端高出土壤层的上表面且低于所述箱体的外沿，所述溢水管与箱体的排水口之间的导管上设置有第一阀门。在靠近所述储水箱的底部设置有第二阀门。在所述的土壤层内设置有中子水分测试管。

本实用新型所提供的农作物试验水分蒸渗计量仪，与现有技术相比具有以下优点：其一，由于包括箱体，在所述箱体内侧下方设置有砾石层，在所述砾石层上方设置有第一滤网，在所述第一滤网上方设置有细砂层，在所述细砂层上方设置有第二滤网，在所述第二滤网上方设置有土壤层，所述土壤层上端面低于箱体边沿，在所述箱体侧面设置有土壤水分传感器，该土壤水分传感器与带有显示机构的控制机构连接。在所述箱体的下方设置有支撑架，在所述支撑架下方设置有重量传感器，所述重量传感器与所述的控制机构连接。在所述箱体底部设置有排水口，在所述箱体下方设置有储水箱，在所述储水箱上方设置有进水口，该进水口通过导管与箱体的排水口连通，水分的挥发可以通过土壤水分传感器来获得，土壤渗漏的水分为通过排水口排出的水量，第一滤网避免了细砂进入砾石层，第二滤网避免了泥土进入细砂层。尤其是泥土进入细砂层后，容易降低细砂的渗透率，造成试验数据不准确，而且还容易使流入储水箱的水浑浊，泥土沉积在储水箱中。其二，由于在所述箱体内设置有溢水管，所述溢水管的上端高出土壤层的上表面且低于所述箱体的外沿，所述溢水管与箱体的排水口之间的导管上设置有第一阀门，平时可以将第一阀门关闭，雨水或浇灌多余的水通过溢水管流到储水箱中，等测量渗漏数据时，在将第一阀门开启，流出的水即为渗透出来的水，数据更加准确。其三，由于在靠近所述储水箱的底部设置有第二阀门，当储水箱中水较多时，可以通过开启第二阀门将水放出。其四，由于在所述的土壤层内设置有中子水分测试管，测量更加准确。

3.4　附图说明

图1为本实用新型农作物试验水分蒸渗计量仪的剖面结构示意图。

3.5　具体实施方式

下面结合附图和具体实施方式对本实用新型农作物试验水分蒸渗计量仪的结构和使用原理做进一步详细说明。

如图1所示，本实用新型农作物试验水分蒸渗计量仪的结构示意图，本实用新型农作物试验水分蒸渗计量仪包括箱体，在箱体内侧下方设置有砾石层，在砾石层上方设置有第一滤网，在第一滤网上方设置有细砂层，在细砂层上方设置有第二滤网，在第二滤网上方设置有土壤层，土壤层上端面低于箱体的边沿，在箱体的侧面设置有土壤水分传感器，该土壤水分传感器与带有显示机构的控制机构连接。在箱体的下方设置有支撑架，在支撑架下方设置有重量传感器，重量传感器与控制机构连接。在箱体的底部设置有排水口，在箱体的下方设置有储水箱，在储水箱的上方设置有进水口，该进水口通过导管与箱体的排水口连通，水分的挥发可以通过土壤水分传感器来获得，土壤渗漏的水分为通过排水口排出的水量，第一滤网避免了细砂进入砾石层，第二滤网避免了泥土进入细砂层。尤其是泥土进入细砂层后，容易降低细砂的渗透率，造成试验数据不准确，而且还容易使流入储水箱的水浑浊，泥土沉积在储水箱中。

在箱体内设置有溢水管，溢水管的上端高出土壤层的上表面且低于箱体的外沿，溢水管与箱体的排水口之间的导管上设置有第一阀门，平时可以将第一阀门关闭，雨水或浇灌多余的水通过溢水管流到储水箱中，等测量渗漏数据时，在将第一阀门开启，流出的水即为渗透出来的水，数据更加准确。

在靠近储水箱的底部设置有第二阀门，当储水箱中水较多时，可以通过开启第二阀门将水放出。

在土壤层内设置有中子水分测试管，测量更加准确。

本实用新型的保护范围不仅仅局限于上述实施例，只要结构与本实用新型农作物试验水分蒸渗计量仪结构相同或相似，就落在本实用新型保护的范围。

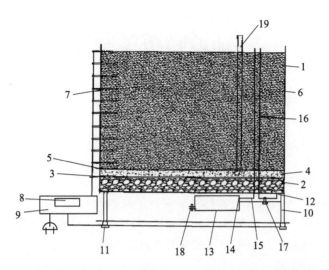

1. 箱体　2. 砾石层　3. 滤网　4. 细砂层　5. 滤网　6. 土壤层　7. 土壤水分传感器
　8. 显示机构　9. 控制机构　10. 支撑架　11. 传感器　12. 排水口　13. 储水箱
14. 进水口　15. 导管　16. 溢水管　17. 第一阀门　18. 第二阀门　19. 水分测试管

图1　农作物试验水分蒸渗计量仪的剖面结构示意

一种地膜覆盖装置

申请号：CN201620662874
申请日：2016-06-29
公开（公告）号：CN205727360U
公开（公告）日：2016-11-30
IPC 分类号：A01G13/02；A01B49/04
申请（专利权）人：河北省农林科学院谷子研究所
发明人：宋世佳　刘猛　夏雪岩　李顺国　赵宇　任晓利　崔纪菡　刘斐　南春梅
申请人地址：河北省石家庄市石家庄开发区恒山街 162 号
申请人邮编：050035

1　摘　要

本实用新型公开了一种地膜覆盖装置，属于农用机械设备技术领域，包括机架，机架前端设置有牵引架和开沟器，机架后端设置有覆土铲，开沟器和覆土铲之间由前向后依次设置有膜卷支架和压膜轮，压膜轮借助连接杆与机架连接，关键是：所述的连接杆包括套管和套装在套管内的连接管，套管与机架固定连接，连接管下端与压膜轮连接，连接管上端设置有销轴且销轴搭接在套管上形成地膜压紧结构。连接管可以根据地形的变化而在套管内上下运动，从而带动压膜轮上下运动，能起到仿形效果，压膜效果好，能把地膜压紧在地面上，结构简单，使用方便。

2　权利要求书

（1）一种地膜覆盖装置，包括机架，机架前端设置有牵引架和开沟器，机架后端设置有覆土铲，开沟器和覆土铲之间由前向后依次设置有膜卷支架和压膜轮，压膜轮借助连接杆与机架连接，其特征在于：所述的连接杆包括套管和套装在套管内的连接管，套管与机架固定连接，连接管下端与压膜轮连接，连接管上端设置有销轴且销轴搭接在套管上形成地膜压紧结构。

（2）根据权利要求（1）所述的一种地膜覆盖装置，其特征在于：增设弹簧和限位销，弹簧套装在连接管上且位于套管和限位销之间，限位销位于弹簧下方并与连接管插接。

（3）根据权利要求（1）所述的一种地膜覆盖装置，其特征在于：所述的牵引架包括两个牵引杆，机架前端设置有前横梁，牵引杆后端设置有固定套，固定套套装在前横梁上，固定套上沿圆周方向开设有一组定位孔，前横梁上与固定套相对应的位置开设有通孔，固定套借助依次穿过定位孔和通孔的定位销与前横梁固定。

（4）根据权利要求（1）所述的一种地膜覆盖装置，其特征在于：在开沟器前方增设支撑结构，支撑结构包括支撑轮、第一连接板和第二连接板，支撑轮与第一连接板的前端形成转动配合，第一连接板后端与开沟器锁紧，第二连接板后端位于第一连接板后端的下方并与开沟器锁紧，第二连接板前端向上倾斜设置，第二连接板上沿长度方向开设有滑槽，滑槽处设置有锁紧螺栓和螺母，第二连接板借助锁紧螺栓和螺母的配合与第一连接板锁紧。

（5）根据权利要求（1）所述的一种地膜覆盖装置，其特征在于：所述的膜卷支架包括支撑板、定位板和水平设置的连接螺杆，支撑板的下端设置有膜卷插头，支撑板上沿长度方向开设有一组调节孔，连接螺杆的一端与机架固定连接，连接螺杆的另一端穿过调节孔与支撑板锁紧，定位板的前端与支撑板中部锁紧，定位板的后端与机架锁紧。

（6）根据权利要求（1）所述的一种地膜覆盖装置，其特征在于：所述的机架后端设置有后横梁，增设推杆和连接杆，连接杆的下端与后横梁固定连接，连接杆的上端与水平设置的推杆固定连接，连接杆位于后横梁长度方向的中心处。

3 说明书

3.1 技术领域

本实用新型属于农用机械设备技术领域，涉及一种地膜覆盖装置。

3.2 背景技术

现有的简易地膜覆盖装置是在机架前端的两侧都设置有开沟器，在机架后端的两侧都设置有覆土铲，膜卷安装在机架中部的膜卷支架上，膜卷支架后方设置有压膜轮。工作时，一个人拉动机架前端的牵引装置，两个人在机架后方推动按压机架，使机架向前运动，不同于大型的覆膜机，这种装置适用于小型试验田、小地块使用，相比于直接人工覆膜要快。但是这种装置的压膜轮通过连接杆与机架固定连接，不能根据地形的变化而变化，压膜效果不好。

3.3 发明内容

本实用新型为了克服现有技术的缺陷，设计了一种地膜覆盖装置，压膜轮能起到仿形效果，压膜效果好。

本实用新型所采取的具体技术方案是：一种地膜覆盖装置，包括机架，机架前端设置有牵引架和开沟器，机架后端设置有覆土铲，开沟器和覆土铲之间由前向后依次设置有膜卷支架和压膜轮。压膜轮借助连接杆与机架连接，关键是：所述的连接杆包括套管和套装在套管内的连接管，套管与机架固定连接，连接管下端与压膜轮连接，连接管上端设置有销轴且销轴搭接在套管上形成地膜压紧结构。

增设弹簧和限位销，弹簧套装在连接管上且位于套管和限位销之间，限位销位于弹簧下方并与连接管插接。

所述的牵引架包括两个牵引杆，机架前端设置有前横梁，牵引杆后端设置有固定套，固定套套装在前横梁上，固定套上沿圆周方向开设有一组定位孔，前横梁上与固定套相对应的位置开设有通孔，固定套借助依次穿过定位孔和通孔的定位销与前横梁固定。

在开沟器前方增设支撑结构，支撑结构包括支撑轮、第一连接板和第二连接板，支撑轮与第一连接板的前端形成转动配合，第一连接板后端与开沟器锁紧，第二连接板后端位于第一连接板后端的下方并与开沟器锁紧，第二连接板前端向上倾斜设置，第二连接板上沿长度方向开设有滑槽，滑槽处设置有锁紧螺栓和螺母，第二连接板借助锁紧螺栓和螺母的配合与第一连接板锁紧。

所述的膜卷支架包括支撑板、定位板和水平设置的连接螺杆，支撑板的下端设置有膜卷插头，支撑板上沿长度方向开设有一组调节孔，连接螺杆的一端与机架固定连接，连接螺杆的另一端穿过调节孔与支撑板锁紧，定位板的前端与支撑板中部锁紧，定位板的后端与机架锁紧。

所述的机架后端设置有后横梁，增设推杆和连接杆，连接杆的下端与后横梁固定连接，连接杆的上端与水平设置的推杆固定连接，连接杆位于后横梁长度方向的中心处。

本实用新型的有益效果是：将连接杆分成套管和连接管两部分，连接管上端的销轴搭接在套管上，使得连接管可以根据地形的变化而在套管内上下运动，从而带动压膜轮上下运动，能起到仿形效果，再加上机架后方两个人的按压作用，压膜效果好，能把地膜压紧在地面上，结构简单，使用方便。

3.4 附图说明

图1为本实用新型的结构示意图。

图2为图1的俯视图。

3.5 具体实施方式

具体实施例，如图1和图2所示，一种地膜覆盖装置，包括机架，机架前端设置有牵引架和开沟器，机架后端设置有覆土铲，开沟器和覆土铲之间由前向后依次设置有膜卷支架和压膜轮，压膜轮借助连接杆与机架连接，连接杆包括套管和套装在套管内的连接管，套管与机架固定连接，连接管下端与压膜轮连接，连接管上端设置有销轴且销轴搭接在套管上形成地膜压紧结构。连接管可以根据地形的变化而在套管内上下运动，从而带动压膜轮上下运动，能起到仿形效果，再加上机架后方两个人的按压作用，压膜效果好，能把地膜压紧在地面上，结构简单，使用方便。

作为对本实用新型的进一步改进，增设弹簧和限位销，弹簧套装在连接管上且位于套管和限位销之间，限位销位于弹簧下方并与连接管插接。弹簧可以起到缓冲作用，防止压膜轮上下运动幅度太大而将地膜损坏。

作为对本实用新型的进一步改进，牵引架包括两个牵引杆，机架前端设置有前横梁，牵引杆后端设置有固定套，固定套套装在前横梁上，固定套上沿圆周方向开设有一组定位孔，前横梁上与固定套相对应的位置开设有通孔，固定套借助依次穿过定位孔和通孔的定位销与前横梁固定。这样可以根据操作者的身高将牵引杆调整到合适高度，并且将牵引杆与前横梁固定住，使操作者操作时更加方便省力。

作为对本实用新型的进一步改进，在开沟器前方增设支撑结构，支撑结构包括支撑轮、第一连接板和第二连接板，支撑轮与第一连接板的前端形成转动配合，第一连接板后端与开沟器锁紧，第二连接板后端位于第一连接板后端的下方并与开沟器锁紧，第二连接板前端向上倾斜设置，第二连接板上沿长度方向开设有滑槽，滑槽处设置有锁紧螺栓和螺母，第二连接板借助锁紧螺栓和螺母的配合与第一连接板锁紧。不需要使用时，通过调整锁紧螺栓在滑槽内的位置，使支撑轮将机架支撑起来，从而使开沟器和覆土铲都脱离地面，压膜轮和支撑轮作为车轮使用，使得推动机架时更加省时省力。

作为对本实用新型的进一步改进，膜卷支架包括支撑板、定位板和水平设置的连接螺杆，支撑板的下端设置有膜卷插头，支撑板上沿长度方向开设有一组调节孔，连接螺杆的一端与机架固定连接，连接螺杆的另一端穿过调节孔与支撑板锁紧，定位板的前端与支撑板中部锁紧，定位板的后端与机架锁紧。通过调整支撑板的上下位置，可以改变膜卷插头到地面之间的距离，使得该装置可以满足不同直径膜卷的使用需求。

作为对本实用新型的进一步改进，机架后端设置有后横梁，增设推杆和连接杆，连接杆的下端与后横梁固定连接，连接杆的上端与水平设置的推杆固定连接，连接杆位于后横梁长度方向的中心处。工作时，机架后方的两个人可以握住推杆推动按压机架，与直接推动机架相比，更加方便省力。连接杆可以竖直设置，也可以向后倾斜设置，满足不同操作者的使用需求。

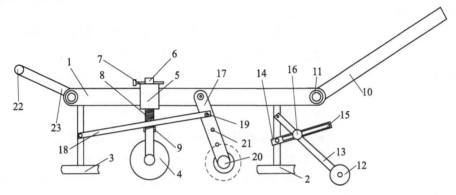

1. 机架　2. 开沟器　3. 覆土铲　4. 压膜轮　5. 套管　6. 连接管　7. 销轴　8. 弹簧　9. 限位销　10. 牵引杆
11. 前横梁　12. 支撑轮　13. 第一连接板　14. 第二连接板　15. 滑槽　16. 锁紧螺栓　17. 支撑板　18. 定位板
19. 连接螺杆　20. 膜卷插头　21. 调节孔　22. 推杆　23. 连接杆

图1　一种地膜覆盖装置的结构示意

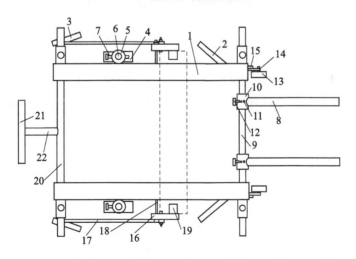

1. 机架　2. 开沟器　3. 覆土铲　4. 压膜轮　5. 套管　6. 连接管　7. 销轴　8. 牵引杆　9. 前横梁
10. 固定套　11. 定位孔　12. 定位销　13. 支撑轮　14. 第一连接板　15. 第二连接板　16. 支撑板
17. 定位板　18. 连接螺杆　19. 膜卷插头　20. 后横梁　21. 推杆　22. 连接杆

图2　一种地膜覆盖装置的俯视图

完整植株或植株群体光合作用测定装置

申请号：CN201620761958

申请日：2016-07-19

公开（公告）号：CN205786569U

公开（公告）日：2016-12-07

IPC 分类号：G01N33/00

申请（专利权）人：河北省农林科学院谷子研究所

发明人：宋世佳　李顺国　刘猛　任晓利　夏雪岩　崔纪菡　赵宇　刘斐　南春梅

申请人地址：河北省石家庄市石家庄开发区恒山街 162 号

申请人邮编：050035

1　摘　要

本实用新型公开了完整植株或植株群体光合作用测定装置，属于光合作用检测设备技术领域，测定装置包括壳体和光合作用测试仪，壳体罩在待测定植株或植株群体外围并与土壤固定连接，光合作用测试仪的测量端与壳体内部连通，关键是：所述的壳体包括筒形金属下壳体和底部开口的透明塑料上壳体，上壳体下端面设置有向下凸出、内径大于上壳体内径且外径小于上壳体外径的定位环，下壳体上端面设置有定位槽，定位环与定位槽插接密封，下壳体下端插入土壤内部与土壤形成密封锁紧配合。无须再用土进行密封，省去了浇水和泥的过程，结构简单，操作方便，省时省力，而且密封效果好，提高了测定结果的准确性。

2　权利要求书

（1）完整植株或植株群体光合作用测定装置，包括壳体和光合作用测试仪，壳体罩在待测定植株或植株群体外围并与土壤固定连接，光合作用测试仪的测量端与壳体内部连通，其特征在于：所述的壳体包括筒形金属下壳体和底部开口的透明塑料上壳体，上壳体下端面设置有向下凸出、内径大于上壳体内径且外径小于上壳体外径的定位环，下壳体上端面设置有定位槽，定位环与定位槽插接密封，下壳体下端插入土壤内部与土壤形成密封锁紧配合。

（2）根据权利要求（1）所述的完整植株或植株群体光合作用测定装置，其特征在于：所述的下壳体下端面固定有一组破土器，破土器下端为尖刺状。

（3）根据权利要求（2）所述的完整植株或植株群体光合作用测定装置，其特征在于：所述的下壳体内壁上固定有风扇。

（4）根据权利要求（1）所述的完整植株或植株群体光合作用测定装置，其特征在于：所述的定位环内壁和外壁上都设置有弹性密封层。

（5）根据权利要求（1）所述的完整植株或植株群体光合作用测定装置，其特征在于：所述上壳体与下壳体的结合面处设置有粘接层。

（6）根据权利要求（1）所述的完整植株或植株群体光合作用测定装置，其特征在于：所述定位环的壁厚与上壳体的壁厚之比为1：（2～4）。

（7）根据权利要求（1）所述的完整植株或植株群体光合作用测定装置，其特征在于：所述定位环与上壳体为一体式结构。

3 说明书

3.1 技术领域

本实用新型属于光合作用检测设备技术领域，涉及完整植株或植株群体光合作用测定装置。

3.2 背景技术

现有技术采用整体式的透明塑料壳，用塑料壳扣在植株上方，然后周围用土进行密封，同时浇点水（水+土＝泥，密封效果相对较好），测量原理是塑料壳罩住植株，植株进行光合作用之后氧气浓度和二氧化碳浓度都发生变化，通过光合作用测试仪检测罩内空气就行了。但是由于这种装置的密封效果很差，所以会影响测定结果的准确性。

3.3 发明内容

本实用新型为了克服现有技术的缺陷，设计了完整植株或植株群体光合作用测定装置，使用时将金属下壳体插进土壤里，无须再用土密封，即可达到密封效果良好的目的，提高了测定结果的准确性。

本实用新型所采取的具体技术方案是：完整植株或植株群体光合作用测定装置，包括壳体和光合作用测试仪，壳体罩在待测定植株或植株群体外围并与土壤固定连接，光合作用测试仪的测量端与壳体内部连通，关键是：所述的壳体包括筒形金属下壳体和底部开口的透明塑料上壳体，上壳体下端面设置有向下凸出、内径大于上壳体内径且外径小于上壳体外径的定位环，下壳体上端面设置有定位槽，定位环与定位槽插接密封，下壳体下端插入土壤内部与土壤形成密封锁紧配合。

所述的下壳体下端面固定有一组破土器，破土器下端为尖刺状。所述的下壳体内壁上固定有风扇。所述的定位环内壁和外壁上都设置有弹性密封层。所述上壳体与下壳体的结合面处设置有粘接层。所述定位环的壁厚与上壳体的壁厚之比为1：（2～4）。所述定位环与上壳体为一体式结构。

本实用新型的有益效果是：将壳体分成上壳体和下壳体两部分，定位环和定位槽的配合可以同时起到插接定位锁紧和密封的作用，与直接将上壳体和下壳体粘接固定相比，插接定位更加简单，操作时更加方便快捷，省时省力，而且定位更加准确可靠，不会出现错位现象。使用时，将金属下壳体插进土壤里即可，待测定植株或植株群体可以通过由透明塑料制成的上壳体进行光合作用，无须再用土进行密封，省去了浇水和泥的过程，结构简单，操作方便，省时省力，而且密封效果好，提高了测定结果的准确性。

3.4 附图说明

图1为现有测定装置的结构示意图。

图2为本实用新型的结构示意图。

3.5 具体实施方式

具体实施例，如图1和图2所示，完整植株或植株群体光合作用测定装置，包括壳体和光合作用测试仪，壳体罩在待测定植株或植株群体外围并与土壤固定连接，光合作用测试仪的测量端与壳体内部连通，壳体包括筒形金属下壳体和底部开口的透明塑料上壳体，上壳体下端面设置有向下凸出、内径大于上壳体内径且外径小于上壳体外径的定位环，下壳体上端面设置有定位槽，定位环与定位槽插接密封，下壳体下端插入土壤内部与土壤形成密封锁紧配合。定位环的壁厚与上壳体的壁厚之比为1：(2~4)，在保证定位环具有足够强度可以可靠插接定位的前提下，可以减少材料用量，节约成本。定位环与上壳体为一体式结构，避免接缝处断裂情况的发生，使得连接更加牢固可靠。下壳体与上壳体的这种插装结构可以同时起到锁紧定位和密封的作用，定位更加准确可靠，不会出现错位现象。待测定植株或植株群体可以通过上壳体进行光合作用，无须再用土进行密封，省去了浇水、和泥的过程，省时省力，而且密封效果好，提高了测定结果的准确性。

作为对本实用新型的进一步改进，下壳体下端面固定有一组破土器，破土器下端为尖刺状，可以更快更方便地将下壳体下端插入土壤。

作为对本实用新型的进一步改进，下壳体内壁上固定有风扇，使壳体内的空气流动起来，使待测定植株或植株群体光合作用所产生的氧气和二氧化碳分布更加均匀，可以提高测定结果的准确性。

作为对本实用新型的进一步改进，定位环内壁和外壁上都设置有弹性密封层，进一步提高密封效果。上壳体与下壳体的结合面处设置有粘接层，使得上壳体与下壳体之间的连接更加牢固可靠，同时也可以提高密封效果。

本实用新型在具体实施时：上壳体和下壳体借助定位环和定位槽插接固定，并借助黏接层牢固地连接在一起，使用时，借助破土器将金属下壳体的下端插进土壤里将待测定植株或植株群体罩在内部即可，待测定植株或植株群体可以通过由透明塑料制成的上壳体进行光合作用，风扇可以使壳体内的空气流动起来，使待测定植株或植株群体光合

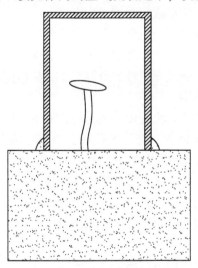

图1　现有测定装置的结构示意

作用所产生的氧气和二氧化碳的分布更加均匀。这种测定装置无须再用土进行密封，省去了浇水、和泥的过程，省时省力，而且密封效果好，氧气和二氧化碳分布均匀，提高了测定结果的准确性。

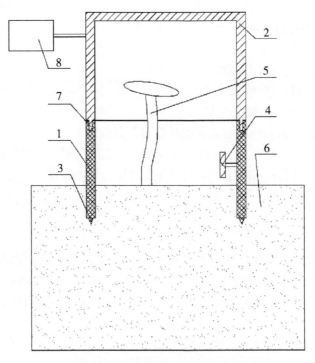

1. 下壳体　2. 上壳体　3. 破土器　4. 风扇
5. 待测定植株或植株群体　6. 土壤　7. 定位环　8. 光合作用测试仪

图 2　本实用新型的结构示意

农作物穗部光合速率测试装置

申请号：CN201620761485
申请日：2016-07-19
公开（公告）号：CN205809041U
公开（公告）日：2016-12-14
IPC分类号：G01N33/00
申请（专利权）人：河北省农林科学院谷子研究所
发明人：宋世佳　夏雪岩　任晓利　刘猛　李顺国　赵宇　崔纪菡　刘斐　南春梅
申请人地址：河北省石家庄市石家庄开发区恒山街162号
申请人邮编：050035

1　摘　要

本实用新型公开了农作物穗部光合速率测试装置，属于光合速率测试设备技术领域，包括由上叶室夹和下叶室夹扣合形成、具有中空结构的柱状测定室本体，测定室本体上设置有与光合仪连接的传感器接口且一端设置有容纳农作物穗柄部的通孔，关键是：所述测定室本体的另一端为开口端，增设桶形的固定叶室，测定室本体的开口端插装在固定叶室内部并具有滑动自由度使测定室本体与固定叶室之间的空间、测定室本体内部的中空结构共同形成密闭的容纳农作物穗部的腔体测定室。可以根据穗部长度调整测定室本体伸入固定叶室内的长度，实现小麦、谷子等多种农作物穗部光合速率的测定，结构简单，操作方便快捷，省时省力。

2　权利要求书

（1）农作物穗部光合速率测试装置，包括由上叶室夹和下叶室夹扣合形成、具有中空结构的柱状测定室本体，测定室本体上设置有与光合仪连接的传感器接口且一端设置有容纳农作物穗柄部的通孔，其特征在于：所述测定室本体的另一端为开口端，增设桶形的固定叶室，测定室本体的开口端插装在固定叶室内部并具有滑动自由度使测定室本体与固定叶室之间的空间、测定室本体内部的中空结构共同形成密闭的容纳农作物穗部的腔体测定室。

（2）根据权利要求（1）所述的农作物穗部光合速率测试装置，其特征在于：所述的测定室本体外壁上沿轴向设置有平面结构的刻度标尺图层。

（3）根据权利要求（1）所述的农作物穗部光合速率测试装置，其特征在于：所述的上叶室夹下端面沿长度方向设置有向下凸出且与上叶室夹长度相等的定位条，下叶室夹上端面设置有定位槽，上叶室夹和下叶室夹借助定位条与定位槽的配合插接密封。

（4）根据权利要求（1）所述的农作物穗部光合速率测试装置，其特征在于：所述的固定叶室靠近通孔一端的内壁上固定有橡胶密封圈。

（5）根据权利要求所述的农作物穗部光合速率测试装置，其特征在于：所述的上叶室夹的下端面和下叶室夹的上端面都设置有密封条。

（6）根据权利要求所述的农作物穗部光合速率测试装置，其特征在于：所述的传感器接口上设置有密封圈。

（7）根据权利要求所述的农作物穗部光合速率测试装置，其特征在于：所述的上叶室夹和/或下叶室夹上设置有传感器接口，传感器接口位于靠近通孔的一端。

（8）根据权利要求（1）所述的农作物穗部光合速率测试装置，其特征在于：所述的测定室本体的形状为圆柱状。

3 说明书

3.1 技术领域

本实用新型属于光合速率测试设备技术领域，涉及农作物穗部光合速率测试装置。

3.2 背景技术

专利文件 CN201520410311.5 公开了一种小麦穗部光合速率测定室，由于小麦穗部的长度比较一致，因此它的腔体测定室的长度也是固定的。而谷子穗的长短不一，如果想用测量麦穗的装置来测量谷子穗的话，需要设置一系列不同型号的装置，造成资源浪费，而且使用起来也比较麻烦。

3.3 发明内容

本实用新型为了克服现有技术的缺陷，设计了农作物穗部光合速率测试装置，可以实现小麦、谷子等多种农作物穗部光合速率的测定，结构简单，操作方便快捷，省时省力。

本实用新型所采取的具体技术方案是：农作物穗部光合速率测试装置，包括由上叶室夹和下叶室夹扣合形成、具有中空结构的柱状测定室本体，测定室本体上设置有与光合仪连接的传感器接口且一端设置有容纳农作物穗柄部的通孔，关键是：所述测定室本体的另一端为开口端，增设桶形的固定叶室，测定室本体的开口端插装在固定叶室内部并具有滑动自由度使测定室本体与固定叶室之间的空间、测定室本体内部的中空结构共同形成密闭的容纳农作物穗部的腔体测定室。所述的测定室本体外壁上沿轴向设置有平面结构的刻度标尺图层。所述的上叶室夹下端面沿长度方向设置有向下凸出且与上叶室夹长度相等的定位条，下叶室夹上端面设置有定位槽，上叶室夹和下叶室夹借助定位条与定位槽的配合插接密封。所述的固定叶室靠近通孔一端的内壁上固定有橡胶密封圈。所述的上叶室夹的下端面和下叶室夹的上端面都设置有密封条。所述的传感器接口上设置有密封圈。所述的上叶室夹和/或下叶室夹上设置有传感器接口，传感器接口位于靠近通孔的一端。所述的测定室本体的形状为圆柱状。

本实用新型的有益效果是：将测定室本体的一端开口并将开口端插入到固定叶室内，使测定室本体可以在固定叶室内左右移动，从而根据穗部长度调整测定室本体伸入固定叶室内的长度，实现小麦、谷子等多种农作物穗部光合速率的测定，结构简单，操作方便快捷，省时省力。

3.4 附图说明

图 1 为本实用新型的结构示意图。

3.5 具体实施方式

具体实施例，如图 1 所示，农作物穗部光合速率测试装置，包括由上叶室夹和下叶室夹扣合形成、具有中空结构的柱状测定室本体，测定室本体上设置有与光合仪连接的传感器接口且一端设置有容纳农作物穗柄部的通孔，测定室本体的另一端为开口端，增设桶形的固定叶室，测定室本体的开口端插装在固定叶室内部并具有滑动自由度使测定室本体与固定叶室之间的空间、测定室本体内部的中空结构共同形成密闭的容纳农作物穗部的腔体测定室。测定室本体的形状优选为圆柱状，对应地，固定叶室为圆桶形，调整测定室本体伸入固定叶室内的长度时，更加省时省力。

作为对本实用新型的进一步改进，测定室本体外壁上沿轴向设置有平面结构的刻度标尺图层，即在测定室本体外壁上画上刻度线，在不影响密封效果的前提下，通过观察刻度标尺图层可以精确控制测定室本体的伸缩量，调节时更加方便直观。

作为对本实用新型的进一步改进，上叶室夹下端面沿长度方向设置有向下凸出且与上叶室夹长度相等的定位条，下叶室夹上端面设置有定位槽，上叶室夹和下叶室夹借助定位条与定位槽的配合插接密封。插接固定，定位准确，牢固可靠，而且拆装方便快捷，省时省力。

作为对本实用新型的进一步改进，固定叶室靠近通孔一端的内壁上固定有橡胶密封圈，上叶室夹的下端面和下叶室夹的上端面都设置有密封条，传感器接口上设置有密封圈，可以提高腔体测定室的密封性，使得测量结果更加准确可靠。

作为对本实用新型的进一步改进，上叶室夹和/或下叶室夹上设置有传感器接口，可以根据实际需要设定传感器接口的数量和位置，传感器接口位于靠近通孔的一端，使得测定室本体具有足够长的调节范围。

本实用新型在具体实施时：先将测定室本体从固定叶室内抽出，然后将上叶室夹和下叶室夹打开，将谷子穗放入测定室本体的中空结构内，同时将谷子穗柄部放在通孔处，谷子穗多出的部分露在外部，然后将上叶室夹和下叶室夹插接固定并密封锁紧，然后根据谷子穗的长度将测定室本体适当推入固定叶室中，并将露在外部的谷子穗放入测定室本体与固定叶室围成的空腔内，可以实现小麦、谷子等多种农作物穗部光合速率的测定，结构简单，操作方便快捷，省时省力。

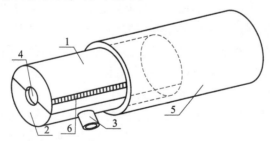

1. 上叶室夹 2. 下叶室夹 3. 传感器接口 4. 通孔 5. 固定叶室 6. 刻度标尺图层

图 1 农作物穗部光合速率测试装置结构示意

一种工作深度可调的中耕机

申请号：CN201620868285

申请日：2016-08-11

公开（公告）号：CN205847882U

公开（公告）日：2017-01-04

IPC 分类号：A01B39/04；A01B39/20；A01B63/16

申请（专利权）人：1. 河北省农业机械化研究所有限公司；2. 河北省农林科学院谷子研究所

发明人：杨志杰　夏雪岩　吴海岩　李顺国　焦海涛　刘猛　刘焕新　李宵鹤

申请人地址：河北省石家庄市和平西路 630 号

申请人邮编：050000

1 摘 要

本实用新型涉及一种工作深度可调的中耕机，属于农业机械技术领域，该中耕机包括牵引机及连接在牵引机后端的支撑架，支撑架底部安装有限深轮，支撑架上安装有中耕铲及对其进行工作深度调节的调节机构，调节机构包括设置在支撑架下部的调节杆、限位柱及转换杆，限位柱横向固定于支撑架侧面，调节杆下端设置有一组均布的限位槽，限位槽与限位柱卡接配合，转换杆为从竖向弯曲为水平方向的弧形杆且中部铰接于支撑架侧面，调节杆一端与转换杆的竖向端部铰接连接，限深轮安装在转换杆的水平方向端部，调节杆借助对限深轮的高度调节形成对中耕铲工作深度的调节部件，该中耕机在进行工作深度调节时，操作简便，调节工作的效率较高。

2 权利要求书

（1）一种工作深度可调的中耕机，包括牵引机及连接在牵引机后端的支撑架，支撑架底部安装有限深轮，支撑架上安装有中耕铲及对其进行工作深度调节的调节机构，其特征在于：所述的调节机构包括设置在支撑架下部的调节杆、限位柱及转换杆，限位柱横向固定于支撑架侧面，调节杆下端设置有一组均布的限位槽，限位槽与限位柱卡接配合，转换杆为从竖向弯曲为水平方向的弧形杆且中部铰接于支撑架侧面，调节杆一端与转换杆的竖向端部铰接连接，限深轮安装在转换杆的水平方向端部，调节杆借助对限深轮的高度调节形成对中耕铲工作深度的调节部件。

（2）根据权利要求（1）所述的一种工作深度可调的中耕机，其特征在于：所述的调节杆与水平方向的夹角≤30°。

（3）根据权利要求（1）所述的一种工作深度可调的中耕机，其特征在于：所述的牵引机与支撑架之间增设有增力机构，该增力机构包括竖直设置的平行四边形结构及连接在其上下两边之间的拉簧，平行四边形结构的前端与牵引机固定连接，其后端与支撑架固定连接。

（4）根据权利要求（3）所述的一种工作深度可调的中耕机，其特征在于：所述的平行四边形结构上边设置有一组定位孔，拉簧上端通过销轴设置在定位孔中。

（5）根据权利要求（3）所述的一种工作深度可调的中耕机，其特征在于：所述的拉簧为两个且分别设置于平行四边形结构两侧，平行四边形结构上边设置有一组定位槽，定位槽中卡接有定位杆，两侧拉簧的上端分别固定于定位杆两端。

（6）根据权利要求（1）所述的一种工作深度可调的中耕机，其特征在于：所述的支撑架后端安装有由水平向竖直方向弯曲的支撑杆，中耕铲安装在支撑杆下端。

3 说明书

3.1 技术领域

本实用新型属于农业机械技术领域，具体涉及一种工作深度可调的中耕机。

3.2 背景技术

中耕机主要用于旱起作物除草、行间松土或者开沟起垄，每种功能所要求的作业深度是不同的，而且每一种功能在不同土质、不同土壤含水量的情况下，作业深度也是不同的，现有的中耕机主要采用牵引设备带动铲子进行作业，大部分中耕机中铲子的作业深度是固定的，只有少数中耕机的铲子是作业深度可调的，例如采用定位孔和螺栓、销轴等紧固部件之间的连接方式，但其调整方式较为复杂，不便操作，中耕机在需要多次调节的场合下工作效率较为低下。

3.3 实用新型内容

本实用新型克服了现有中耕机存在的缺点，提供了一种工作深度可调的中耕机，该中耕机中深度调节机构采用可方便操作的调节杆作为中耕铲工作深度的调节部件，通过其下端限位槽与限位柱的限位来调节限深轮的高度，从而改变中耕铲的入土深度，结构巧妙，操作简便，强化了中耕机的作业功能，提高中耕机的工作深度的调节效率。

本实用新型的具体技术方案是：一种工作深度可调的中耕机，包括牵引机及连接在牵引机后端的支撑架，支撑架底部安装有限深轮，支撑架上安装有中耕铲及对其进行工作深度调节的调节机构，关键点是，所述的调节机构包括设置在支撑架下部的调节杆、限位柱及转换杆，限位柱横向固定于支撑架侧面，调节杆下端设置有一组均布的限位槽，限位槽与限位柱卡接配合，转换杆为从竖向弯曲为水平方向的弧形杆且中部铰接于支撑架侧面，调节杆一端与转换杆的竖向端部铰接连接，限深轮安装在转换杆的水平方向端部，调节杆借助对限深轮的高度调节形成对中耕铲工作深度的调节部件。

所述的调节杆与水平方向的夹角≤30°。所述的牵引机与支撑架之间增设有增力机构，该增力机构包括竖直设置的平行四边形结构及连接在其上下两边之间的拉簧，平行四边形结构的前端与牵引机固定连接，其后端与支撑架固定连接。所述的平行四边形结构上边设置有一组定位孔，拉簧上端通过销轴设置在定位孔中。所述的拉簧为两个且分别设置于平行四边形结构两侧，平行四边形结构上边设置有一组定位槽，定位槽中卡接有定位杆，两侧拉簧的上端分别固定于定位杆两端。

所述的支撑架后端安装有由水平向竖直方向弯曲的支撑杆，中耕铲安装在支撑杆下端。

本实用新型的有益效果是：本实用新型借助调节杆上的限位槽进行与限位柱的卡接限位，一组限位槽形成了调节杆的一组水平移动行程，不同的移动行程能够导致转换杆的不同大小的转动角度，转动角度越大，限深轮的高度越高，中耕铲的入土深度即工作深度就会越深，最终起到了调节中耕铲工作深度的作用，并且当限深轮承重时，调节杆会被拉紧，调节杆上的限位槽能够与限位柱紧密卡接，不易出现松动脱落的现象，该中耕机 操作简便、结构简单，在工作深度调节时，效率大幅提高，制造成本较低，工作时较为稳定。

3.4　附图说明

图 1 是本实用新型实施例 1 的结构示意图。

图 2 是本实用新型实施例 2 的结构示意图。

3.5　具体实施方式

本实用新型涉及一种工作深度可调的中耕机，包括牵引机及连接在牵引机后端的支撑架，支撑架底部安装有限深轮，支撑架上安装有中耕铲及对其进行工作深度调节的调节机构，所述的调节机构包括设置在支撑架下部的调节杆、限位柱及转换杆，限位柱横向固定于支撑架侧面，调节杆下端设置有一组均布的限位槽，限位槽与限位柱卡接配合，转换杆为从竖向弯曲为水平方向的弧形杆且中部铰接于支撑架侧面，调节杆一端与转换杆的竖向端部铰接连接，限深轮安装在转换杆的水平方向端部，调节杆借助对限深轮的高度调节形成对中耕铲工作深度的调节部件。

3.5.1　实施例 1

如图 1 所示，为了保证调节杆在使用过程中不易脱落，调节杆与水平方向的夹角≤30°，当需要增加中耕铲的工作深度时，将调节杆向转换杆方向推，调节杆下端更靠近外部的限位槽与限位柱卡接固定，此时，转换杆被转动一定角度，转换杆水平方向端部的限深轮被抬升，中耕铲相对于限深轮的高度有所下降，最终，中耕铲的入土深度即工作深度得到增加，支撑架后端安装有由水平向竖直方向弯曲的支撑杆，中耕铲安装在支撑杆下端，中耕铲和支撑杆均可以根据实际情况进行拆卸维护；反之，如果要想减小中耕铲的工作深度时，将调节杆向设置有转换杆的相反方向拉，限深轮被降低，中耕铲的入土深度即工作深度得到减小。

牵引机与支撑架之间增设有增力机构，该增力机构包括竖直设置的平行四边形结构及连接在其上下两边之间的拉簧，平行四边形结构的前端与牵引机固定连接，其后端与支撑架固定连接，平行四边形结构上边设置有一组定位孔，拉簧上端通过销轴设置在定位孔中，中耕铲施加给土地的耕作力除了其自身的重量外，还可以通过平行四边形结构中的拉簧得到一个附加力，该附加力的大小与拉簧的拉伸长度相关，拉簧的形变越长，该附加力越大，根据不同土壤的坚硬程度，需要调节拉簧的拉力，将销轴抽出并将其插入距离更远的定位孔中，此时，拉簧的长度变长，拉力增大，反之，则将销轴抽出并插入距离较近的定位孔中，拉力减小。

3.5.2　实施例 2

作为实施例 1 的优化设计，本实施例能够使增力机构的调节更加简便，如图 2 所示，所述拉簧设置为两个且分别设置于平行四边形结构两侧，平行四边形结构上边设置一组定位槽，定位槽中卡接有定位杆，两侧拉簧的上端分别固定于定位杆两端，调节平行四边形结构的变形能力时，需要调节拉簧的拉力时，无须抽出定位杆，只要将定位杆抬起并根据土壤硬度放入相应的定位槽中，即可实现拉簧的形变，拉簧的拉力发生变化。

本实用新型中牵引机后端可以连接并排设置的一组多个支撑架，每个支撑架均通过相对应的增力机构连接，每个支撑架均安装有中耕铲和相对应的调节机构，牵引机前进时，后端的一组支撑架中的中耕铲同时进行耕地的工作。

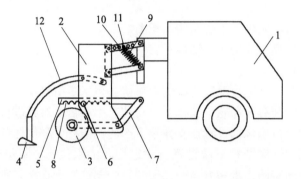

1. 牵引机　2. 支撑架　3. 限深轮　4. 中耕铲　5. 调节杆　6. 限位柱　7. 转换杆
8. 限位槽　9. 拉簧　10. 定位孔　11. 销轴　12. 支撑杆

图 1　实施例 1 的结构示意

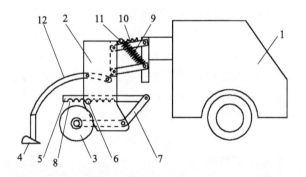

1. 牵引机　2. 支撑架　3. 限深轮　4. 中耕铲　5. 调节杆　6. 限位柱　7. 转换杆
8. 限位槽　9. 拉簧　10. 定位槽　11. 定位杆　12. 支撑杆

图 2　实施例 2 的结构示意

一种手扶覆膜播种机

申请号：CN201620868326

申请日：2016-08-11

公开（公告）号：CN205847935U

公开（公告）日：2017-01-04

IPC 分类号：A01C7/08；A01G13/02

申请（专利权）人：1. 河北省农林科学院谷子研究所；2. 河北省农业机械化研究所有限公司；3. 武安市绿禾谷物专业合作社

发明人：夏雪岩　杨志杰　李顺国　李宵鹤　刘猛　朱海军　宋世佳　焦海涛

申请人地址：河北省石家庄市开发区恒山街 162 号

申请人邮编：050035

1 摘 要

本实用新型公开了一种手扶覆膜播种机，属于农业用器械设备领域。具体包括带有行走轮的机架以及由前向后依次设置在机架上的地膜辊和播种机构，所述的机架前端设置有手扶拖拉机，手扶拖拉机包括拖拉机本体及位于其上端的扶手，拖拉机本体后端与机架前端铰接连接，扶手向后伸出机架尾端。本实用新型针对现有技术的不足，综合考虑地理、成本和设备的因素，采用手扶拖拉机代替了人力或畜力拖拽，解放了人力或畜力，而且更省时省力，提高效率。解决了山区和小块耕地，大型农业器械进不去或者成本太高的问题。

2 权利要求书

（1）一种手扶覆膜播种机，包括带有行走轮的机架以及由前向后依次设置在机架上的地膜辊和播种机构，其特征在于：所述的机架前端设置有手扶拖拉机，手扶拖拉机包括拖拉机本体及位于其上端的扶手，拖拉机本体后端与机架前端铰接连接，扶手向后伸出机架的尾端。

（2）根据权利要求（1）所述的一种手扶覆膜播种机，其特征在于：所述的播种机构包括种箱、槽轮机构、输送管道及播种铲，种箱下端设置有出口，槽轮机构包括带有转轴的槽轮，槽轮位于种箱出口内部，转轴与行走轮之间设置有链条传动机构，播种铲固定于机架下端，输送管道输入端与种箱出口相连，输送管道输出端固定于播种铲的后侧。

（3）根据权利要求（1）所述的一种手扶覆膜播种机，其特征在于：所述的机架下端在地膜辊前方和后方分别设置有开沟器和覆土铲，开沟器和覆土铲均为左右对称设置的两个，两个覆土铲均为前端向外侧倾斜的推土板。

（4）根据权利要求（1）所述的一种手扶覆膜播种机，其特征在于：所述的机架下端设置有起垄轮，起垄轮位于地膜辊的后方。

（5）根据权利要求（4）所述的一种手扶覆膜播种机，其特征在于：所述的起垄轮与机架之间设置有高度调节机构，高度调节机构包括支撑杆和调节杆，支撑杆和调节杆均为对称设置在机架两侧的两个，支撑杆和调节杆上端均与机架铰接连接，起垄轮连接于两个支撑杆下端，支撑杆上设置有一组均布的调整孔，调节杆下端设置有定位孔，定位孔通过销轴或者螺栓与调整孔进行固定连接。

（6）根据权利要求（1）所述的一种手扶覆膜播种机，其特征在于：所述的机架末端设置有镇压轮，镇压轮与播种机构前后对应。

3 说明书

3.1 技术领域

本实用新型属于农业用器械设备领域，涉及覆膜播种设备，具体是一种适用于山区或小块耕地的手扶覆膜播种机。

3.2 背景技术

地膜看上去薄薄一层，但是作用相当大，不仅能够提高地温，保水、保土、保肥，而且还有灭草、防病虫、防旱抗涝、抑盐保苗、改进地面光热条件、使产品卫生清洁等多项功能。地膜覆盖技术使中国十几亿人口的温饱问题得到了解决，是中国农业及多种经济作物产量出现彻底改变的功臣之一。地膜覆盖技术用于"老、少、边、穷"地区、高寒山区及边远地区，能有效增加积温量，克服低温干旱、生育期短等不良自然条件，使晚熟高产优质玉米良种获得丰收，产量成倍增加。

现代农业覆膜、播种等多为机械化作业，但是对于这些边远地区、山区、小片耕地等特殊情况，大型的农业机械设备根本无法进入，即使进入，作业过程也会非常困难，不仅增加作业成本，而且效率也会大大下降，因此，这些地区一般都是通过人力或者畜力来牵引覆膜播种机具进行作业，由于使用的是人力或畜力，因此，覆膜播种机具也较为简陋，由于上述原因导致覆膜播种作业的效率低下，费时费力。

3.3 实用新型内容

本实用新型的目的是提供一种用小型动力机械代替人力或畜力的手扶覆膜播种机，具有节省人力，成本低，便于进入山区和小块的耕地的优点。

为了实现上述目的，本实用新型所采取的技术手段是：一种手扶覆膜播种机，包括带有行走轮的机架以及由前向后依次设置在机架上的地膜辊和播种机构，所述的机架前端设置有手扶拖拉机，手扶拖拉机包括拖拉机本体及位于其上端的扶手，拖拉机本体后端与机架前端铰接连接，扶手向后伸出机架的尾端。

所述的播种机构包括种箱、槽轮机构、输送管道及播种铲，种箱下端设置有出口，槽轮机构包括带有转轴的槽轮，槽轮位于种箱出口内部，转轴与行走轮之间设置有链条传动机构，播种铲固定于机架下端，输送管道输入端与种箱出口相连，输送管道输出端固定于播种铲后侧。

所述的机架下端在地膜辊前方和后方分别设置有开沟器和覆土铲，开沟器和覆土铲均为左右对称设置的两个，两个覆土铲均为前端向外侧倾斜的推土板。

所述的机架下端设置有起垄轮，起垄轮位于地膜辊的后方。

所述的起垄轮与机架之间设置有高度调节机构，高度调节机构包括支撑杆和调节杆，支撑杆和调节杆均为对称设置在机架两侧的两个，支撑杆和调节杆上端均与机架铰接连接，起垄轮连接于两个支撑杆下端，支撑杆上设置有一组均布的调整孔，调节杆下端设置有定位孔，定位孔通过销轴或者螺栓与调整孔进行固定连接。

所述的机架末端设置有镇压轮，镇压轮与播种机构前后对应。

本实用新型的有益效果是：动力机构采用手扶拖拉机代替了人力或畜力拖拽，解放了人力或畜力，而且更省时省力，提高效率。解决了山区和小块耕地，大型农业器械进不去或者成本太高的问题。机架行走轮借助链条与槽轮机构传动，播种铲落下种子，播种方式为地膜侧边播种，综合考虑地理、成本和设备的因素，膜侧的播种方式更适用于本实用新型。

3.4 附图说明

图1是本实用新型的结构示意图。

3.5 具体实施方式

下面结合附图和具体实施例对本实用新型做进一步说明。

具体实施例如图1所示，一种手扶覆膜播种机，包括带有行走轮的机架以及由前向后依次设置在机架上的地膜辊和播种机构，所述的机架前端设置有手扶拖拉机，手扶拖拉机包括拖拉机本体及位于其上端的扶手，拖拉机本体后端与机架前端铰接连接，扶手向后伸出机架尾端。手扶拖拉机是一种小型拖拉机，结构简单，功率小，适用于小块耕地，由驾驶员扶着扶手控制操纵拖拉机，牵引机架，带动行走轮，不仅节省了人力或畜力，而且对于山区和小块耕地而言，小型机械有更强的适应性。

所述的播种机构包括种箱、槽轮机构、输送管道及播种铲，种箱下端设置有出口，槽轮机构包括带有转轴的槽轮，槽轮位于种箱出口内部，转轴与行走轮之间设置有链条传动机构，播种铲固定于机架下端，输送管道输入端与种箱出口相连，输送管道输出端固定于播种铲后侧。行走轮由手扶拖拉机牵引前行，行走轮经链条带动播种机构的槽轮，种子从种箱经输送管道进入播种铲再落进土壤内。所述的机架下端在地膜辊前方和后方分别设置有开沟器和覆土铲，开沟器和覆土铲均为左右对称设置的两个，两个覆土铲均为前端向外侧倾斜的推土板。所述的机架下端设置有起垄轮，起垄轮位于地膜辊的后方。所述的起垄轮与机架之间设置有高度调节机构，高度调节机构包括支撑杆和调节杆，支撑杆和调节杆均为对称设置在机架两侧的两个，支撑杆和调节杆上端均与机架铰接连接，起垄轮连接于两个支撑杆下端，支撑杆上设置有一组均布的调整孔，调节杆下端设置有定位孔，定位孔通过销轴或者螺栓与调整孔进行固定连接。可以依据生产需要调整起垄轮的高低。所述的机架末端设置有镇压轮，镇压轮与播种机构前后对应。播种机构在前方播种，镇压轮紧随其后埋好种子。

在应用本实用新型的覆膜播种机时，在地膜辊安装好整轴的地膜，发动手扶拖拉机带动机架行走轮，覆膜播种机前行，开沟器拢土开沟，地膜辊转动覆膜，起垄轮起垄，覆土铲往中间拢土覆盖好地膜边缘，行走轮带动槽轮机构，种箱漏下种子进入输送管道经播种铲再落进土壤中，镇压轮轧过将种子埋好。

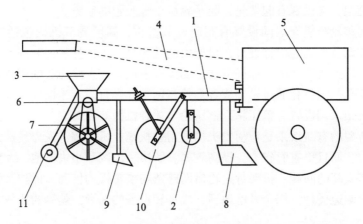

1. 机架　2. 地膜辊　3. 播种机构　4. 扶手　5. 拖拉机本体　6. 槽轮机构
7. 链条传动机构　8. 开沟器　9. 覆土铲　10. 起垄轮　11. 镇压轮

图1　一种手扶覆膜播种机

一种覆膜播种机

申请号：CN201620868301

申请日：2016-08-11

公开（公告）号：CN205847933U

公开（公告）日：2017-01-04

IPC分类号：A01C7/06；A01C5/06；A01G13/02；A01M21/04

申请（专利权）人：1. 河北省农林科学院谷子研究所；2. 河北省农业机械化研究所有限公司；3. 任丘市鼎浩农业机械有限公司

发明人：李顺国　焦海涛　夏雪岩　杨志杰　刘猛　陈爱民　任晓利　吴海岩

申请人地址：河北省石家庄市开发区恒山街162号

申请人邮编：050035

1　摘　要

本实用新型公开了一种覆膜播种机，属于农业用器械技术领域。包括带有行走轮的机架以及依次设置在机架上的地膜辊和播种盘，机架上还设置有用于覆盖地膜的取土装置，所述的取土装置为前端设置取土口和后端设置固定漏土口的箱体，取土口和漏土口之间设置有土壤输送通道，取土口位于地膜辊的前端，固定漏土口位于地膜辊后端且为对称设置的两个，分别对应地膜的两侧，土壤输送通道中设置有土壤输送机构，土壤输送机构的输入端位于取土口外端，其输出端位于固定漏土口的上方。缩短膜间距甚至无缝衔接，高效利用土地资源，集成多种功能，省时省力，更高效快捷。

2　权利要求书

（1）一种覆膜播种机，包括带有行走轮的机架以及依次设置在机架上的地膜辊和播种盘，机架上还设置有用于覆盖地膜的取土装置，其特征在于：所述的取土装置为前端设置取土口和后端设置固定漏土口的箱体，取土口和漏土口之间设置有土壤输送通道，取土口位于地膜辊的前端，固定漏土口位于地膜辊后端且为对称设置的两个，分别对应地膜的两侧，土壤输送通道中设置有土壤输送机构，土壤输送机构的输入端位于取土口外端，其输出端位于固定漏土口的上方。

（2）根据权利要求（1）所述的一种覆膜播种机，其特征在于：所述的土壤输送机构包括带有铲片的带传送组件和绞龙组件，铲片为一组且均匀布置在传送带圆周上，铲片与传送带垂直设置，带传送组件纵向设置且其输入端位于取土口外部，绞龙组件为横置的两个且分别与两个固定漏土口相对应，其输出端位于相对应的固定漏土口的上方，带传送组件输出端位于绞龙组件输入端上方。

（3）根据权利要求（1）所述的一种覆膜播种机，其特征在于：所述的两个固定漏土口内侧分别对应设置有可调漏土口，可调漏土口为长条状，其内部设置可沿长条方向滑动的盖板，可调漏土口借助可滑动的盖板形成可调节漏土量的调节机构，所述播种盘为两个且其设置位置与可调漏土口位置前后对应。

（4）根据权利要求（1）所述的一种覆膜播种机，其特征在于：所述的机架前端设置有开沟圆盘和靴式开沟器，靴式开沟器为两个且分别对应地膜的两侧边，开沟圆盘位于机架的中部，所述的取土装置的取土口宽度不大于两个靴式开沟器的间距。

（5）根据权利要求（4）所述的一种覆膜播种机，其特征在于：所述的取土装置的取土口为两个，且分别对应两个靴式开沟器与开沟圆盘形成的间隙，每个取土口的宽度不大于该间隙的宽度。

（6）根据权利要求（1）所述的一种覆膜播种机，其特征在于：所述的机架上还设置有药肥箱，药肥箱输出端经出料管道伸向靴式开沟器和开沟圆盘的后端。

（7）根据权利要求（1）所述的一种覆膜播种机，其特征在于：所述的机架后端设置有镇压轮，镇压轮与播种盘设置数量相同且前后对应。

3 说明书

3.1 技术领域

本实用新型属于农业用器械技术领域，涉及一种覆膜播种机，特别是一种缩小地膜间距甚至无缝衔接的覆膜播种机。

3.2 背景技术

农业上用于提高土壤温度，保持土壤水分的常用方法为覆地膜。覆地膜还可以防止害虫侵袭作物和某些微生物引起的病害等，促进植物的生长。地膜通常为塑料薄膜，所以覆膜后需要用土壤覆盖地膜边缘，防止地膜飞掀起来或者破损，传统的覆膜播种机一般所采用的覆膜装置为膜边缘两侧分别设置拨土铲，将两侧的土壤向内收拢，覆盖并压紧地膜边缘，虽然这种取土方式，所需设备结构简单，效率高，但是这样会导地膜间距很远，造成土地资源浪费。

3.3 实用新型内容

本实用新为了解决上述问题，设计了一种减小地膜间距甚至无缝衔接，增强保温保墒效果的覆膜播种机，同时集成多种功能，可实现覆膜、播种以及撒药的一体化作业。

为了实现上述目的，本实用新型所采取的技术手段是：一种覆膜播种机，包括带有行走轮的机架以及依次设置在机架上的地膜辊和播种盘，机架上还设置有用于覆盖地膜的取土装置，所述的取土装置为前端设置取土口和后端设置固定漏土口的箱体，取土口和漏土口之间设置有土壤输送通道，取土口位于地膜辊的前端，固定漏土口位于地膜辊后端且为对称设置的两个，分别对应地膜的两侧，土壤输送通道中设置有土壤输送机构，土壤输送机构的输入端位于取土口外端，其输出端位于固定漏土口的上方。

所述的土壤输送机构包括带有铲片的带传送组件和绞龙组件，带传送组件纵向设置且其输入端位于取土口外部，铲片为一组且均匀布置在传送带圆周上，绞龙组件为横置的两个且分别与两个固定漏土口相对应，其输出端位于相对应的固定漏土口的上方，带传送组件输出端位于绞龙组件输入端上方。所述的两个固定漏土口内侧分别对应设置有可调漏土口，可调漏土口为长条状，其内部设置可沿长条方向滑动的盖板，可调漏土口借助可滑动的盖板形成可调节漏土量的调节机构，所述播种盘为两个且其设置位置与可调漏土口位置前后对应。

所述的机架前端设置有开沟圆盘和靴式开沟器，靴式开沟器为两个且分别对应地膜的两侧边，开沟圆盘位于机架的中部，所述取土装置的取土口宽度不大于两个靴式开沟器的间距。所述的取土装置的取土口为两个，且分别对应两个靴式开沟器与开沟圆盘形成的间隙，每个取土口的宽度不大于该间隙的宽度。所述的机架上还设置有药肥箱，药肥箱输出端经出料管道伸向靴式开沟器和开沟圆盘的后端。所述的机架后端设置有镇压轮，镇压轮与播种盘设置数量相同且前后对应。

本实用新型的有益效果是：取土口位于地膜辊的前端，较之传统的采用膜边缘两侧分别设置拨土铲，将两侧的土壤向内收拢，覆盖并压紧地膜边缘的方法，地膜两边不用留出缝隙用来拨土，这样可缩短膜间距甚至无缝衔接，高效利用土地资源。漏土可包括固定漏土口和可调漏土口，固定漏土口漏土覆盖地膜边缘，可调漏土口调节固定漏土口的漏土量，可调漏土口与播种器前后对应，漏出的土壤可以覆盖种子。机架的前端还设置了开沟圆盘和靴式开沟器，取土装置正好把开沟圆盘和靴式开沟器推高的土壤收集起来。另外，机架上还设置了药肥箱，可在覆膜播种的同时施肥撒药，多种作业同时完成，集成多种功能，省时省力，更高效快捷。

3.4 附图说明

图 1 是本实用新型的结构示意图。

图 2 是取土装置的结构示意图。

3.5 具体实施方式

下面结合附图和具体实施例对本实用新型做进一步说明。

具体实施例，如图 1 和图 2 所示，一种覆膜播种机，包括带有行走轮的机架以及依次设置在机架上的地膜辊和播种盘，机架上还设置有用于覆盖地膜的取土装置，所述的取土装置为前端设置取土口和后端设置固定漏土口的箱体，取土口和漏土口之间设置有土壤输送通道，取土口位于地膜辊的前端，固定漏土口位于地膜辊后端且为对称设置的两个，分别对应地膜的两侧，土壤输送通道中设置有土壤输送机构，土壤输送机构的输入端位于取土口外端，其输出端位于固定漏土口的上方。

传统覆膜播种机的采用膜边缘两侧分别设置拨土铲，将两侧的土壤向内收拢、覆盖并压紧地膜边缘的方法，地膜两边必须留出很宽的缝隙用来拨土，地膜间距远，造成土地资源浪费。本实用新型改进取土装置，取土装置的取土口设置在地膜辊的前端，经土壤输送机构将土壤输送至固定漏土口，固定漏土口在地膜辊的后端，这样地膜间隙可以很窄甚至无缝衔接，提高土地利用率。

所述的土壤输送机构包括带有铲片的带传送组件和绞龙组件，带传送组件纵向设置且其输入端位于取土口外部，铲片为一组且均匀布置在传送带圆周上，绞龙组件为横置的两个且分别与两个固定漏土口相对应，其输出端位于相对应的固定漏土口的上方，带传送组件输出端位于绞龙组件输入端上方。铲片在取土口处经带传送组件传送土壤至绞龙组件，绞龙转动将土壤推送至固定漏土口。

所述的两个固定漏土口内侧分别对应设置有可调漏土口，可调漏土口为长条状，其内部设置可沿长条方向滑动的盖板，可调漏土口借助可滑动的盖板形成可调节漏土量的调节机构，所述播种盘为两个且其设置位置与可调漏土口位置前后对应。所述的机架后端设置有镇压轮，镇压轮与播种盘设置数量相同且前后对应。可调漏土口不仅调节了固定漏土口的漏土量，同时可调漏土口与播种盘的位置前后对应，播种器可穿过这部分漏下的土壤然后划破地膜播种，镇压轮轧过，可以更好地埋种子。

所述的机架前端设置有开沟圆盘和靴式开沟器，靴式开沟器为两个且分别对应地膜的两侧边，开沟圆盘位于机架的中部，取土装置的取土口为两个，且分别对应两个靴式开沟器与开沟圆盘形成的间隙，每个取土口的宽度不大于该间隙的宽度。靴式开沟器和开沟圆盘除开沟起垄的作用外还把土壤往取土口的位置前方拢土。所述的机架上还设置有药肥箱，药肥箱输出端经出料管道伸向靴式开沟器和开沟圆盘的后端，便于让肥料撒在小沟内。所述的药肥箱包括水箱和肥箱两个箱体，作业时往水箱内放入处除草剂等药剂，肥箱内放入化肥，根据实际作业时的需要，水箱和肥箱可随时拆卸，快捷方便。

当采用本实用新型覆膜播种时，机架前端通过连接到拖拉机上，土壤输送机构通过万向节与连接拖拉机的变速箱，拖拉机发动，机架随拖拉机前行，带传送组件和绞龙组件启动，铲片取土经带传送组件将土壤传送至绞龙组件，绞龙将土壤推送至固定漏土口和可调漏土口，地膜辊滚动覆地膜，固定漏土口漏出的土壤落到膜侧，可调漏土口漏出的土壤落到膜上，播种器为鸭嘴式播种器、进行播种，镇压轮轧过埋好种子。与此同时，药肥箱也可进行施肥撒药的作业。集成化作业，更加省时省力，农业生产效率高。

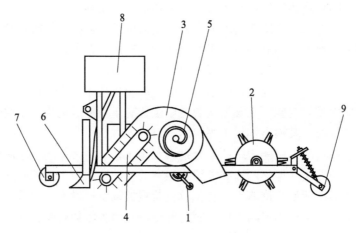

1. 地膜辊　2. 播种盘　3. 取土装置　4. 带传送组件　5. 绞龙组件　6. 靴式开沟器
7. 开沟圆盘　8. 药肥箱　9. 镇压轮

图1　覆膜播种机的结构示意

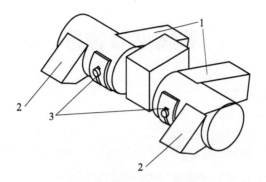

1. 取土口　2. 固定漏土口　3. 可调漏土口

图 2　取土装置的结构示意

雾滴喷灌装置

申请号：CN201621067221
申请日：2016-09-21
公开（公告）号：CN206024735U
公开（公告）日：2017-03-22
IPC 分类号：A01G25/02；A01M7/00；A01C23/04
申请（专利权）人：邢台市农业科学研究院
发明人：李文治 杨玉锐 陈丽 吴枫 姚晓霞 王莉 郝丽贤 郭雅葳
申请人地址：河北省邢台市莲池大街 699 号
申请人邮编：054000

1 摘 要

本实用新型涉及雾滴喷灌装置，其包括与水源连接的主管路以及并联在主管路上的支管组件；支管组件包括与主管路连通的支管路、并联在支管路上的喷水嘴以及设置在支管路与主管路之间的支路阀门。本实用新型设计合理、结构紧凑且使用方便。

2 权利要求书

（1）一种雾滴喷灌装置，其特征在于：包括与水源连接的主管路以及并联在主管路上的支管组件；支管组件包括与主管路连通的支管路、并联在支管路上的喷水嘴以及设置在支管路与主管路之间的支路阀门。

（2）根据权利要求（1）所述的雾滴喷灌装置，其特征在于：在支管路进水首端设置有节流阀。

（3）根据权利要求（2）所述的雾滴喷灌装置，其特征在于：在主管路与地面之间以及在支管路与地面之间分别设置有固定腿；支管路倾斜设置，支管路的进水首端高于支管路的末端。

（4）根据权利要求（2）所述的雾滴喷灌装置，其特征在于：从支管路的进水首端到支管路的末端，喷水嘴的孔径逐渐增大。

（5）根据权利要求（2）所述的雾滴喷灌装置，其特征在于：在喷水嘴端部设置有挡水板，在挡水板与喷水嘴内壁之间设置有调节弹簧。

（6）根据权利要求（3）所述的雾滴喷灌装置，其特征在于：在喷水嘴下方设置有引水板；引水板的倾斜方向与支管路倾斜方向相同。

（7）根据权利要求（1）～（6）任一项所述的雾滴喷灌装置，其特征在于：还包括光伏板组件；光伏板组件包括下端与地面或主管路连接的光伏支腿、两组设置在光伏支腿上的轴承座、分别穿装在相应轴承座内的第一齿轮转轴与第二齿轮转轴、一侧边与第一齿轮转轴连接的第一光伏板、一侧边与第二齿轮转轴连接的第二光伏板以及防水的控制电机；控制电机通过联轴器与第一齿轮转轴或第二齿轮转轴传动连接，第一齿轮转轴与第二齿轮转轴通过齿轮相互啮合传动连接，第一齿轮转轴与第二齿轮转轴沿支管路轴向平行设置；第一光伏板与第二光伏板对称设置；支路阀门为防水电磁阀；还包括电气模块，电气模块包括无线发射模块、光伏电源、防水的无线接收模块、防水的电机控制器、防水的处理器以及防水的电磁阀控制器；光伏电源用于提供电源，无线发射模块与无线接收模块无线连接，无线接收模块的输出端与处理器的输入端电连接，电磁阀控制器的输入端以及电机控制器的输入端分别与处理器的输出端电连接，电磁阀控制器的输出端与支路阀门的线圈电连接，电机控制器的输出端与控制电机电连接。

3　说明书

3.1　技术领域

本实用新型涉及雾滴喷灌装置。

3.2　背景技术

农业节水技术是河北省乃至华北平原亟待解决的农业实用技术，微喷节水是农业节水技术的一个分支，利用微喷带喷灌农田，近几年微喷技术逐渐进入大田，节水效果明显，提高了用水效率。但是，微喷设备也存在问题和缺陷，微喷主管道阀门处即支管首部，由于微喷带首部打孔，在使用过程中，喷水作业完成后，支管处与大田喷水量相同，导致进行阀门开关操作不便，操作人员进行阀门关闭作业时，走在刚刚进行微喷过的大田里，造成步行艰难，泥泞不堪。

3.3　实用新型内容

本实用新型所要解决的技术问题是提供一种设计合理、结构紧凑且使用方便的雾滴喷灌装置。为解决上述问题，本实用新型所采取的技术方案如下。

一种雾滴喷灌装置，包括与水源连接的主管路以及并联在主管路上的支管组件；支管组件包括与主管路连通的支管路、并联在支管路上的喷水嘴以及设置在支管路与主管路之间的支路阀门。

作为上述技术方案的进一步改进：在支管路进水首端设置有节流阀；在主管路与地面之间以及在支管路与地面之间分别设置有固定腿；支管路倾斜设置，支管路的进水首端高于支管路的末端；从支管路的进水首端到支管路的末端，喷水嘴的孔径逐渐增大；在喷水嘴端部设置有挡水板，在挡水板与喷水嘴内壁之间设置有调节弹簧；在喷水嘴下方设置有引水板；引水板的倾斜方向与支管路倾斜方向相同；还包括光伏板组件；光伏板组件包括下端与地面或主管路连接的光伏支腿、两组设置在光伏支腿上的轴承座、分别穿装在相应轴承座内的第一齿轮转轴与第二齿轮转轴、一侧边与第一齿轮转轴连接的第一光伏板、一侧边与第二齿轮转轴连接的第二光伏板以及防水的控制电机；控制电机通过联轴器与第一齿轮转轴或第二齿轮转轴传动连接，第一齿轮转轴与第二齿轮转轴通过齿轮相互啮合传动连接，第一齿轮转轴与第二齿轮转轴沿支管路轴向平行设置；第一光伏板与第二光伏板对称设置；支路阀门为防水电磁阀；还包括电气模块，电气模块包括无线发射模块、光伏电源、防水的无线接收模块、防水的电机控制器、防水的处理器以及防水的电磁阀控制器；光伏电源用于提供电源，无线发射模块与无线接收模块无线连接，无线接收模块的输出端与处理器的输入端电连接，电磁阀控制器的输入端以及电机控制器的输入端分别与处理器的输出端电连接，电磁阀控制器的输出端与支路阀门的线圈电连接，电机控制器的输出端与控制电机电连接。

采用上述技术方案所产生的有益效果在于：本实用新型设计合理，将支管首部进行创新改装，在生产过程中支管首部进行不打孔处理，或者是在使用过程中进行双层套管处理。目的是在微喷作业时，支管首部不再进行喷淋，保持地面干燥，确保工作人员后期操作顺畅，提高效率。

同时，可以采用水肥一体化栽培模式，进行喷药、施肥、浇水一体化，肥料和农药可以通过首部设备直接进入微喷带，通过微喷带均匀地喷施到大田，提高了水肥、农药的利用效率，大大降低了劳动力成本。

3.4　附图说明

图1是本实用新型的结构示意图。

图2是本实用新型支管组件的结构示意图。

图3是本实用新型光伏板组件的结构示意图。

图4是本实用新型的电路控制框图。

3.5　具体实施方式

如图1～4所示，本实施例的雾滴喷灌装置，包括与水源连接的主管路以及并联在主管路上的支管组件；支管组件包括与主管路连通的支管路、并联在支管路上的喷水嘴以及设置在支管路与主管路之间的支路阀门。

在支管路进水首端设置有节流阀。在主管路与地面之间以及在支管路与地面之间分别设置有固定腿；支管路倾斜设置，支管路的进水首端高于支管路的末端。从支管路的进水首端到支管路的末端，喷水嘴的孔径逐渐增大。在喷水嘴端部设置有挡水板，在挡水板与喷水嘴内壁之间设置有调节弹簧。通过弹簧调节控制水流量大小。在喷水嘴下方设置有引水板；引水板的倾斜方向与支管路倾斜方向相同。

本实施例除上述组件外，还包括光伏板组件；光伏板组件包括下端与地面或主管路连接的光伏支腿、两组设置在光伏支腿上的轴承座、分别穿装在相应轴承座内的第一齿轮转轴与第二齿轮转轴、一侧边与第一齿轮转轴连接的第一光伏板、一侧边与第二齿轮转轴连接的第二光伏板以及防水的控制电机；控制电机通过联轴器与第一齿轮转轴或第二齿轮转轴传动连接，第一齿轮转轴与第二齿轮转轴通过齿轮相互啮合传动连接，第一齿轮转轴与第二齿轮转轴沿支管路轴向平行设置；第一光伏板与第二光伏板对称设置；支路阀门为防水电磁阀；还包括电气模块，电气模块包括无线发射模块、光伏电源、防水的无线接收模块、防水的电机控制器、防水的处理器以及防水的电磁阀控制器；光伏电源用于提供电源，无线发射模块与无线接收模块无线连接，无线接收模块的输出端与处理器的输入端电连接，电磁阀控制器的输入端以及电机控制器的输入端分别与处理器的输出端电连接，电磁阀控制器的输出端与支路阀门的线圈电连接，电机控制器的输出端与控制电机电连接。

使用本实用新型时，通过节流阀调节各个支管组件的供水量，从而保证各个支管组件的供水量相同；通过采用不同高度的固定腿使得支管路倾斜设置以及喷水嘴孔径大小，使得其距离主管路的近端与远点的喷水量相同，通过调节各个喷水嘴处调节弹簧的弹力大小，挡水板进一步使得其距离主管路的近端与远点的喷水量相同。通过引水板使得支管路附件也是干燥，通过固定腿、光伏支腿减少管道的占地面积，节约土地资源；通过控制电机、第一齿轮转轴、第二齿轮转轴实现第一光伏板与第二光伏板的开合，当日照充足的时候，通过控制电机驱动光伏板打开，当需要喷淋时候，驱动光伏板闭合。

本实用新型结构合理，使用方便，节约用水，喷淋均匀，自动控制，绿色环保，提高工作效率，降低劳动强度。

最后应说明的是：以上实施例仅用以说明本实用新型的技术方案，而非对其限制；尽管参照前述实施例对本实用新型进行了详细的说明，本领域的普通技术人员应当理解：其依然可以对前述实施例所记载的技术方案进行修改，或者对其中部分技术特征进行等同替换；作为本领域技术人员对本实用新型的多个技术方案进行组合是显而易见的。而这些修改或者替换，并不使相应技术方案的本质脱离本实用新型实施例技术方案的精神和范围。

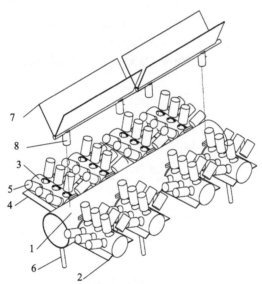

1. 主管路　2. 支管组件　3. 支管路　4. 引水板　5. 喷水嘴
6. 固定腿　7. 光伏板组件　8. 光伏支腿

图1　雾滴喷灌装置结构示意

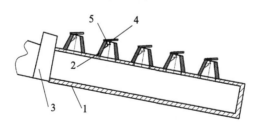

1. 支管路　2. 喷水嘴　3. 支路阀门　4. 挡水板　5. 调节弹簧

图2　雾滴喷灌装置支管组件的结构示意

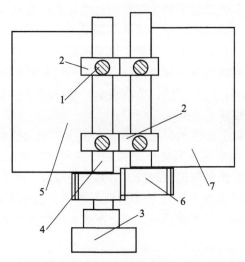

1. 光伏支腿　2. 轴承座　3. 控制电机　4. 第一齿轮转轴

5. 第一光伏板　6. 第二齿轮转轴　7. 第二光伏板

图3　雾滴喷灌装置光伏板组件的结构示意

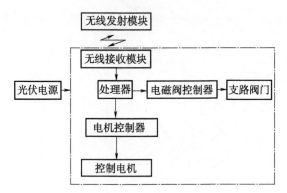

图4　电路控制框

移动节能施肥罐

申请号：CN201621067223

申请日：2016-09-21

公开（公告）号：CN206024512U

公开（公告）日：2017-03-22

IPC 分类号：A01C23/04；A01M7/00

申请（专利权）人：邢台市农业科学研究院

发明人：杨玉锐　李文治　陈丽　吴枫　姚晓霞　王莉　郝丽贤　郭雅葳

申请人地址：河北省邢台市莲池大街 699 号

申请人邮编：054000

1 摘 要

本实用新型涉及移动节能施肥罐，其包括移动底座、设置在移动底座上的罐体、设置在罐体出口的施肥泵、与施肥泵连接的导肥管组件、设置在罐体顶部或移动底座上的光伏板以及设置在罐体顶部或移动底座上的蓄电池；光伏板与蓄电池电连接，蓄电池与施肥泵的电机电连接；本实用新型设计合理、结构紧凑且使用方便。

2 权利要求书

（1）一种移动节能施肥罐，其特征在于：包括移动底座、设置在移动底座上的罐体、设置在罐体出口的施肥泵、与施肥泵连接的导肥管组件、设置在罐体顶部或移动底座上的光伏板以及设置在罐体顶部或移动底座上的蓄电池。光伏板与蓄电池电连接，蓄电池与施肥泵的电机电连接。

（2）根据权利要求（1）所述的移动节能施肥罐，其特征在于导肥管组件包括弹性充气夹层折叠软管、设置在弹性充气夹层折叠软管两端的连接管头、设置在弹性充气夹层折叠软管上的出肥喷嘴和充气嘴；在施肥泵与相邻的连接管头之间设置有中间螺母。

（3）根据权利要求（2）所述的移动节能施肥罐，其特征在于：在相邻导肥管组件的连接管头之间设置有中间螺母。

（4）根据权利要求（2）所述的移动节能施肥罐，其特征在于：在移动底座上设置有充气抽气两用泵，在移动底座上或在罐体上分别设置有回拉卷轴与驱动电机；驱动电机与回拉卷轴同轴传动连接，在回拉卷轴与相应的导肥管组件之间设置有回拉绳；蓄电池分别与驱动电机以及充气抽气两用泵的电机电连接；充气抽气两用泵通过胶管与相应的充气嘴连接。

（5）根据权利要求（2）所述的移动节能施肥罐，其特征在于：在连接管头下端设置有导向轮。

（6）根据权利要求（2）所述的移动节能施肥罐，其特征在于：弹性充气夹层折叠软管包括内折叠侧壁、套装在内折叠侧壁外侧的外折叠侧壁、设置在内折叠侧壁内且与罐体连通的导肥通道、设置在内折叠侧壁与外折叠侧壁之间的充气夹层以及沿轴向设置在充气夹层内的弹性拉线或弹簧。弹性拉线或弹簧的两端分别与相应的连接管头连接。充气嘴穿过外折叠侧壁与充气夹层连通。出肥喷嘴依次穿过外折叠侧壁、充气夹层以及内折叠侧壁后与导肥通道连通。

3 说明书

3.1 技术领域

本实用新型涉及移动节能施肥罐。

3.2 背景技术

目前，水肥一体化技术是河北省乃至华北平原亟待解决的农业实用技术，微喷水肥一体化栽培模式即进行喷药、施肥、浇水一体化，肥料和农药可以通过首部设备直接进入微喷带，通过微喷带均匀的喷施到大田，提高了水肥、农药的利用效率，大大降低了劳动力成本。

水肥一体化技术的重要环节之一是施肥罐，传统的施肥罐是安装在井首部，即微喷管道的源头处，通过施肥罐将水肥药溶解，经单独的动力装置注入主管道，再经微喷带施入大田，完成作业。

3.3 实用新型内容

本实用新型所要解决的技术问题是提供一种设计合理、结构紧凑且使用方便的移动节能施肥罐。

为解决上述问题，本实用新型所采取的技术方案是：一种移动节能施肥罐，包括移动底座、设置在移动底座上的罐体、设置在罐体出口的施肥泵、与施肥泵连接的导肥管组件、设置在罐体顶部或移动底座上的光伏板及设置在罐体顶部或移动底座上的蓄电池；光伏板与蓄电池电连接，蓄电池与施肥泵的电机电连接。

作为上述技术方案的进一步改进：导肥管组件包括弹性充气夹层折叠软管、设置在弹性充气夹层折叠软管两端的连接管头、设置在弹性充气夹层折叠软管上的出肥喷嘴和充气嘴；在施肥泵与相邻的连接管头之间设置有中间螺母。在相邻导肥管组件的连接管头之间设置有中间螺母。在移动底座上设置有充气抽气两用泵，在移动底座上或在罐体上分别设置有回拉卷轴与驱动电机。驱动电机与回拉卷轴同轴传动连接，在回拉卷轴与相应的导肥管组件之间设置有回拉绳。充气抽气两用泵通过胶管与相应的充气嘴连接。在连接管头下端设置有导向轮。弹性充气夹层折叠软管包括内折叠侧壁、套装在内折叠侧壁外侧的外折叠侧壁、设置在内折叠侧壁内且与罐体连通的导肥通道、设置在内折叠侧壁与外折叠侧壁之间的充气夹层以及沿轴向设置在充气夹层内的弹性拉线或弹簧。弹性拉线或弹簧的两端分别与相应的连接管头连接。充气嘴穿过外折叠侧壁与充气夹层连通。出肥喷嘴依次穿过外折叠侧壁、充气夹层以及内折叠侧壁后与导肥通道连通。蓄电池分别与驱动电机以及充气抽气两用泵的电机电连接。

采用上述技术方案所产生的有益效果在于：本实用新型利用太阳能进行充电，携带便捷，克服了传统施肥罐智能安装在井首部的缺点，可以随意安装在某一地块，移动方便。传统施肥罐在井首部注入肥药之后，肥药在地下管道的消耗太大，本实用新型解决了这一技术问题。本实用新型可移动作业，使用方便灵活，绿色节能，节约肥料，实现精细化施肥，降低成本，实用性强，扩展范围广。

3.4 附图说明

图1是本实用新型的结构示意图。

图2是本实用新型弹性充气夹层折叠软管的剖视结构示意图。

3.5 具体实施方式

如图1和图2所示，本实施例的移动节能施肥罐，包括移动底座、设置在移动底座上的罐体、设置在罐体出口的施肥泵、与施肥泵连接的导肥管组件、设置在罐体顶部或移动底座上的光伏板以及设置在罐体顶部或移动底座上的蓄电池。光伏板与蓄电池电连接，蓄电池与施肥泵的电机电连接。

导肥管组件包括弹性充气夹层折叠软管、设置在弹性充气夹层折叠软管两端的连接管头、设置在弹性充气夹层折叠软管上的出肥喷嘴和充气嘴。在施肥泵与相邻的连接管头之间设置有中间螺母。在相邻导肥管组件的连接管头之间设置有中间螺母。

在移动底座上设置有充气抽气两用泵，在移动底座上或在罐体上分别设置有回拉卷轴与驱动电机。驱动电机与回拉卷轴同轴传动连接，在回拉卷轴与相应的导肥管组件之间设置有回拉绳。蓄电池分别与驱动电机以及充气抽气两用泵的电机电连接。优选三组，分别位于上部与两侧，从而更好平稳的回收，阻力小。充气抽气两用泵通过胶管与相应的充气嘴连接。

在连接管头下端设置有导向轮。弹性充气夹层折叠软管包括内折叠侧壁、套装在内折叠侧壁外侧的外折叠侧壁、设置在内折叠侧壁内且与罐体连通的导肥通道、设置在内折叠侧壁与外折叠侧壁之间的充气夹层以沿轴向设置在充气夹层内的弹性拉线或弹簧。弹性拉线或弹簧的两端分别与相应的连接管头连接。充气嘴穿过外折叠侧壁与充气夹层连通。出肥喷嘴依次穿过外折叠侧壁、充气夹层以及内折叠侧壁后与导肥通道连通。

使用本实用新型时，通过光伏板或充电器给蓄电池充电，在罐体内预装肥料，通过移动底座将罐体推动到指定田地，根据输送长度或施肥长度，携带相应长度或数量的导肥管组件。

回拉绳的一端连接到第一个导肥管组件的连接管头上，充气抽气两用泵通过胶管、充气嘴对弹性充气夹层折叠软管的充气夹层充气，从而克服弹性拉线或弹簧的阻力伸长，在导向轮（优选4个以上），通过凹凸不平的农田，伸入指定长度，当一个导肥管组件长度不够时候，将中间螺母连接第二（三、四）个导肥管组件的连接管头，从而实现更长距离的输送，然后将最后一个导肥管组件的连接管头通过中间螺母与施肥泵连接，进行施肥作业。

当作业完毕后，充气抽气两用泵通过胶管、充气嘴对最后一个弹性充气夹层折叠软管的充气夹层抽气，在弹性拉线或弹簧与驱动电机的共同作用下，带动整体回收，然后取下相应中间螺母，拆卸导肥管组件，从而实现对管路的回收。

本实用新型利用太阳能进行充电，携带便捷，克服了传统施肥罐智能安装在井首部的缺点，可以随意安装在某一地块，移动方便。传统施肥罐在井首部注入肥药之后，肥药在地下管道的消耗太大，本实用新型解决了这一技术问题。

本实用新型可移动作业，使用方便灵活，绿色节能，节约肥料，实现精细化施肥，降低成本，实用性强，扩展范围广。

最后应说明的是：以上实施例仅用以说明本实用新型的技术方案，而非对其限制。尽管参照前述实施例对本实用新型进行了详细的说明，本领域的普通技术人员应当理解其依然可以对前述实施例所记载的技术方案进行修改，或者对其中部分技术特征进行等同替换。作为本领域技术人员对本实用新型的多个技术方案进行组合是显而易见的。而这些修改或者替换，并不使相应技术方案的本质脱离本实用新型实施例技术方案的精神和范围。

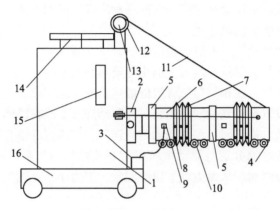

1. 罐体　2. 施肥泵　3. 充气抽气两用泵　4. 导肥管组件　5. 中间螺母　6. 连接管头
7. 弹性充气夹层折叠软管　8. 出肥喷嘴　9. 充气嘴　10. 导向轮　11. 回拉绳
12. 回拉卷轴　13. 驱动电机　14. 光伏板　15. 蓄电池　16. 移动底座

图1　移动节能施肥罐

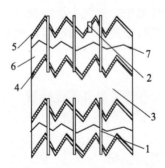

1. 出肥喷嘴　2. 充气嘴　3. 导肥通道　4. 内折叠侧壁　5. 外折叠侧壁
6. 充气夹层　7. 弹性拉线或弹簧

图2　弹性充气夹层折叠软管的剖视结构示意

一种微垄膜侧播种机

申请号：CN201620861697

申请日：2016-08-10

公开（公告）号：CN206118621U

公开（公告）日：2017-04-26

IPC分类号：A01G13/02；A01B49/06；A01B49/04

申请（专利权）人：河北省农林科学院谷子研究所

发明人：夏雪岩　李顺国　刘猛　陈爱民　杨志杰　宋世佳

申请人地址：河北省石家庄市恒山街162号

申请人邮编：050035

1　摘　要

本实用新型属于农业播种设备领域，具体涉及一种微垄膜侧播种机，包括机架，机架下端面从前往后依次设置有起垄铲、扒土铲、覆膜辊、镇压轮及覆土铲。所述的机架后端还连接有播种器。所述的起垄铲对称设置在机架的左右两侧，起垄铲借助升降调节机构与机架连接，升降调节机构包括伸缩螺杆、同步杆，伸缩螺杆的伸缩端与同步杆套装固定。同步杆水平连接在左右两侧的起垄铲之间，起垄铲后端与机架铰接。本实用新型，采用可调节俯仰角度的起垄铲调整起垄的高度，借助伸缩螺杆上的螺杆摇柄能够方便地在现场调节，缩短维护时间，使得耕种节奏加快，方便争抢农时，保证耕种效果。

2　权利要求书

（1）一种微垄膜侧播种机，包括机架，机架下端面从前往后依次设置有起垄铲、扒土铲、覆膜辊、镇压轮及覆土铲，所述的机架后端还连接有播种器，其特征在于：所述的起垄铲对称设置在机架的左右两侧，起垄铲借助升降调节机构与机架连接，升降调节机构包括伸缩螺杆、同步杆，伸缩螺杆的伸缩端与同步杆套装固定，同步杆水平连接在左右两侧的起垄铲之间，起垄铲后端与机架铰接。所述的机架下端设置有行走轮，行走轮与机架之间也借助伸缩螺杆连接。所述的覆膜辊前端设置有开沟器，开沟器借助伸缩螺杆与机架连接。所述的伸缩螺杆包括外套、内套及螺杆摇柄，外套呈套筒结构，内套套装在外套内侧，螺杆摇柄侧壁设置有螺纹，外套上端设置有螺纹孔，螺杆摇柄设置在螺纹孔内，螺杆摇柄下端与内套借助轴承连接。

（2）根据权利要求（1）所述的一种微垄膜侧播种机，其特征在于：所述的机架前端还设置有避震结构，避震结构包括主梁，主梁与机架之间设置有上连杆与下连杆，上连杆与下连杆平行设置，主梁设置在上连杆与下连杆之间。

（3）根据权利要求（1）所述的一种微垄膜侧播种机，其特征在于：所述的起垄铲呈矩形结构，起垄铲后端呈圆弧结构，起垄铲前端设置有与同步杆连接的固定孔，起垄铲后端设置有与机架铰接的铰接孔。

3 说明书

3.1 技术领域

本实用新型属于农业播种设备领域，具体涉及一种微垄膜侧播种机。

3.2 背景技术

耕种时的覆膜技术是全国推广的一种种植方法，是通过在田间起微垄，用地膜覆盖，在膜侧垄沟内播种作物的一种种植技术，有增温、抗旱、保墒、增产的作用。传统的覆膜设备调节起垄高度的结构复杂，在针对不同墒情、地温地块时，需要随时调节，导致大量时间的浪费，使得耕作效率难以提高。

3.3 实用新型内容

本实用新型为了解决上述现有技术中存在的问题，本实用新型提供了一种微垄膜侧播种机，能够一次性完成起垄、覆膜、膜侧沟内播种、覆土、镇压等工序，省时、省力、省工，增温、保墒、增产效果显著。

本实用新型采用的具体技术方案是：一种微垄膜侧播种机，包括机架，机架下端面从前往后依次设置有起垄铲、扒土铲、覆膜辊、镇压轮及覆土铲。所述的机架后端还连接有播种器。所述的起垄铲对称设置在机架的左右两侧，起垄铲借助升降调节机构与机架连接。升降调节机构包括伸缩螺杆、同步杆，伸缩螺杆的伸缩端与同步杆套装固定，同步杆水平连接在左右两侧的起垄铲之间，起垄铲后端与机架铰接。

所述的机架下端设置有行走轮，行走轮与机架之间也借助伸缩螺杆连接。所述的覆膜辊前端设置有开沟器，开沟器借助伸缩螺杆与机架连接。所述的伸缩螺杆包括外套、内套及螺杆摇柄，外套呈套筒结构，内套套装在外套内侧，螺杆摇柄侧壁设置有螺纹，外套上端设置有螺纹孔，螺杆摇柄设置在螺纹孔内，螺杆摇柄下端与内套借助轴承连接。所述的机架前端还设置有避震结构，避震结构包括主梁，主梁与机架之间设置有上连杆与下连杆，上连杆与下连杆平行设置，主梁设置在上连杆与下连杆之间。所述的起垄铲呈矩形结构，起垄铲后端呈圆弧结构，起垄铲前端设置有与同步杆连接的固定孔，起垄铲后端设置有与机架铰接的铰接孔。

本实用新型的有益效果是：本实用新型，采用可调节俯仰角度的起垄铲调整起垄的高度，借助伸缩螺杆上的螺杆摇柄能够方便地在现场调节，缩短维护时间，使得耕种节奏加快，方便争抢农时，保证耕种效果。

3.4 附图说明

图1为本实用新型的结构示意图。

图2为伸缩螺杆的结构示意图。

图3为起垄铲的结构示意图。

3.5 具体实施方式

下面结合附图及具体实施例对本实用新型做进一步说明。

具体实施例如图1所示，本实用新型为一种覆膜播种机，包括机架。机架下端面从前往后依次设置有起垄铲、扒土铲、覆膜辊、镇压轮及覆土铲。所述的机架后端还连接有播种器。所述的起垄铲对称设置在机架的左右两侧，起垄铲借助升降调节机构与机架连接，升降调节机构包括伸缩螺杆、同步杆，伸缩螺杆的伸缩端与同步杆套装固定，同步杆水平连接在左右两侧的起垄铲之间，起垄铲后端与机架铰接。本实用新型在使用时，起垄铲将地面土块起垄，扒土铲将土块往垄外拨开，覆膜辊上套装膜卷，膜卷将地膜敷在垄上，镇压轮碾压地膜将地膜压紧，覆土铲将扒开在垄外的土块拨回，使得地膜被压紧。

进一步地，为了调节机架高度，所述的机架下端设置有行走轮，行走轮与机架之间也借助伸缩螺杆连接。借助伸缩螺杆升高机架的高度，使得设备能够适应崎岖的地形。

进一步地，所述的覆膜辊前端设置有开沟器，开沟器借助伸缩螺杆与机架连接。

进一步地，所述的伸缩螺杆包括外套、内套及螺杆摇柄，如图2所示，外套呈套筒结构，内套套装在外套内侧，螺杆摇柄侧壁设置有螺纹，外套上端设置有螺纹孔，螺杆摇柄设置在螺纹孔内，螺杆摇柄下端与内套借助轴承连接。使用时摇动螺杆摇杆，借助螺纹孔与螺杆摇柄的螺纹连接，调节伸出螺杆摇杆顶伸内套的距离，从而实现调节长度的效果。

进一步地，为了提高设备对崎岖地形的通过率，所述的机架前端还设置有避震结构，避震结构包括主梁，主梁与机架之间设置有上连杆与下连杆，上连杆与下连杆平行设置，主梁设置在上连杆与下连杆之间。在通过崎岖地形时，借助上连杆与下连杆平行设置所形成的平行四边形结构，断开牵引头与机架的振动，避免过震损伤，主梁与牵引头之间借助三点悬挂结构连接，在牵引头提拉主梁时，上连杆与下连杆分别与内侧主梁形成限位，保证机架能够被提起，方便转场移动。

进一步地，所述的起垄铲呈矩形结构，起垄铲后端呈圆弧结构，起垄铲前端设置有与同步杆连接的固定孔，起垄铲后端设置有与机架铰接的铰接孔。

本实用新型，采用可调节俯仰角度的起垄铲调整起垄的高度，借助伸缩螺杆上的螺杆摇柄能够方便地在现场调节，缩短维护时间，使得耕种节奏加快，方便争抢农时，保证耕种效果。

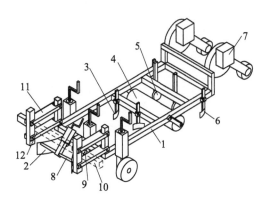

1. 机架 2. 起垄铲 3. 扒土铲 4. 覆膜辊 5. 镇压轮 6. 覆土铲 7. 播种器
8. 同步杆 9. 开沟器 10. 主梁 11. 上连杆 12. 下连杆

图1　一种微垄膜侧播种机的结构示意

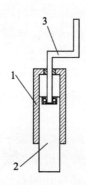

1. 外套　2. 内套　3. 螺杆摇柄

图2　伸缩螺杆的结构示意

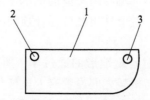

1. 起垄铲　2. 固定孔　3. 铰接孔

图3　起垄铲的结构示意

一种折叠式谷田中耕除草装置

申请号：CN201620861627

申请日：2016-08-10

公开（公告）号：CN206182183U

公开（公告）日：2017-05-24

IPC 分类号：A01M21/02；A01B39/18

申请（专利权）人：河北省农林科学院谷子研究所

发明人：李顺国　夏雪岩　刘猛　宋世佳　崔纪菡　任晓利　赵宇　刘斐　南春梅

申请人地址：河北省石家庄市恒山街 162 号

申请人邮编：050035

1 摘　要

本实用新型属于农耕机具领域，具体涉及一种折叠式谷田中耕除草装置，包括锄头及安装锄头的把手，所述的把手包括固定端把手及活动端把手，固定端把手及活动端把手下端铰接呈"V"形结构，固定端把手还设置有连接杆，连接杆与锄头固定连接，连接杆与固定端把手呈"L"形结构，所述的固定端把手及活动端把手之间还设置有调节杆，本实用新型适合山区丘陵或小地块谷田的中耕除草，减少劳作时的体力消耗，提高劳动效率。

2　权利要求书

（1）一种折叠式谷田中耕除草装置，包括锄头及安装锄头的把手，其特征在于：所述的把手包括固定端把手及活动端把手，固定端把手及活动端把手下端铰接呈"V"形结构，固定端把手还设置有连接杆，连接杆与锄头固定连接，连接杆与固定端把手呈"L"形结构，所述的固定端把手及活动端把手之间还设置有调节杆；所述的锄头呈"C"形结构，锄头的两侧分别借助连接杆与固定端把手连接；所述的固定端把手的轴线与锄头所在平面的夹角为 45°～60°。

（2）根据权利要求（1）所述的一种折叠式谷田中耕除草装置，其特征在于：所述的调节杆一端与活动端把手铰接，调节杆另一端与套装在固定端把手的滑套铰接，所述的滑套上还设置有定位螺栓。

（3）根据权利要求（1）所述的一种折叠式谷田中耕除草装置，其特征在于：所述的固定端把手及活动端把手分别设置有第一手柄及第二手柄。

3　说明书

3.1　技术领域

本实用新型属于农耕机具领域，具体涉及一种折叠式谷田中耕除草装置。

3.2 背景技术

大地上生长的农作物多种多样，但统称为"五谷"，可见谷子在农业中的地位之重，谷子抗旱、耐瘠、营养丰富均衡，是我国的传统特色作物，但是却是日常生活中必不可少的杂粮作物。因其适应能力强，产量较好，特别适用于山地丘陵地区种植，而且80%以上的谷子种植在山地丘陵干旱地区，山区丘陵地区的交通普遍较差，大型农机具无法到达，所以在山区丘陵及小地块谷田中仍然进行着手工劳作，劳动强度大，生产效率低下。谷子的中耕除草是生产中一个重要的环节，山区丘陵及小地块谷田仍存在着"锄禾日当午，汗滴禾下土"的现象，与农业的现代化趋势极其不相适应。

3.3 实用新型内容

本实用新型为了解决上述现有技术中存在的问题，本实用新型提供了一种折叠式谷田中耕除草装置，适合山区丘陵或小地块谷田的中耕除草，减少劳作时的体力消耗，提高劳动效率。

本实用新型采用的具体技术方案是：一种折叠式谷田中耕除草装置，包括锄头及安装锄头的把手，所述的把手包括固定端把手及活动端把手，固定端把手及活动端把手下端铰接呈"V"形结构，固定端把手还设置有连接杆，连接杆与锄头固定连接，连接杆与固定端把手呈"L"形结构，所述的固定端把手及活动端把手之间还设置有调节杆。所述的调节杆一端与活动端把手铰接，调节杆另一端与套装在固定端把手的滑套铰接，所述的滑套上还设置有定位螺栓。所述的锄头呈"C"形结构，锄头的两侧分别借助连接杆与固定端把手连接。所述的固定端把手的轴线与锄头所在平面的夹角为45°～60°。所述的固定端把手及活动端把手分别设置有第一手柄及第二手柄。

本实用新型的有益效果是：本实用新型在使用时，一人手持活动端把手，向前拉动本实用新型，另一人手持固定端把手，掌握平衡，较为轻松地实现了谷地的中耕及除草操作，相比于纯人工耕作，大大提高了效率。

3.4 附图说明

图1为本实用新型的结构示意图。

3.5 具体实施方式

下面结合附图及具体实施例对本实用新型做进一步说明。

具体实施例如图1所示，本实用新型为一种折叠式谷田中耕除草装置，包括锄头及安装锄头的把手，所述的把手包括固定端把手及活动端把手，固定端把手及活动端把手下端铰接呈"V"形结构，固定端把手还设置有连接杆，连接杆与锄头固定连接，连接杆与固定端把手呈"L"形结构，所述的固定端把手及活动端把手之间还设置有调节杆。

所述的调节杆一端与活动端把手铰接，调节杆另一端与套装在固定端把手的滑套铰接，所述的滑套上还设置有定位螺栓。调节杆用于调节固定端把手及活动端把手所成"V"形结构的开度，以适配不同高度的使用者及耕地的深度。

进一步地，为了降低耕地时的阻力，所述的锄头呈"C"形结构，锄头的两侧分别借助连接杆与固定端把手连接。使用时，土块从锄头的"C"形结构的空隙中移出，仅锄头的刀刃部分直接切开土块，大大降低了前进阻力，同时能够切断深层的杂草根系，达到除草效果。

进一步地，所述的固定端把手的轴线与锄头所在平面的夹角为 45°～60°，在使用时，一般人员使用固定端把手时的倾角为 45°，此时锄头与底面呈 0°～20°夹角，减小刀刃与土块角度，降低阻力，减少人员体力消耗。

为了方便人员把持，所述的固定端把手及活动端把手分别设置有第一手柄及第二手柄。

本实用新型在使用时，一人手持活动端把手，向前拉动本实用新型，另一人手持固定端把手，掌握平衡，较为轻松地实现了谷地的中耕及除草操作，相比于纯人工耕作，大大提高了效率。

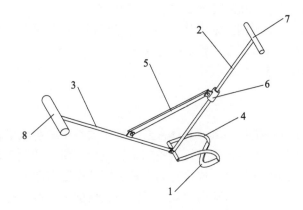

1. 锄头　2. 固定端把手　3. 活动端把手　4. 连接杆　5. 调节杆
6. 滑套　7. 第一手柄　8. 第二手柄

图 1　折叠式谷田中耕除草装置

一种轮式谷田中耕除草装置

申请号：CN201620862156
申请日：2016-08-10
公开（公告）号：CN206226940U
公开（公告）日：2017-06-09
IPC分类号：A01B39/02；A01B39/18
申请（专利权）人：河北省农林科学院谷子研究所
发明人：夏雪岩　李顺国　宋世佳　刘猛　任晓利　崔纪菡　赵宇　刘斐　南春梅
申请人地址：河北省石家庄市恒山街162号
申请人邮编：050035

1 摘 要

本实用新型属于农耕机具领域，具体涉及一种轮式谷田中耕除草装置，包括锄头及手柄，还设置有行走轮，手柄末端与行走轮的中轴铰接，所述的锄头借助呈"L"形结构的连接杆与行走轮的中轴铰接，连接杆与手柄之间还设置有调节杆。本实用新型，采用行走轮承托锄头，减少人员劳动力消耗，只需单人借助手柄推动行走轮，行走轮下端拖拽的锄头将底面耕翻，起到了松翻地面的效果，相比于人工耕翻，效率成倍提升，在本实用新型使用结束后，将设备翻转，锄头朝上，即可将设备推运，移动方便，省时省力。

2 权利要求书

一种轮式谷田中耕除草装置，包括锄头及手柄，其特征在于：还设置有行走轮，手柄末端与行走轮的中轴铰接，所述的锄头借助呈"L"形结构的连接杆与行走轮的中轴铰接，连接杆与手柄之间还设置有调节杆。

所述的锄头与连接杆之间还设置有角度调节机构，角度调节机构包括设置在连接杆末端的安装板，安装板与锄头的中端铰接，安装板上贯穿设置有调节螺栓，调节螺栓底面与锄头的上端面接触配合。所述的锄头上端面与安装板之间还设置有拉力弹簧。

根据上述的一种轮式谷田中耕除草装置，其特征在于：所述的调节杆的两端上分别设置有多组螺栓孔，调节杆借助设置在螺栓孔内的螺栓分别与连接杆及手柄固定。

3 说明书

3.1 技术领域

本实用新型属于农耕机具领域，具体涉及一种轮式谷田中耕除草装置。

3.2 背景技术

大地上生长的农作物多种多样，但统称为"五谷"，可见谷子在农业中的地位之重，谷子抗旱、耐瘠、营养丰富均衡，是我国的传统特色作物，但是却是日常生活中必不可少的杂粮作物。因其适应能力强，产量较好，特别适用于山地丘陵地区种植，而且80%以上的谷子种植在山地丘陵干旱地区，山区丘陵地区的交通普遍较差，大型农机具无法到达，所以在山区丘陵及小地块谷田中仍然进行着手工劳作，劳动强度大，生产效率低下。谷子的中耕除草是生产中一个重要的环节，山区丘陵及小地块谷田仍存在着"锄禾日当午，汗滴禾下土"的现象，与农业的现代化趋势极其不相适应。

3.3 实用新型内容

本实用新型为了解决上述现有技术中存在的问题，本实用新型提供了一种轮式谷田中耕除草装置，适合山区丘陵或小地块谷田的中耕除草，减少劳作时的体力消耗，提高劳动效率。

本实用新型采用的具体技术方案是：一种轮式谷田中耕除草装置，包括锄头及手柄，还设置有行走轮，手柄末端与行走轮的中轴铰接，所述的锄头借助呈"L"形结构的连接杆与行走轮的中轴铰接，连接杆与手柄之间还设置有调节杆。

所述的调节杆的两端上分别设置有多组螺栓孔，调节杆借助设置在螺栓孔内的螺栓分别与连接杆及手柄固定。所述的锄头与连接杆之间还设置有角度调节机构，角度调节机构包括设置在连接杆末端的安装板，安装板与锄头的中端铰接，安装板上贯穿设置有调节螺栓，调节螺栓底面与锄头的上端面接触配合。所述的锄头上端面与安装板之间还设置有拉力弹簧。

本实用新型的有益效果是：本实用新型，采用行走轮承托锄头，减少人员劳动力消耗，只需单人借助手柄推动行走轮，行走轮下端拖拽的锄头将底面耕翻，起到了松翻地面的效果，相比于人工耕翻，效率成倍提升，在本实用新型使用结束后，将设备翻转，锄头朝上，即可将设备推运，移动方便，省时省力。

3.4 附图说明

图1为本实用新型的结构示意图。

图2为本实用新型角度调节机构的结构示意图。

3.5 具体实施方式

下面结合附图及具体实施例对本实用新型做进一步说明。

具体实施例如图1所示，本实用新型为一种轮式谷田中耕除草装置，包括锄头及手柄，还设置有行走轮，手柄末端与行走轮的中轴铰接，所述的锄头借助呈"L"形结构的连接杆与行走轮的中轴铰接，连接杆与手柄之间还设置有调节杆。

所述的调节杆的两端上分别设置有多组螺栓孔，调节杆借助设置在螺栓孔内的螺栓分别与连接杆及手柄固定，根据使用者的身高调整调节杆上螺栓所插入螺栓孔的位置，从而调节手柄与连接杆之间的夹角，保证使用者使用时的舒适。

所述的锄头与连接杆之间还设置有用于调节地面与锄头角度的角度调节机构，角度调节机构包括设置在连接杆末端的安装板，安装板与锄头的中端铰接，安装板上贯穿设置有调节螺栓，调节螺栓底面与锄头的上端面接触配合。在使用时向下拧入调节螺栓，调节螺栓向下顶压锄头，锄头与底面角度减小，反之，向上拧出调节螺栓，在所述的锄头上端面与安装板之间还设置有拉力弹簧的拉力作用下，锄头与地面的角度增大，在耕地时，锄头受到地面斜向下的压力，锄头与调节螺栓限位，防止发生锄头翻转的损坏问题。

本实用新型，采用行走轮承托锄头，减少人员劳动力消耗，只需单人借助手柄推动行走轮，行走轮下端拖拽的锄头将底面耕翻，起到了松翻地面的效果，相比于人工耕翻，效率成倍提升，在本实用新型使用结束后，将设备翻转，锄头朝上，即可将设备推运，移动方便，省时省力。

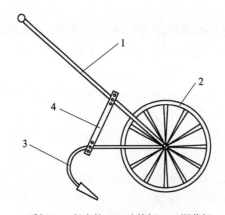

1. 手柄　2. 行走轮　3. 连接杆　4. 调节杆

图1　轮式谷田中耕除草装置的结构示意

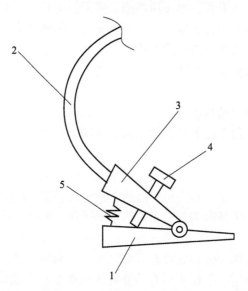

1. 锄头　2. 连接杆　3. 安装板　4. 调节螺栓　5. 拉力弹簧

图2　角度调节机构的结构示意

一种耙式残膜回收机

申请号：CN201621421232

申请日：2016-12-23

公开（公告）号：CN206274722U

公开（公告）日：2017-06-27

IPC 分类号：A01B43/00

申请（专利权）人：1. 河北省农林科学院谷子研究所；河北省农业机械化研究所有限公司；2. 武安市科源种植有限公司

发明人：李顺国　夏雪岩　杨志杰　刘猛　吴海岩　宋世佳　朱海军

申请人地址：河北省石家庄市恒山街 162 号

申请人邮编：050035

1　摘　要

一种耙式残膜回收机，包括牵引机、悬挂架和由纵梁和横梁构成的机架，机架的横梁上并排设有耙齿，耙齿的一端固定在横梁上，另一端弯曲成钩状，耙齿的中段设有弯环。在机架上与横梁并行设有转轴，在转轴上设有拨膜杆，在转轴上设有摆动杆，在摆动杆的另一端设有连杆，摆动杆与连杆铰接，在机架设有液压油缸，并且液压油缸的另一端与连杆或任一转轴上的摆动杆相连接。中间横梁的前侧设有一排伸缩杆，伸缩杆与中间横梁固定连接，伸缩杆的活动端设有破土齿，破土齿为爪形，破土齿的上端与伸缩杆的活动端固定连接，伸缩杆的顶部分别设有控制器，前排耙齿的弯环中间分别设有压力感应器。本实用新型解决了耙齿易损坏的问题，提高了残膜回收的效率。

2　权利要求书

（1）一种耙式残膜回收机，包括牵引机、悬挂架和由纵梁和横梁构成的机架，悬挂架与牵引机固定连接，机架的横梁上并排设有耙齿，耙齿的一端固定在横梁上，另一端弯曲成钩状，耙齿的中段设有弯环。在机架上与横梁并行设有转轴，在转轴上设有拨膜杆，在转轴上设有摆动杆，在摆动杆的另一端设有连杆，摆动杆与连杆铰接，在机架设有液压油缸，并且液压油缸的另一端与连杆或任一转轴上的摆动杆相连接。其特征在于：中间横梁的前侧设有一排伸缩杆，伸缩杆的固定端与中间横梁固定连接，伸缩杆的活动端设有破土齿，破土齿的一端为固定端，另一端为尖锐的入土端，破土齿的固定端与伸缩杆的活动端固定连接，每个伸缩杆的顶部均设有控制器，控制器的输出端与伸缩杆电连接，每个前排耙齿的弯环中间均设有压力感应器，压力感应器的输出端与控制器的输入端电连接。

（2）根据权利要求（1）所述的一种耙式残膜回收机，其特征在于：所述拨膜杆与耙齿交错设置。

（3）根据权利要求（1）所述的一种耙式残膜回收机，其特征在于：所述破土齿包括上端的连接部、由两块弧形铁片固定为一体的人字形入土端和弧形铁片外侧的翻边，两块弧形铁片的连接处形成破土刃。

（4）根据权利要求（1）所述的一种耙式残膜回收机，其特征在于：所述伸缩杆的前端均设有延时器，延时器的输出端与控制器的输入端电连接。

（5）根据权利要求（1）所述的一种耙式残膜回收机，其特征在于：所述破土齿与前排耙齿一一对应。

3 说明书

3.1 技术领域

本实用新型涉及一种农田地膜回收机，更具体地说涉及一种耙式残膜回收机。

3.2 背景技术

目前，在我国的农业栽培中，越来越多地采用地膜覆盖栽培技术，它不仅可以大幅度地提高农作物产量，而且可以提高农民的经济效益。但多年实施的地膜覆盖种植模式，使我们耕作地的残膜越来越多，这不仅造成了白色污染，而且使土地的播种出苗率下降，造成农作物的严重减产减收。因此消除白色污染是当前农业生产的一项重中之重的工作，而对残膜进行有效回收是消除白色污染的最有效手段，以往都是采用人工捡拾的方法，这种方法不但效率低下，费时费力，也很难清除地表以下的残膜，尤其不适合大面积的农田作业。目前已研制出针对田地残留地膜的回收机，如专利号为202958109U 的中国专利《一种弹齿式残膜回收机》，其公开了"固定在机架上带弯环的弹齿；设在机架横梁上的转轴，以及与转轴连接的拨膜杆和摆动杆，其中摆动杆的另一端设有连杆，摆动杆与连杆铰接，在机架上设有液压油缸，且液压油缸的另一端与连杆或任一转轴上的摆动杆相连接"。该专利对残膜的拾净率高，省时省力，大大提高了工作效率，但田地中的硬土块较多，该专利中的弹齿在工作时的损坏率高，每隔一段时间需要停车检修或更换弹齿，影响残膜回收效率。

3.3 实用新型内容

本实用新型的目的是提供一种克服现有技术的不足，结构简单、设计合理的，解决了耙齿易损坏的问题，且能提高残膜回收效率的耙式残膜回收机。

为了实现上述目的，本实用新型所采取的技术手段是：一种耙式残膜回收机，包括牵引机、悬挂架和由纵梁和横梁构成的机架，悬挂架与牵引机固定连接，机架的横梁上并排设有耙齿，耙齿的一端固定在横梁上，另一端弯曲成钩状，耙齿的中段设有弯环。在机架上与横梁并行设有转轴，在转轴上设有拨膜杆，在转轴上设有摆动杆，在摆动杆的另一端设有连杆，摆动杆与连杆铰接，在机架设有液压油缸，并且液压油缸的另一端与连杆或任一转轴上的摆动杆相连接。中间横梁的前侧设有一排伸缩杆，伸缩杆的固定端与中间横梁固定连接，伸缩杆的活动端设有破土齿，破土齿的一端为固定端，另一端为尖锐的入土端，破土齿的固定端与伸缩杆的活动端固定连接，每个伸缩杆的顶部均设有控制器，控制器的输出端与伸缩杆电连接，每个前排耙齿的弯环中间均设有压力感应器，压力传感器的输出端与控制器的输入端电连接。

所述拨膜杆与耙齿交错设置。所述破土齿包括上端的连接部、由两块弧形铁片固定为一体的人字形入土端和弧形铁片外侧的翻边，两块弧形铁片的连接处形成破土刃。

所述伸缩杆的前端均设有延时器，延时器的输出端与控制器的输入端电连接。

所述破土齿与前排耙齿一一对应。

本实用新型的有益效果为：增设了伸缩杆和破土齿，伸缩杆常态为收缩状态，此时破土齿不与土地接触，不产生阻力，当前排的耙齿经过硬土块区域时，耙齿形变增大，其弯环中的压力感应器将这一变化形成信号，并反馈至伸缩杆上的控制器，此时伸缩杆变为伸出状态，破土齿进入土地进行硬土块的破碎，使破土齿后侧的耙齿得到保护，解决了耙齿经过硬土块区域时易损坏的问题，延长了耙齿的检修周期，有效提高了残膜的回收效率。

3.4 附图说明

图1为本实用新型的结构示意图。

图2为破土齿的结构示意图。

图3为破土齿左视图。

3.5 具体实施方式

下面结合附图和具体实施方法对本实用新型做进一步详细的说明。

具体实施例一，如图1～图3所示，一种耙式残膜回收机，包括牵引机、悬挂架和由纵梁和横梁构成的机架，悬挂架与牵引机固定连接，机架的横梁上并排设有耙齿，耙齿的一端固定在横梁上，另一端弯曲成钩状，钩状的耙齿能伸入土地中将残膜钩起，耙齿的中段设有弯环，弯环能起到缓冲作用，以防止耙齿形变过大而断裂。为了将钩满的残膜自动卸掉，在机架上与横梁并行设有转轴，在转轴上设有拨膜杆，拨膜杆与耙齿并排交错设置，转动转轴，可以带动拨膜杆转动，从而将耙齿上的残膜卸掉，在转轴上设有摆动杆，在摆动杆的另一端设有连杆，摆动杆与连杆铰接，形成联动机构，在机架设有液压油缸，并且液压油缸的另一端与连杆或任一转轴上的摆动杆相连接，液压油缸伸缩可以带动三排拨膜杆同时转动。中间横梁的前侧设有一排伸缩杆，伸缩杆的固定端与中间横梁固定连接，伸缩杆的活动端设有破土齿，破土齿的一端为固定端，另一端为尖锐的入土端，破土齿与前排耙齿一一对应，破土齿包括上端的连接部、由两块弧形铁片固定为一体的人字形入土端和弧形铁片外侧的翻边，两块弧形铁片的连接处形成破土刃，破土齿的固定端与伸缩杆的活动端固定连接，每个伸缩杆的顶部均设有控制器，控制器的输出端与伸缩杆电连接，伸缩杆的前端均设有延时器，延时器的输出端与控制器的输入端电连接，前排耙齿的弯环中间分别设有压力感应器，压力感应器的输出端与控制器的输入端电连接。

本实用新型在使用时，悬挂架与牵引机固定连接，牵引机带动整个装置向前移动，耙齿伸入土地中将残膜钩起，当耙齿上钩满残膜时，液压油缸伸缩，带动三排拨膜杆同时转动，自动卸掉耙齿上的残膜；伸缩杆常态为收缩状态，此时破土齿不与土地接触，不产生阻力，当前排的耙齿经过硬土块区域时，耙齿形变增大，弯环收缩，弯环中的压力感应器将这一变化形成信号，并反馈至伸缩杆上的控制器，此时伸缩杆变为伸出状态，破土齿进入土地进行硬土块的破碎，使破土齿后侧的耙齿得到保护，在前排耙齿经过硬土块区域，前排耙齿和弯环恢复原状之后，伸缩杆在延时器作用下，会延迟 5～10 s 后再重新变为收缩状态，这样在经过硬土块密集的区域时，减少了伸缩杆的伸缩次数，延长了伸缩杆的检修周期，伸缩杆重新变为收缩状态后，破土齿不再接触土地，以减小牵引机的阻力。本实施例解决了耙齿经过硬土块区域时易损坏的问题，延长了耙齿的检修周期，有效提高了残膜的回收效率。

当然上述说明并非对本实用新型的限制，本实用新型也不仅限于上述举例，本技术领域的普通技术人员在本实用新型的实质范围内所做出的变化、改型、添加或替换，也属于本实用新型的保护范围。

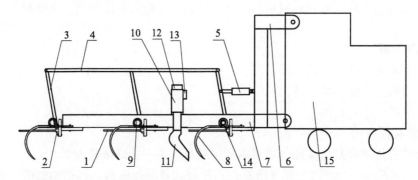

1. 拨膜杆　2. 转轴　3. 摆动杆　4. 连杆　5. 液压油缸　6. 悬挂架　7. 机架　8. 耙齿
9. 弯环　10. 伸缩杆　11. 破土齿　12. 控制器　13. 延时器　14. 压力感应器　15. 牵引机

图 1　一种耙式残膜回收机

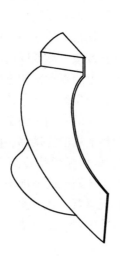

图 2　破土齿的结构示意

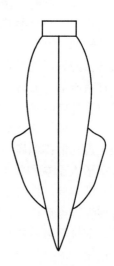

图 3　破土齿的左视图

一种新能源农田驱鸟装置

申请号：CN201720107951

申请日：2017-02-04

公开（公告）号：CN206525435U

公开（公告）日：2017-09-29

IPC分类号：A01M29/16

申请（专利权）人：邢台市农业科学研究院

发明人：姚晓霞　郭计欣　吴枫　杨玉锐　郭雅葳　陈丽　王莉　郝丽贤　李真
刘小民

申请人地址：河北省邢台市桥西区莲池大街699号农业科学研究院

申请人邮编：054000

1 摘　要

本实用新型公开了一种新能源农田驱鸟装置，包括矩形基座，所述矩形基座上表面设有矩形箱体，所述矩形箱体上表面四角处设有两组伸缩支撑杆。所述两组伸缩支撑杆上端共同固定支撑有矩形承载板，所述矩形承载板上表面四角处设有两组扬声器，所述矩形承载板上表面中心处设有多普勒雷达探测器，所述矩形承载板上表面且位于多普勒雷达探测器的两侧分别设有太阳能板和风轮，所述矩形箱体内设有蓄电池、太阳能转换器、风能转换器、语音信号存储器和控制器，所述太阳能板通过导线与太阳能转换器进行连接。本实用新型的有益效果是，一种能有效驱鸟的装置，且不伤害鸟类，自带绿色环保供电，适合农田中放置，方便有效。

2 权利要求书

（1）一种新能源农田驱鸟装置，包括矩形基座，其特征在于，所述矩形基座上表面设有矩形箱体。所述矩形箱体上表面四角处设有两组伸缩支撑杆。所述两组伸缩支撑杆上端共同固定支撑有矩形承载板。所述矩形承载板上表面四角处设有两组扬声器，所述矩形承载板上表面中心处设有多普勒雷达探测器，所述矩形承载板上表面且位于多普勒雷达探测器的两侧分别设有太阳能板和风轮。所述矩形箱体内设有蓄电池、太阳能转换器、风能转换器、语音信号存储器和控制器。所述太阳能板通过导线与太阳能转换器进行连接，所述风轮通过导线与风能转换器进行连接。所述太阳能转换器和风能转换器的输出端分别通过导线与蓄电池的输入端进行连接。所述蓄电池的输出端通过导线与控制器的输入端进行连接。所述控制器的输出端分别通过导线与多普勒雷达探测器、语音信号存储器和扬声器的输入端进行连接。

（2）根据权利要求（1）所述的一种新能源农田驱鸟装置，其特征在于，所述矩形基座下表面中心处设有竖直支撑立柱，所述竖直支撑立柱侧表面下端设有两组折形固定插针。

（3）根据权利要求（1）所述的一种新能源农田驱鸟装置，其特征在于，所述矩形箱体前表面开有一号矩形开口，所述矩形箱体前表面铰链连接有与一号矩形开口相匹配的矩形挡门，所述矩形挡门前表面设有门形把手。

（4）根据权利要求（1）所述的一种新能源农田驱鸟装置，其特征在于，所述两组伸缩支撑杆的数量为4个，所述两组扬声器的数量为4个，所述两组折形固定插针的数量为4个。

（5）根据权利要求（1）所述的一种新能源农田驱鸟装置，其特征在于，所述控制器的型号为MAM-200，所述蓄电池的型号为WDKH-F，所述多普勒雷达探测器的型号为AS-MMS525。

3 说明书

3.1 技术领域

本实用新型涉及农田驱鸟领域，特别是一种新能源农田驱鸟装置。

3.2 背景技术

驱鸟又叫赶鸟、防鸟、防鸟撞等，广义上说，农场、果园、风力发电厂和军民用机场等一切防止有害鸟类侵入自己领地，从而危害自己劳动成果或设备安全的手段都叫驱鸟。

驱鸟逐渐向综合驱鸟和生态驱鸟的方向发展，新型的驱鸟设备不断出现。以前采取的猎杀等手段不再采用，驱鸟逐渐走向生态和绿色驱鸟，高科技元素不断在新型驱鸟设备中体现，这体现了人民生态意识的增强和世界范围内科技实力的提高。

针对不同场合，当然也需要不同型式的驱鸟器。长能用到驱鸟器的地方包括农田中，为了防止农作物被鸟类吃掉，就要用到驱鸟器了。然而农田中供电困难，稀松的土壤使设备固定比较困难，为了解决这一难题，设计一种新能源农田驱鸟装置是很有必要的。

3.3 发明内容

本实用新型的目的是解决上述问题，设计了一种新能源农田驱鸟装置。

实现上述目的本实用新型的技术方案为，一种新能源农田驱鸟装置，包括矩形基座。所述矩形基座上表面设有矩形箱体。所述矩形箱体上表面四角处设有两组伸缩支撑杆。所述两组伸缩支撑杆上端共同固定支撑有矩形承载板。所述矩形承载板上表面四角处设有两组扬声器，所述矩形承载板上表面中心处设有多普勒雷达探测器，所述矩形承载板上表面且位于多普勒雷达探测器的两侧分别设有太阳能板和风轮。所述矩形箱体内设有蓄电池、太阳能转换器、风能转换器、语音信号存储器和控制器。所述太阳能板通过导线与太阳能转换器进行连接，所述风轮通过导线与风能转换器进行连接，所述太阳能转换器和风能转换器的输出端分别通过导线与蓄电池的输入端进行连接。所述蓄电池的输出端通过导线与控制器的输入端进行连接。所述控制器的输出端分别通过导线与多普勒雷达探测器、语音信号存储器和扬声器的输入端进行连接。

所述矩形基座下表面中心处设有竖直支撑立柱，所述竖直支撑立柱侧表面下端设有两组折形固定插针。所述矩形箱体前表面开有一号矩形开口，所述矩形箱体前表面铰链连接有与一号矩形开口相匹配的矩形挡门，所述矩形挡门前表面设有门形把手。所述两组伸缩支撑杆的数量为 4 个，所述两组扬声器的数量为 4 个，所述两组折形固定插针的数量为 4 个。所述控制器的型号为 MAM-200，所述蓄电池的型号为 WDKH-F，所述多普勒雷达探测器的型号为 AS-MMS525。

利用本实用新型的技术方案制作的一种新能源农田驱鸟装置，一种能有效驱鸟的装置，且不伤害鸟类，自带绿色环保供电，适合农田中放置，方便有效。

3.4 附图说明

图 1 是本实用新型所述一种新能源农田驱鸟装置的结构示意图。

图 2 是本实用新型所述一种新能源农田驱鸟装置的侧视图。

3.5 具体实施方式

3.5.1 实施例 1

下面结合附图对本实用新型进行具体描述，如图 1～图 2 所示，一种新能源农田驱鸟装置，包括矩形基座。所述矩形基座上表面设有矩形箱体，所述矩形箱体上表面四角处设有两组伸缩支撑杆。所述两组伸缩支撑杆上端共同固定支撑有矩形承载板。所述矩形承载板上表面四角处设有两组扬声器。所述矩形承载板上表面中心处设有多普勒雷达探测器，所述矩形承载板上表面且位于多普勒雷达探测器的两侧分别设有太阳能板和风轮。所述矩形箱体内设有蓄电池、太阳能转换器、风能转换器、语音信号存储器和控制器，所述太阳能板通过导线与太阳能转换器进行连接，所述风轮通过导线与风能转换器进行连接，所述太阳能转换器和风能转换器的输出端分别通过导线与蓄电池的输入端进行连接。所述蓄电池的输出端通过导线与控制器的输入端进行连接，所述控制器的输出端分别通过导线与多普勒雷达探测器、语音信号存储器和扬声器的输入端进行连接。所述矩形基座下表面中心处设有竖直支撑立柱，所述竖直支撑立柱侧表面下端设有两组折形固定插针。所述矩形箱体前表面开有一号矩形开口，所述矩形箱体前表面铰链连接有与一号矩形开口相匹配的矩形挡门，所述矩形挡门前表面设有门形把手。所述两组伸缩支撑杆的数量为 4 个，所述两组扬声器的数量为 4 个，所述两组折形固定插针的数量为 4 个。所述控制器的型号为 MAM-200，所述蓄电池的型号为 WDKH-F，所述多普勒雷达探测器的型号为 AS-MMS525。

本实施方案的特点为，竖直支撑立柱上的折形固定插针为了适应农田中的土壤而设计，钉在土壤中进行固定，方便又省力。太阳能板吸收光能，通过太阳能转换器将光能转换成电能为蓄电池续航，风轮积蓄风能并通过风能转换器将风能转换成电能为蓄电池续航。双重续航，保证蓄电池的持续供电。利用多普勒雷达探测器探测鸟类，利用语音信号存储器调取声音信息，比如模拟老鹰叫声，模拟枪声等并通过扬声器进行播放，以此将鸟类吓跑，一种能有效驱鸟的装置，且不伤害鸟类，自带绿色环保供电，适合农田中放置，方便有效。

在本实施方案中，太阳能板吸收光能，通过太阳能转换器将光能转换成电能为型号为 WDKH-F 的蓄电池续航，风轮积蓄风能并通过风能转换器将风能转换成电能为型号为 WDKH-F 的蓄电池续航。双重续航，保证蓄电池的持续供电。型号为 WDKH-F 的蓄电池的输出端通过导线与型号为 MAM-200 的控制器的输入端进行连接，型号为 MAM-200 的控制器的输出端分别通过导线与语音信号存储器、扬声器和型号为 AS-MMS525 的多普勒雷达探测器的输入端进行连接。本领域人员通过控制器编程后，完全可控制各个电器件的工作顺序，具体工作原理如下。

首先通过矩形基座下方的竖直支撑立柱上的折形固定插针插入农田的土壤中将装置进行固定。随后通过门形把手打开矩形挡门自一号矩形开口对矩形箱体内的控制器进行调控。在有鸟类经过或者停留时将被多普勒雷达探测器探测到，随后控制器控制语音信号存储器调取声音信息，比如模拟老鹰叫声，模拟枪声等，并通过扬声器进行播放，以此将鸟类吓跑。其中通过伸缩支撑杆能够调整矩形承载板的高度来适应不同的农田。

3.5.2 实施例2

语音信号存储器和扬声器替换成超声波发声器同样能达到驱鸟的效果，其他结构与实施例1相同。

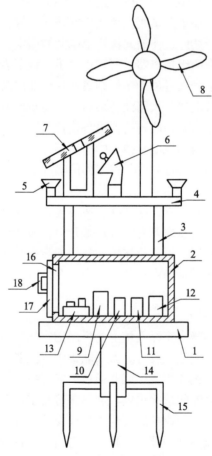

1. 矩形基座 2. 矩形箱体 3. 伸缩支撑杆 4. 矩形承载板 5. 扬声器 6. 多普勒雷达探测器
7. 太阳能板 8. 风轮 9. 蓄电池 10. 太阳能转换器 11. 风能转换器 12. 语音信号存储器
13. 控制器 14. 竖直支撑立柱 15. 折形固定插针 16. 一号矩形开口 17. 矩形挡门 18. 门形把手

图1 新能源农田驱鸟装置的结构示意

上述技术方案仅体现了本实用新型技术方案的优选技术方案，本技术领域的技术人员对其中某些部分所可能做出的一些变动均体现了本实用新型的原理，属于本实用新型的保护范围之内。

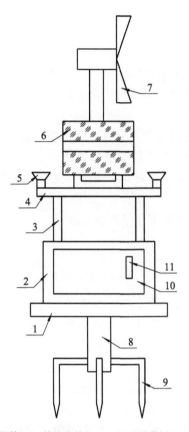

1. 矩形基座　2. 矩形箱体　3. 伸缩支撑杆　4. 矩形承载板　5. 扬声器　6. 太阳能板
7. 风轮　8. 竖直支撑立柱　9. 折形固定插针　10. 一号矩形开口　11. 门形把手

图 2　新能源农田驱鸟装置的侧视图

农田碎土镇压平整器

申请号：CN201720257125

申请日：2017-03-16

公开（公告）号：CN206596356U

公开（公告）日：2017-10-31

IPC 分类号：A01B49/02

申请（专利权）人：1. 河北省农林科学院棉花研究所/河北省农林科学院特种经济作物研究所；2. 海兴县建筑工程质量安全监督站

发明人：冯国艺　刘金诚　梁青龙　张谦　雷晓鹏　王树林　祁虹　王燕　杜海英　林永增

申请人地址：河北省石家庄市和平西路 598 号

申请人邮编：050051

1 摘 要

本实用新型提供了一种农田碎土镇压平整器，包括平地器、碎土器和镇压器。碎土器包括安装架、连接架和碎土针组件，安装架为由四根边杆合围而成的矩形框架。碎土针组件包括安装在安装架底部附着条和固定设置在每个附着条底端上的多个碎土针。平地器固定设置在碎土器的安装架的前端，平地器为水平放置的空心半圆柱体结构，平地器的下部与安装架前端的边杆固定连接，平地器的上部与连接架的底部固定连接。镇压器为实心圆柱体结构，镇压器通过连接线与设置在安装架后端的边杆固定连接。本实用新型结构简单，安装方便，彻底解决了由于土壤板结导致盐碱农田跑墒返盐的问题，并提高了耕作效率，更大程度保证了农田的墒情一致。

2 权利要求书

（1）一种农田碎土镇压平整器，其特征是，包括平地器、碎土器和镇压器；所述碎土器包括水平设置的安装架、设置在所述安装架顶端且用于与动力机械连接的连接架和设置在所述安装架底部的用于切碎土块的碎土针组件，所述安装架为由四根边杆合围而成的矩形框架。所述碎土针组件包括安装在所述安装架底部的多个平行设置的附着条和固定设置在每个所述附着条底端上的且沿对应的所述附着条长边方向排布的多个碎土针。所述平地器固定设置在所述碎土器的所述安装架的前端，所述平地器为水平放置的空心半圆柱体结构，所述平地器端部的端面与所述安装架前端的所述边杆的长边垂直设置，所述平地器的下部与所述安装架前端的所述边杆固定连接，所述平地器的上部与所述连接架的底部固定连接。所述镇压器为实心圆柱体结构，所述镇压器水平放置，所述镇压器通过连接线与设置在所述安装架后端的所述边杆固定连接，所述镇压器的中心轴线与所述安装架后端的所述边杆的长边平行设置。

（2）根据权利要求（1）所述的农田碎土镇压平整器，其特征是，所述碎土器的每个所述附着条上的所述碎土针与相邻的所述附着条上的所述碎土针交错设置，所述附着条的长边与所述安装架前端的所述边杆的长边平行。

（3）根据权利要求（1）所述的农田碎土镇压平整器，其特征是，所述平地器为空心铁质半圆柱体。

（4）根据权利要求（1）所述的农田碎土镇压平整器，其特征是，所述镇压器为实心石质圆柱体。

（5）根据权利要求（1）所述的农田碎土镇压平整器，其特征是，所述平地器的轴向方向的长度与所述碎土器的所述安装架前端的所述边杆的长边的长度一致，所述镇压器的轴向方向的长度与所述碎土器的所述安装架后端的所述边杆的长边的长度一致。

（6）根据权利要求（1）所述的农田碎土镇压平整器，其特征是，所述连接架包括"T"形固定架、前端连杆和后端连杆。所述"T"形固定架包括水平设置的水平连杆和竖直设置的且与水平连杆的底部中心相交的竖直连杆，所述"T"形固定架的所述竖直连杆固定设置在所述碎土器的所述安装架前端的所述边杆的中心处，且所述"T"形固定架的所述水平连杆的轴向与所述碎土器的所述安装架前端的所述边杆的长边平行。所述前端连杆对称设置在所述"T"形固定架的两侧，所述前端连杆的一端与所述"T"形固定架的所述水平连杆与所述竖直连杆的相交处连接，另一端与所述碎土器的所述安装架前端的所述边杆的对应侧的端部固定连接。所述后端连杆为弯折杆结构，包括水平设置在所述后端连杆顶端的水平段和与水平段的后端一体连接的倾斜设置的倾斜段，所述后端连杆的水平段的中部与所述"T"形固定架的所述水平连杆的对应端固定连接，每个所述后端连杆的倾斜段的底端与所述碎土器的所述安装架后端的所述边杆的对应端固定连接，在每个所述后端连杆的水平段的自由端均固定设置有用于与动力机械相连的拉环。

3 说明书

3.1 技术领域

本实用新型涉及一种整地作业装置，具体地说是一种农田碎土镇压平整器。

3.2 背景技术

随着生活水平的日益提高，人们对粮食的需求量越来越大。以通过开发盐碱荒地种植耐盐碱作物方式以增加粮食种植面积，这是保障国家粮食安全、满足人们日益提高的物质需求的有效途径。盐碱地春季种植的关键是播种保苗，一般需要在深翻镇压之后进行播种，深翻镇压可达到抑盐保墒的目的。盐碱地土壤容易板结，在进行犁翻后容易形成大小不一的土块，现有的整地作业装置缺少破碎土壤的工序，容易引起土壤的跑墒返盐，直接影响播种出苗。传统春耕镇压采用的整地作业装置是阻碍盐碱地种植实现高产高效的重要因素之一。现有技术的整地作业装置中平整土地和镇压土地是两道独立的工序，不但效率低，而且由于动力机械和镇压器重量分配不均，导致农田整体镇压效果不一致，从而导致农田墒情不均，影响苗情长势。

3.3 实用新型内容

本实用新型的目的是提供一种农田碎土镇压平整器，以解决现有的整地作业装置中存在的易引起土壤跑墒返盐的问题。

本实用新型是这样实现的：一种农田碎土镇压平整器，包括平地器、碎土器和镇压器；所述碎土器包括水平设置的安装架、设置在所述安装架顶端且用于与动力机械连接的连接架和设置在所述安装架底部的用于切碎土块的碎土针组件，所述安装架为由四根边杆合围而成的矩形框架。所述碎土针组件包括安装在所述安装架底部的多个平行设置的附着条和固定设置在每个所述附着条底端上的且沿对应的所述附着条长边方向排布的多个碎土针。所述平地器固定设置在所述碎土器的所述安装架的前端，所述平地器为水平放置的空心半圆柱体结构，所述平地器端部的端面与所述安装架前端的所述边杆的长边垂直设置，所述平地器的下部与所述安装架前端的所述边杆固定连接，所述平地器的上部与所述连接架的底部固定连接。

所述镇压器为实心圆柱体结构，所述镇压器水平放置，所述镇压器通过连接线与设置在所述安装架后端的所述边杆固定连接，所述镇压器的中心轴线与所述安装架后端的所述边杆的长边平行设置。所述碎土器的每个所述附着条上的所述碎土针与相邻的所述附着条上的所述碎土针交错设置，所述附着条的长边与所述安装架前端的所述边杆的长边平行。

所述平地器为空心铁质半圆柱体。所述镇压器为实心石质圆柱体。所述平地器的轴向方向的长度与所述碎土器的所述安装架前端的所述边杆的长边的长度一致，所述镇压器的轴向方向的长度与所述碎土器的所述安装架后端的所述边杆的长边的长度一致。所述连接架包括"T"形固定架、前端连杆和后端连杆。所述"T"形固定架包括水平设置的水平连杆和竖直设置的且与水平连杆的底部中心相交的竖直连杆，所述"T"形固定架的所述竖直连杆固定设置在所述碎土器的所述安装架前端的所述边杆的中心处，且所述"T"形固定架的所述水平连杆的轴向与所述碎土器的所述安装架前端的所述边杆的长边平行。所述前端连杆对称设置在所述"T"形固定架的两侧，所述前端连杆的一端与所述"T"形固定架的所述水平连杆与所述竖直连杆的相交处连接，另一端与所述碎土器的所述安装架前端的所述边杆的对应侧的端部固定连接。所述后端连杆为弯折杆结构，包括水平设置在所述后端连杆顶端的水平段和与水平段的后端一体连接的倾斜设置的倾斜段，所述后端连杆的水平段的中部与所述"T"形固定架的所述水平连杆的对应端固定连接，每个所述后端连杆的倾斜段的底端与所述碎土器的所述安装架后端的所述边杆的对应端固定连接，在每个所述后端连杆的水平段的自由端均固定设置有用于与动力机械相连的拉环。

本实用新型通过碎土器的安装架的后端连杆顶端的拉环与动力机械相连，碎土器的安装架后端通过连接线与镇压器相连，在盐碱地使用该装置时，先由平地器对土块进行初次碾压，再通过碎土器对耕层形成的土块进行彻底的破碎，最后由镇压器将土地整平。本实用新型可适用于盐碱地春季深翻后的平地镇压作业，能够彻底破碎盐碱土壤板结深翻后形成的土块，同时减少了工序，解决了盐碱地跑墒抑盐的问题和多次耕作作业导致的墒情不一的问题，实现了盐碱地种植的高产高效。

本实用新型结构简单，安装方便，彻底解决了由于土壤板结导致盐碱农田跑墒返盐的问题，并提高了耕作效率，更大程度保证了农田的墒情一致。

3.4 附图说明

图 1 是本实用新型的结构示意图。

图 2 是本实用新型去除镇压器后的侧视图。

图 3 是本实用新型的俯视图。

3.5 具体实施方式

如图 1、图 2 和图 3 所示，本实用新型包括平地器、碎土器和镇压器。碎土器包括水平设置的安装架、设置在安装架顶端且用于与动力机械连接的连接架和设置在安装架底部的用于切碎土块的碎土针组件，安装架为由 4 根边杆合围而成的矩形框架，在本实施例中，安装架的长度为 1.5 m，宽度为 1.0 m，边杆采用角铁，即安装架为由四根角铁合围焊接而成的矩形框架，其中，边杆直角处的一个直角侧面与地面平行，边杆的另一个直角处的直角侧面与地面垂直，边杆的角铁直角开口朝向安装架的框架内部设置，便于放置附着条。碎土针组件包括安装在安装架底部的多个平行设置的附着条和固定设置在每个附着条底端上的且沿对应的附着条长边方向排布的多个碎土针，附着条沿安装架的宽度方向均匀排布。碎土器的每个附着条上的碎土针与相邻的附着条上的碎土针交错设置，附着条的长边与安装架前端的边杆的长边平行。在本实施例中，附着条的数量为 3 个，即每个附着条与相邻附着条之间的间隔为 0.25 m，每个附着条的长度略小于安装架的长度，每个附着条的宽度为0.1 m。3 个附着条按安装架的"T"形固定架安装端到其相对端顺序依次为第一附着条、第二附着条和第三附着条，每个附着条通过焊接的方式连接在对应的附着条的底端，每个附着条沿其长边方向开始均匀焊接有 10 个碎土针，第一附着条、第二附着条和第三附着条上的碎土针分别由距离安装框同一宽边 0.19 m 处、0.16 m 处和0.13 m 处开始焊接，使附着条上的碎土针与相邻的附着条上的碎土针之间形成交错排布，这样排布保证了将土块充分破碎成适宜种植的程度。碎土针竖直设置，每个碎土针的上部为实心铁质半圆柱体，半圆柱体的侧平面与附着条焊接，下端为铁质圆锥台结构且圆锥台结构顶端的直径大于底端的直径。在本实施例中，碎土针上部的半圆柱体的长度为 0.1 m，其直径为 0.03 m；碎土针下部的圆锥台结构向地面方向由直径 0.03 m 开始逐渐变细，其下部圆锥台轴向的长度大于 0.15 m，即碎土针入土的长度大于 0.15 m，保证了土块将耕层形成的土块全部破碎。同时碎土针为自上向下逐渐变细的铁质圆柱形，保证碎土器能够轻易切割土块而轻易损坏。

连接架包括"T"形固定架、前端连杆和后端连杆；"T"形固定架包括水平设置的水平连杆和竖直设置的且与水平连杆的底部中心相交的竖直连杆，"T"形固定架的竖直连杆固定设置在碎土器的安装架前端的边杆的中心处，且"T"形固定架的水平连杆的轴向与碎土器的安装架前端的边杆的长边平行。在本实施例中，水平连杆的安装高度根据实际的动力机械连接处而定，水平连杆的长度为 0.2 m。水平连杆和竖直连杆均为实心铁柱。

前端连杆对称设置在"T"形固定架的两侧，前端连杆的一端与"T"形固定架的水平连杆与竖直连杆的相交处连接，另一端与碎土器的安装架前端的边杆的对应侧的端部固定连接。

后端连杆为弯折杆结构，包括水平设置在后端连杆顶端的水平段和与水平段的后端一体连接的倾斜设置的倾斜段，后端连杆的水平段的中部与"T"形固定架的水平连杆的对应端固定连接，每个后端连杆的倾斜段的底端与碎土器的安装架后端的边杆的对应端固定连接，在每个后端连杆的水平段的自由端均固定设置有用于与动力机械相连的拉环，后端连杆上的拉环采用圆形螺母。两个后端连杆的倾斜段与碎土器的安装架后端的边杆形成三角形结构。在两个后端连杆的倾斜段之间焊接有水平设置平衡连杆，在本实施例中平衡连杆为实心铁柱，可充分保证碎土器不会随意左右摇摆。

平地器固定设置在碎土器的安装架的前端，平地器为水平放置的空心半圆柱体结构，平地器的轴向方向的长度与碎土器的安装架前端的边杆的长边的长度一致。平地器端部的端面与安装架前端的边杆的长边垂直设置，即平地器的与其长度方向平行的侧平面与底面垂直，平地器的下部通过焊接的方式与安装架前端的边杆固定连接，平地器的上部通过焊接的方式与连接架的底部固定连接。在本实施例中，平地器为空心铁质半圆柱体，其由长方形铁板弯折而成，其长度为 1.5 m，外径为 0.2 m。

镇压器为实心圆柱体结构，镇压器水平放置，镇压器通过连接线与设置在安装架后端的边杆固定连接，镇压器的中心轴线与安装架后端的边杆的长边平行设置。镇压器为实心石质圆柱体，镇压器的轴向方向的长度与碎土器的安装架后端的边杆的长边的长度一致。在本实施例中，镇压器为直径 0.4 m、长 1.5 m 的实心石质圆柱体，其重量约为 800 kg，在镇压器的轴向的两端设置有套环，在碎土器的安装架的平地器安装端的相对端的边杆的两端焊接有拉环，拉环采用圆形螺母，即在碎土器的安装架的后端的边杆的两端焊接有拉环，镇压器上的套环通过连接线与碎土器的安装架上的对应侧的拉环固定连接，连接线采用铁丝，其长度为 1 m。

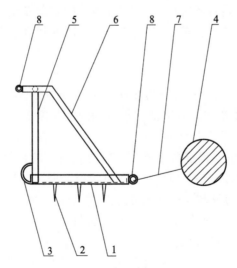

1. 安装架 2. 碎土针 3. 平地器 4. 镇压器 5. 连接架 6. 后端连杆 7. 连接线 8. 拉环

图 1　农田碎土镇压平整器

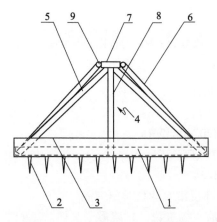

1. 安装架　2. 碎土针　3. 平地器　4. "T"形固定架　5. 前端连杆
6. 后端连杆　7. 水平连杆　8. 竖直连杆　9. 拉环

图2　农田碎土镇压平整器去除镇压器后的侧视图

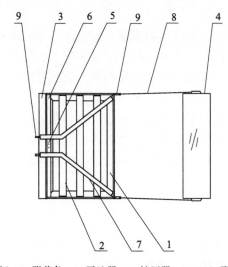

1. 边杆　2. 附着条　3. 平地器　4. 镇压器　5. "T"形固定架
6. 前端连杆　7. 后端连杆　8. 连接线　9. 拉环

图3　农田碎土镇压平整器的俯视图

农田环境监测系统

申请号：CN2017212646964

申请日：2017-09-29

公开（公告）号：CN207408396U

公开（公告）日：2018-05-25

IPC 分类号：G01N 33/24

申请（专利权）人：邢台市农业科学研究院

发明人：陈丽　李文治　杨玉锐　姚晓霞　吴枫　王莉　郭雅葳　李真　郝丽贤

申请人地址：河北省邢台市莲池大街 699 号

申请人邮编：054000

1　摘　要

本实用新型涉及一种农田环境监测系统，包括预埋在农地耕层以下的底座、竖直设置在底座上的旋转驱动齿轮、竖直且自转设置在底座上的丝杆套、套装在丝杆套下部且与旋转驱动齿轮啮合的从动齿圈、设置在丝杆套上部的升降丝母座、设置在升降丝母座上方且中空的棱锥形顶头、竖直设置在底座一侧的导向护套、设置在棱锥形顶头中心孔顶部的上端盖、设置在上端盖根部与棱锥形顶头中心孔内侧壁之间的复位弹簧、设置在升降丝母座上部外侧壁与底座底部外侧壁之间的折叠弹性套、设置在折叠弹性套上端的卡位套、设置在卡位套与升降丝母座之间的轴承；本实用新型设计合理、结构紧凑且使用方便。

2　权利要求书

（1）一种农田环境监测系统，其特征在于：包括预埋在农地耕层以下的底座、竖直设置在底座上的旋转驱动齿轮、竖直且自转设置在底座上的丝杆套、套装在丝杆套下部且与旋转驱动齿轮啮合的从动齿圈、设置在丝杆套上部的升降丝母座、设置在升降丝母座上方且中空的棱锥形顶头、竖直设置在底座一侧的导向护套、设置在棱锥形顶头中心孔顶部的上端盖、设置在上端盖根部与棱锥形顶头中心孔内侧壁之间的复位弹簧、设置在升降丝母座上部外侧壁与底座底部外侧壁之间的折叠弹性套、设置在折叠弹性套上端的卡位套、设置在卡位套与升降丝母座之间的轴承、设置在底座上的升降驱动齿轮、竖直设置且与升降驱动齿轮啮合的齿条、设置在齿条顶部且用于打开上端盖的开门杆、设置在齿条上且用于田环境监测的传感器系统；棱锥形顶头沿导向护套升降移动做露出于农地的运动，升降驱动齿轮带动齿条在丝杆套中心孔内与棱锥形顶头中心孔内做齿条顶部露出于上端盖的运动。

（2）根据权利要求（1）所述的农田环境监测系统，其特征在于：所述传感器系统包括设置在齿条上的风速风向传感器、气温传感器、空气相对湿度传感器以及光辐射强度传感器。

（3）根据权利要求（2）所述的农田环境监测系统，其特征在于：在齿条上附着有用于插入农地耕层的插地针，在插地针上安装有土壤湿度传感器与土壤温度传感器。

（4）根据权利要求（3）所述的农田环境监测系统，其特征在于：在底座上设置有与传感器系统电连接的处理器，处理器通过电缆线与农地的总服务器电连接；土壤湿度传感器与土壤温度传感器分别通过数据线与处理器电连接；处理器通过控制器分别控制升降驱动齿轮的电机与旋转驱动齿轮的电机。

（5）根据权利要求（3）所述的农田环境监测系统，其特征在于：在农地上设置有用于给总服务器或处理器供电的光伏板。

3 说明书

3.1 技术领域

本实用新型涉及农田环境监测系统。

3.2 背景技术

干旱多发性以及作物病虫害问题一直是阻碍农业生产持续发展的一个重要制约因素，做好土壤墒情监测预报来指导节水灌溉的管理工作，搞好土壤墒情的监测和预报对于研究土壤水分运动、作物水分状况以及灌溉制度也是农业用水管理和灾害预警服务的重要研究领域。监测控制能力低，技术装备水平亟待提高。

土壤墒情和病虫害监测的重要环节之一是农田环境监测传感器，传统的传感器只是监测出土壤含水率、已发生的病虫害，而该传感器可以监测到农田的风速、风向、气温、空气相对湿度、降水量、土壤温度、土壤湿度、光辐射强度等参数，通过项目的实施，一方面对于准确进行灌溉预报指导，合理利用有限的水资源具有重要作用；另一方面通过对大田环境监测，建立针对我市的大田主要作物的主要病虫害发生模型库，对主要病虫害预警，最终实现高产、高效、优质农业具有重要意义。

3.3 实用新型内容

本实用新型所要解决的技术问题总的来说是提供一种农田环境监测系统；详细解决的技术问题以及取得有益效果在后述内容以及结合具体实施方式中内容具体描述。

为解决上述问题，本实用新型所采取的技术方案是：一种农田环境监测系统，包括预埋在农地耕层以下的底座、竖直设置在底座上的旋转驱动齿轮、竖直且自转设置在底座上的丝杆套、套装在丝杆套下部且与旋转驱动齿轮啮合的从动齿圈、设置在丝杆套上部的升降丝母座、设置在升降丝母座上方且中空的棱锥形顶头、竖直设置在底座一侧的导向护套、设置在棱锥形顶头中心孔顶部的上端盖、设置在上端盖根部与棱锥形顶头中心孔内侧壁之间的复位弹簧、设置在升降丝母座上部外侧壁与底座底部外侧壁之间的折叠弹性套、设置在折叠弹性套上端的卡位套、设置在卡位套与升降丝母座之间的轴承、设置在底座上的升降驱动齿轮、竖直设置且与升降驱动齿轮啮合的齿条、设置在齿条顶部且用于打开上端盖的开门杆、设置在齿条上且用于田环境监测的传感器系统。棱锥形顶头沿导向护套升降移动做露出于农地的运动，升降驱动齿轮带动齿条在丝杆套中心孔内与棱锥形顶头中心孔内做齿条顶部露出于上端盖的运动。

作为上述技术方案的进一步改进：所述传感器系统包括设置在齿条上的风速风向传感器、气温传感器、空气相对湿度传感器及光辐射强度传感器。

在齿条上附着有用于插入农地耕层的插地针，在插地针上安装有土壤湿度传感器与土壤温度传感器。

在底座上设置有与传感器系统电连接的处理器，处理器通过电缆线与农地的总服务器电连接；土壤湿度传感器与土壤温度传感器分别通过数据线与处理器电连接；处理器通过控制器分别控制升降驱动齿轮的电机与旋转驱动齿轮的电机。

在农地设置有用于给总服务器或处理器供电的光伏板。

该发明是将太阳能供电技术使用到传感器设备中，与传统传感器设备不同之处有：一是不用连接动力电源，利用太阳能进行供电。二是传统传感器只监测到土壤湿度、土壤温度、气温参数且误差较大，而该传感器可以监测到农田的风速、风向、气温、空气相对湿度、降水量、土壤温度、土壤湿度、光和辐射强度等参数，测量参数多、精确性较高，误差较小。三是传统传感器上传监测数据只能采用定时上传，而该传感器上传监测数据可采用实时发送与定时上传两种方式，数据采集频率可动态调整。四是传统传感器在作物耕作时候必须取出，费工费力。而该传感器配有自动伸缩装置，作物耕作期间，耕作传感器自动回缩到耕层以下（40～50 cm）。

利用太阳能技术和农田环境监测与分析系统结合，实现农业灌溉用水和环境监测主要病虫害预警的物联网应用技术体系和模式。

本实用新型的有益效果不限于此描述，为了更便于理解，在具体实施方式部分进行了更加详细的描述。

3.4 附图说明

图 1 是本实用新型的结构示意图。

图 2 是本实用新型使用时的结构示意图。

3.5 具体实施方式

如图 1 和图 2 所示，本实施例的农田环境监测系统，包括预埋在农地耕层以下的底座、竖直设置在底座上的旋转驱动齿轮、竖直且自转设置在底座上的丝杆套、套装在丝杆套下部且与旋转驱动齿轮啮合的从动齿圈、设置在丝杆套上部的升降丝母座、设置在升降丝母座上方且中空的棱锥形顶头、竖直设置在底座一侧的导向护套、设置在棱锥形顶头中心孔顶部的上端盖、设置在上端盖根部与棱锥形顶头中心孔内侧壁之间的复位弹簧、设置在升降丝母座上部外侧壁与底座底部外侧壁之间的折叠弹性套、设置在折叠弹性套上端的卡位套、设置在卡位套与升降丝母座之间的轴承、设置在底座上的升降驱动齿轮、竖直设置且与升降驱动齿轮啮合的齿条、设置在齿条顶部且用于打开上端盖的开门杆、设置在齿条上且用于田环境监测的传感器系统。自转故名意思，是指绕自己轴线转动。

棱锥形顶头沿导向护套升降移动做露出于农地的运动，升降驱动齿轮带动齿条在丝杆套中心孔内与棱锥形顶头中心孔内做齿条顶部露出于上端盖的运动。

传感器系统包括设置在齿条上的风速风向传感器、气温传感器、空气相对湿度传感器以及光辐射强度传感器。

在齿条上附着有用于插入农地耕层的插地针，在插地针上安装有土壤湿度传感器与土壤温度传感器。

在底座上设置有与传感器系统电连接的处理器，处理器通过电缆线与农地的总服务器电连接。土壤湿度传感器与土壤温度传感器分别通过数据线与处理器电连接。处理器通过控制器分别控制升降驱动齿轮的电机与旋转驱动齿轮的电机。

在农地设置有用于给总服务器或处理器供电的光伏板。

当不需要本实用新型的时候，本装置埋在耕层以下，从而不影响机械化耕作，当需要通过本装置检测的时候，通过远程数据控制，处理器—控制器—电机—旋转驱动齿轮—从动齿圈—丝杆套—升降丝母座—棱锥形顶头沿导向护套升降，从而露出于地表，通过上端盖防止泥土进入，通过折叠弹性套防止进入杂物，通过卡位套拆装方便。

升降驱动齿轮—齿条—开门杆顶开上端盖，从而使得传感器露出来，实现农田监控。

其伸缩自如，测量方便，不影响耕作，实现远程数据控制与上传。

通过插地针安装固定方便，其插入土中，土壤湿度传感器、土壤温度传感器从而测量土壤情况。

风速风向传感器、气温传感器、空气相对湿度传感器、光辐射强度传感器测量大气环境。

作为优选，该产品的具体实施方式：根据作物需求安装 1～5 个/hm²，深度 50～100 cm。

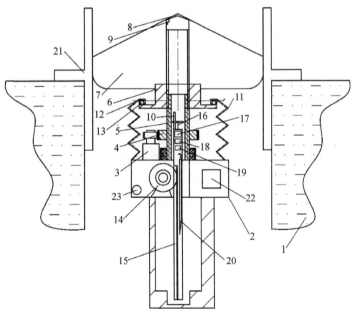

1. 农地　2. 底座　3. 旋转驱动齿轮　4. 从动齿圈　5. 丝杆套　6. 升降丝母座　7. 棱锥形顶头

8. 上端盖　9. 复位弹簧　10. 开门杆　11. 折叠弹性套　12. 卡位套　13. 轴承　14. 升降驱动齿轮

15. 齿条　16. 风速风向传感器　17. 气温传感器　18. 空气相对湿度传感器

19. 光辐射强度传感器　20. 插地针　21. 导向护套　22. 处理器　23. 电缆线

图1　农田环境监测系统结构示意

本实用新型设计合理、成本低廉、结实耐用、安全可靠、操作简单、省时省力、节约资金、结构紧凑且使用方便。

本实用新型充分描述是为了更加清楚的公开，而对于现有技术就不再一一列举。

最后应说明的是：以上实施例仅用以说明本实用新型的技术方案，而非对其限制。参照前述实施例对本实用新型进行了详细的说明，本领域的普通技术人员应当理解其依然可以对前述实施例所记载的技术方案进行修改，或者对其中部分技术特征进行等同替换。作为本领域技术人员对本实用新型的多个技术方案进行组合是显而易见的。而这些修改或者替换，并不使相应技术方案的本质脱离本实用新型实施例技术方案的精神和范围。

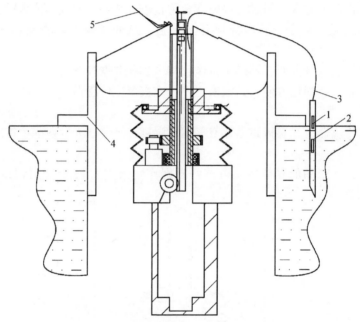

1. 土壤湿度传感器　2. 土壤温度传感器　3. 数据线　4. 导向护套　5. 上端盖

图2　农田环境监测系统使用时的结构示意

便捷移动施肥装置及方便搬运的送肥系统

申请号：CN2017212102429

申请日：2017-09-21

公开（公告）号：CN207151172 U

公开（公告）日：2018-03-30

IPC分类号：A01C 23/00

申请（专利权）人：邢台市农业科学研究院

发明人：杨玉锐　李文治　陈丽　吴枫　姚晓霞　王莉　郝丽贤　郭雅葳

申请人地址：河北省邢台市莲池大街699号

申请人邮编：054000

1　摘　要

本发明涉及一种便捷移动施肥装置及适合山区的送肥系统，其包括便捷移动施肥装置以及设置在上层梯田与下层梯田之间的辅助爬坡装置。上层梯田位于倾斜地面的左上侧，下层梯田位于倾斜地面的右下侧。所述辅助爬坡装置包括安装在上层梯田上的卷扬机、倾斜设置在上层梯田与下层梯田之间且带有排水通道的回程通道、左端与回程通道右端连通且带有排水通道的地下驱动室、设置在地下驱动室上方的盖板以及在盖板和上行走的辅助送车机构。卷扬机缠绕有牵引绳，牵引绳端部设置有用于钩挂承载便捷移动施肥装置车头的卡头。回程通道位于倾斜地面的左下方。

2　权利要求书

（1）一种便捷移动施肥装置，其特征在于：包括作为牵引动力的电动四轮农机车、设置在电动四轮农机车上的蓄电池组、设置在电动四轮农机车后车斗上且用于加入农药或肥料的蓄水罐、设置在蓄水罐内的潜水泵以及分别设置在蓄水罐上且与潜水泵通过管路连通的出水口/注水口；潜水泵将蓄水罐中的混合后的肥液或药液从出水口/注水口喷洒到指定的农田里；蓄电池组与潜水泵电连接。

（2）一种适合山区的送肥系统，其特征在于：包括权利要求（1）所述的便捷移动施肥装置以及设置在上层梯田与下层梯田之间的辅助爬坡装置。上层梯田位于倾斜地面的左上侧，下层梯田位于倾斜地面的右下侧。所述辅助爬坡装置包括安装在上层梯田上的卷扬机、倾斜设置在上层梯田与下层梯田之间且带有排水通道的回程通道、左端与回程通道右端连通且带有排水通道的地下驱动室、设置在地下驱动室上方的盖板以及在盖板和上行走的辅助送车机构。卷扬机缠绕有牵引绳，牵引绳端部设置有用于钩挂承载便捷移动施肥装置车头的卡头。回程通道位于倾斜地面的左下方。

（3）根据权利要求（2）所述的适合山区的送肥系统，其特征在于：辅助送车机构包括用于承载便捷移动施肥装置的车架、两组设置在车架上的挡车板、设置在车架右侧的配重块以及设置在车架上的车轮。所述挡车板分别与便捷移动施肥装置的前轮胎以及后轮胎相对应，每组挡车板为两个且并排着设置。

在车架上设置有凹槽，凹槽位于相应的挡车板下方，凹槽下端设置有下通孔，在挡车板下端设置有棘爪，在凹槽内设置有与棘爪相对应的棘轮，棘轮内孔设置有并通过键连接转轴，棘轮与转轴偏心设置，在转轴的一端设置有手柄，在车架上且位于手柄一侧设置有定位孔，手柄的另一端与定位孔之间插装有定位销。

（4）根据权利要求（3）所述的适合山区的送肥系统，其特征在于：在倾斜地面的上端设置有上导轮，在回程通道内设置有下部内导轮与上部内导轮，下部内导轮设置在倾斜地面的下端，上部内导轮设置在倾斜地面上端。在地下驱动室的右侧面设置有卷筒以及与卷筒传动连接的制动电机或在回程通道内设置有卷筒以及与卷筒传动连接的制动电机。

在上导轮、上部内导轮、下部内导轮以及卷筒上设置有钢丝绳。钢丝绳与车架的左端连接。

（5）根据权利要求（4）所述的适合山区的送肥系统，其特征在于：车架的上表面设置有菱形花纹。盖板与下层梯田地面的夹角 α 为 $3°\sim15°$。

（6）根据权利要求（5）所述的适合山区的送肥系统，其特征在于：在车架的右端设置有挂圈，在下层梯田上设置有与挂圈相对应的挂钩。

（7）根据权利要求（5）所述的适合山区的送肥系统，其特征在于：在盖板设置有防止辅助送车机构倾斜时倒滑的防滑块。

3 说明书

3.1 技术领域

本实用新型涉及一种便捷移动施肥装置送肥系统，具体涉及建筑领域。

3.2 背景技术

水肥一体化技术是亟待开发的农业实用技术。微喷水肥一体化栽培模式即进行喷药、施肥、浇水一体化，肥料和农药可以通过首部设备直接进入微喷带，通过微喷带均匀的喷施到大田作物，提高了水、肥、药的利用效率，降低了劳动力成本。

水肥一体化技术的重要环节之一是施肥罐，传统的施肥罐是安装在井首部，即微喷管道的源头处，通过施肥罐将水、肥、药溶解，经单独的动力装置注入主管道，再经微喷带施入大田，完成作业。

另外针对我国中西、西南等山部地区以及华北太行山地区，存在大量的梯田，由于其田地高低不相同，通过管道向高处的梯田送肥，其扬程受限，或泵负荷大，管道输送不现实。

如何提供一种节约水、肥以及农药，实现定点精细化送肥的送肥装置以及适合山区的辅助送肥系统成为急需解决的技术问题。

3.3 实用新型内容

本实用新型所要解决的技术问题是提供一种设计合理、结构紧凑且实用性强的便捷移动施肥装置及适合山区的送肥系统。

为解决上述问题，本实用新型所采取的技术方案是：一种适合山区的送肥系统，包括便捷移动施肥装置以及设置在上层梯田与下层梯田之间的辅助爬坡装置；上层梯田位于倾斜地面的左上侧，下层梯田位于倾斜地面的右下侧；所述辅助爬坡装置包括安装在上层梯田上的卷扬机、倾斜设置在上层梯田与下层梯田之间且带有排水通道的回程通道、左端与回程通道右端连通且带有排水通道的地下驱动室、设置在地下驱动室上方的盖板以及在盖板和上行走的辅助送车机构；卷扬机缠绕有牵引绳，牵引绳端部设置有用于钩挂承载便捷移动施肥装置车头的卡头；回程通道位于倾斜地面的左下方。

采用上述技术方案所产生的有益效果在于：一种便捷移动施肥装置，包括作为牵引动力的电动四轮农机车、设置在电动四轮农机车上的蓄电池组、设置在电动四轮农机车后车斗上且用于加入农药或肥料的蓄水罐、设置在蓄水罐内的潜水泵以及分别设置在蓄水罐上且与潜水泵通过管路连通的出水口/注水口。潜水泵将蓄水罐中的混合后的肥液或药液从出水口/注水口喷洒到指定的农田里。

作为上述技术方案的进一步改进：辅助送车机构包括用于承载便捷移动施肥装置的车架、两组设置在车架上的挡车板、设置在车架右侧的配重块以及设置在车架上的车轮；所述挡车板分别与便捷移动施肥装置的前轮胎以及后轮胎相对应，每组挡车板为两个且并排着设置；在车架上设置有凹槽，凹槽位于相应的挡车板下方，凹槽下端设置有下通孔，在挡车板下端设置有棘爪，在凹槽内设置有与棘爪相对应的棘轮，棘轮内孔设置有并通过键连接转轴，棘轮与转轴偏心设置，在转轴的一端设置有手柄，在车架上且位于手柄一侧设置有定位孔，手柄的另一端与定位孔之间插装有定位销。

在倾斜地面的上端设置有上导轮，在回程通道内设置有下部内导轮与上部内导轮，下部内导轮设置在倾斜地面的下端，上部内导轮设置在倾斜地面的上端；在地下驱动室的右侧面设置有卷筒以及与卷筒传动连接的制动电机或在回程通道内设置有卷筒以及与卷筒传动连接的制动电机。在上导轮、上部内导轮、下部内导轮以及卷筒上设置有钢丝绳；钢丝绳与车架的左端连接。车架的上表面设置有菱形花纹；盖板与下层梯田地面的夹角 α 为 3°～15°。在车架的右端设置有挂圈，在下层梯田上设置有与挂圈相对应的挂钩。在盖板设置有防止辅助送车机构倾斜时倒滑的防滑块。

本实用新型安全可靠，使用方便，设计先进，结实耐用，制动牢固，成本低廉。

3.4 附图说明

图 1 是本实用新型便捷移动施肥装置的结构示意图。

图 2 是本实用新型爬坡时的结构示意图。

图 3 是本实用新型水平时的结构示意图。

图 4 是本实用新型辅助送车机构的结构示意图。

图 5 是本实用新型盖板的结构示意图。

图 6 是本实用新型挡车板的结构示意图。

图 7 是本实用新型棘轮的结构示意图。

图 8 是本实用新型转轴的结构示意图。

3.5 具体实施方式

如图 1 所示，本实施例的便捷移动施肥装置，包括作为牵引动力的电动四轮农机车、设置在电动四轮农机车上的蓄电池组、设置在电动四轮农机车后车斗上且用于加入农药或肥料的蓄水罐、设置在蓄水罐内的潜水泵以及分别设置在蓄水罐上且与潜水泵通过管路连通的出水口/注水口。潜水泵将蓄水罐中的混合后的肥液或药液从出水口/注水口喷洒到指定的农田里。蓄电池组给潜水泵供电。

本专利在蓄水罐内储备水，然后根据不同要求加入药或费，通过电动牵引到地头，通过出水口/注水口连接管路，就近向指定的农田施肥或撒药。

该专利是将蓄电池技术和小型农机使用到微喷施肥罐，与传统施肥罐不同之处有：一是，不用连接动力电源，利用蓄电池进行放电，携带便捷。二是，传统施肥罐智能安装在井首部，该施肥罐可以随意移动到某一地块，移动方便。三是，传统施肥罐在井首部注入肥药之后，肥药在地下管道的消耗太大，该施肥罐提高了施肥施药的精准度。

如图 1～图 8 所示，本实施例的适合山区的送肥系统，包括便捷移动施肥装置以及设置在上层梯田与下层梯田之间的辅助爬坡装置。

上层梯田位于倾斜地面的左上侧，下层梯田位于倾斜地面的右下侧。

辅助爬坡装置包括安装在上层梯田上的卷扬机、倾斜设置在上层梯田与下层梯田之间且带有排水通道的回程通道、左端与回程通道右端连通且带有排水通道的地下驱动室、设置在地下驱动室上方的盖板以及在盖板和上行走的辅助送车机构。卷扬机缠绕有牵引绳，牵引绳端部设置有用于钩挂承载便捷移动施肥装置车头的卡头。回程通道位于倾斜地面的左下方。

辅助送车机构包括用于承载便捷移动施肥装置的车架、两组设置在车架上的挡车板、设置在车架右侧的配重块以及设置在车架上的车轮。挡车板分别与便捷移动施肥装置的前轮胎以及后轮胎相对应，每组挡车板为两个且并排着设置。在车架上设置有凹槽，凹槽位于相应的挡车板下方，凹槽下端设置有下通孔，在挡车板下端设置有棘爪，在凹槽内设置有与棘爪相对应的棘轮，棘轮内孔设置有并通过键连接转轴，棘轮与转轴偏心设置，在转轴的一端设置有手柄，在车架上且位于手柄一侧设置有定位孔，手柄的另一端与定位孔之间插装有定位销。

在倾斜地面的上端设置有上导轮，在回程通道内设置有下部内导轮与上部内导轮，下部内导轮设置在倾斜地面的下端，上部内导轮设置在倾斜地面的上端。在地下驱动室的右侧面设置有卷筒以及与卷筒传动连接的制动电机或在回程通道内设置有卷筒以及与卷筒传动连接的制动电机。

在上导轮、上部内导轮、下部内导轮以及卷筒上设置有钢丝绳。钢丝绳与车架的左端连接。

车架的上表面设置有菱形花纹；盖板与下层梯田地面的夹角 α 为 3°～15°。

在车架的右端设置有挂圈，在下层梯田上设置有与挂圈相对应的挂钩。

在盖板设置有防止辅助送车机构倾斜时倒滑的防滑块。

设计夹角 α，使得从施肥装置返回时，利用自重带动车架由倾斜状态变为平放状态，节约能源。

通过配重块降低装置的重心，安全可靠，使得从车库出车时，利用自重带动车架由倾斜状态变为平放状态。

通过4个挡车板同时顶住轮胎，设计科学先进，避免倾斜停放便捷移动施肥装置时，将重量全部压在后轮胎上，从而保护便捷移动施肥装置。

通过棘轮与棘爪控制挡车板升降，方便结实，采用下通孔可以容纳棘轮，降低其高度，便于出车。采用定位销，结构紧凑，固定牢固，结实耐用。

车架的上表面设置有菱形花纹，起到防滑作用。

采用钢丝绳传动机构，结实耐用，成本低廉，可以对称设置两条钢丝绳传动机构，更加平稳可靠，进一步，可以通过制动电机的动力源，制动电机优选三相异步制动电机，采用制动电机，制动可靠，简化了结构，降低成本。

在车架的右端设置有挂圈，在下层梯田上设置有与挂圈相对应的挂钩。使得车架停靠牢固，安全可靠。

通过防滑块起到防止倾斜停放便捷移动施肥装置时，防止车架向下滑溜，安全可靠。

使用本实用新型时，当便捷移动施肥装置到达在车架上后，拔出定位销，转动手柄，依次带动转轴和棘轮，由于偏心设置，使得棘轮向上转动，通过棘爪带动挡车板摆动，4个挡车板顶住相应的轮胎，然后将定位销通过转动手柄插入定位孔内固定牢固。从挂圈上摘下挂钩。通过钢丝绳传动机构托着车架左端离开下层梯田，并向着倾斜设置的倾斜地面靠拢，并停靠在其上面，从而通过车架来减缓斜度，通过卷扬机前部牵引配合便捷移动施肥装置自身动力从而上升到上层梯田上。

当便捷移动施肥装置从高处返回低处的时候，在卷扬机的作用下缓缓降落，到车架上，车架在自重以及钢丝绳传动机构的作用下，车轮沿着倾斜设置的盖板表面向右滚动，从而带动车架向右运动并逐渐平放，然后继续转动手柄，棘爪与转轴的中心距变下，使得挡车板回摆向下从而低于轮胎，在挂圈上插入挂钩。

本专利从根本上解决了山区地区高处的梯田施肥灌溉喷药的劳动强度，降低山区农民的劳动负荷，从而提高了单位农作效率，对改善了山区梯田农业机械化、现状化具有重大意义。

最后应说明的是：以上实施例仅用以说明本实用新型的技术方案，而非对其限制。尽管参照前述实施例对本实用新型进行了详细的说明，本领域的普通技术人员应当理解，其依然可以对前述实施例所记载的技术方案进行修改，或者对其中部分技术特征进行等同替换。作为本领域技术人员对本实用新型的多个技术方案进行组合是显而易见的。而这些修改或者替换，并不使相应技术方案的本质脱离本实用新型实施例技术方案的精神和范围。

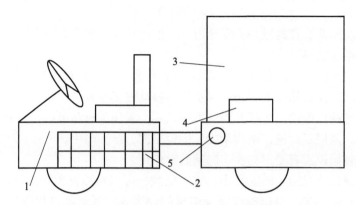

1. 电动四轮农机车　2. 蓄电池组　3. 蓄水罐　4. 潜水泵　5. 出水口/注水口

图1　便捷移动施肥装置的结构示意

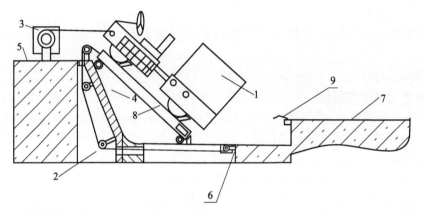

1. 便捷移动施肥装置　2. 回程通道　3. 卷扬机　4. 倾斜地面　5. 上层梯田　6. 地下驱动室

7. 下层梯田　8. 辅助送车机构　9. 挂钩

图2　便捷移动施肥装置爬坡时的结构示意

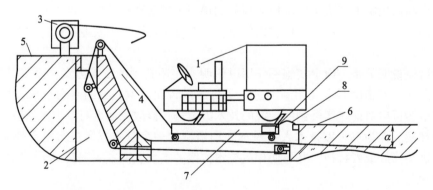

1. 便捷移动施肥装置　2. 回程通道　3. 卷扬机　4. 倾斜地面　5. 上层梯田

6. 下层梯田　7. 辅助送车机构　8. 挂钩　9. 挂圈

图3　便捷移动施肥装置水平时的结构示意

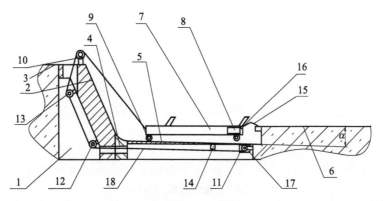

1. 回程通道　2. 倾斜地面　3. 上层梯田　4. 钢丝绳通道　5. 盖板　6. 下层梯田　7. 车架　8. 配重块　9. 车轮
10. 上导轮　11. 卷筒　12. 下部内导轮　13. 上部内导轮　14. 防滑块　15. 挂钩　16. 挂圈　17. 制动电机　18. 钢丝绳

图4　辅助送车机构的结构示意

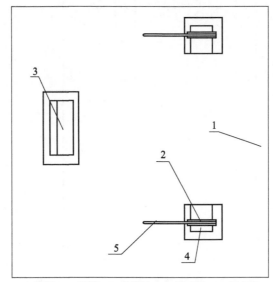

1. 盖板　2. 卷筒　3. 防滑块　4. 转动轴　5. 钢丝绳

图5　盖板的结构示意

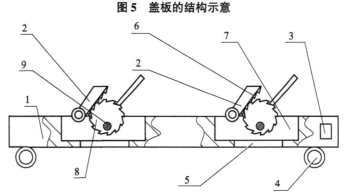

1. 车架　2. 挡车板　3. 配重块　4. 车轮　5. 下通孔　6. 棘爪　7. 凹槽　8. 棘轮　9. 转轴

图6　挡车板的结构示意

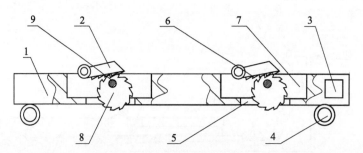

1. 车架　2. 挡车板　3. 配重块　4. 车轮　5. 下通孔　6. 棘爪　7. 凹槽　8. 棘轮　9. 转轴

图7　棘轮的结构示意

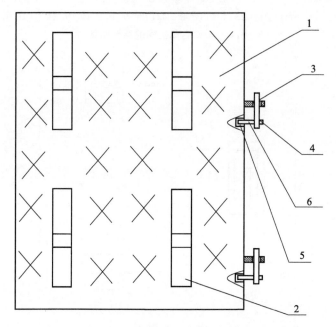

1. 车架　2. 挡车板　3. 转轴　4. 手柄　5. 定位孔　6. 定位销

图8　转轴的结构示意

一种节水型农田灌溉设备

申请号：CN201420812321

申请日：2014-12-19

公开（公告）号：CN204335481U

公开（公告）日：2015-05-20

IPC 分类号：A01G25/09

申请（专利权）人：河北省农林科学院粮油作物研究所

发明人：籍俊杰　梁双波　贾秀领　李谦　吕丽华　张经廷　董志强　崔永增
姚艳荣　张丽华

申请人地址：河北省石家庄市高新区恒山街 162 号

申请人邮编：050035

1　摘　要

本实用新型涉及一种节水型农田灌溉设备，包括支撑架、供水管和灌溉装置，供水管架设在支撑架上，供水管与灌溉装置相连通，支撑架包括支撑腿、桁架、中间架和拉杆，支撑腿为 4 个且分别设置在中间架下端面的 4 个拐角处，还包括设置在支撑架底部的行走轮，行走轮固定在支撑腿的下端，支撑腿之间的固定板上安装有抽水泵、储药箱、抽药泵及发动机，发动机为抽水泵及抽药泵提供动力，同时发动机通过变速器与行走轮相连，为行走轮提供动力，而且还可以通过调节变速器来控制行走轮的行走速度。有益效果是：降低了人工成本和设备成本，而两种不同的灌溉装置，又解决不同高度植株的浇灌需求，提高了对水资源的利用率。

2　权利要求书

（1）一种节水型农田灌溉设备，包括支撑架、供水管和灌溉装置，供水管架设在支撑架上，供水管与灌溉装置相连通，其特征是：所述的支撑架包括支撑腿、桁架、中间架和拉杆，中间架为四棱锥框架型结构，支撑腿为 4 个且分别设置在中间架下端面的 4 个拐角处，桁架对称设置在中间架左右两侧，两侧桁架分别与中间架的左右两端固定，拉杆对称设置在中间架上端左右两侧，拉杆一端与中间架的上端固定，另一端与所对应一侧的桁架上端固定，还包括设置在支撑架底部的行走轮，行走轮固定在支撑腿的下端。支撑腿之间设置有水平的固定板，固定板上设置有抽水泵，抽水泵的输出端设置有抽水管，抽水管上端与抽水泵输出端连接，下端向下自然垂落，抽水泵的输出端与供水管中部相通连接，固定板上端还设置有储药箱，储药箱下部设置有抽药泵，抽药泵输入端与储药箱底部相通连接，输出端与供水管中部通过管道相通连接。

（2）根据权利要求（1）所述的一种节水型农田灌溉设备，其特征是：供水管固定设置于中间架及两侧桁架形成的架体结构的内部，供水管在高于支撑腿的高度均匀设置有多个出水口，灌溉装置与供水管的出水口连接，灌溉装置与出水口的数量相同。

（3）根据权利要求所述的一种节水型农田灌溉设备，其特征是：所述的灌溉装置为喷头或软管，软管的长度不小于支撑腿的高度。

（4）根据权利要求（1）所述的一种节水型农田灌溉设备，其特征是：所述的支撑腿之间设置有发动机，发动机的输出端设置有传动轴，传动轴上分别安装设置有第一主动带轮、第二主动带轮以及第三主动带轮。

（5）根据权利要求（4）所述的一种节水型农田灌溉设备，其特征是：所述的抽水泵的动力输入端设置有第一被动带轮与第一主动带轮相配合。

（6）根据权利要求（4）所述的一种节水型农田灌溉设备，其特征是：所述的抽药泵的动力输入端设置有第二被动带轮与第二主动带轮相配合。

（7）根据权利要求（4）所述的一种节水型农田灌溉设备，其特征是：所述的行走轮的轴端设置有变速器，变速器的输出端与行走轮的轴同轴固定连接，变速器的输入端设置有第三被动带轮与第三主动带轮。

3 说明书

3.1 技术领域

本实用新型属于灌溉设备技术领域，具体涉及一种节水型农田灌溉设备。

3.2 背景技术

在农田灌溉领域，目前常用的方法主要有漫灌和喷灌。漫灌需要挖水渠，通过水渠将水引到需要灌溉的田地中，需要较多的劳动力，但是漫灌过程中水的利用率较低，造成大量的水资源被浪费，并且容易造成地下水位抬高，造成土壤盐碱化。喷灌需要在地下设置喷洒管路，在这个过程中会需要很多的劳动力，喷灌后的水的蒸发也会损失许多水，但是在有风的天气时，不容易均匀地灌溉整个灌溉面积，并且埋设在地表下的管路也会发生腐蚀损坏的情况，造成漏水的情况，进而出现灌溉时水资源的浪费。

3.3 实用新型内容

本实用新型的目的是提供一种节水型农田灌溉设备，该设备结构简单、设计合理，无须大量的劳动力即可完成灌溉操作，节省了生产成本，提高了对水资源的利用率，使灌溉更加均匀。

为了完成上述目的，本实用新型的所采取的具体技术方案是：一种节水型农田灌溉设备，包括支撑架、供水管和灌溉装置，供水管架设在支撑架上，供水管与灌溉装置相连通，关键点是所述的支撑架包括支撑腿、桁架、中间架和拉杆，中间架为四棱锥框架型结构，支撑腿为4个且分别设置在中间架下端面的4个拐角处，桁架对称设置在中间架左右两侧，两侧桁架分别与中间架的左右两端固定，拉杆对称设置在中间架上端左右两侧，拉杆一端与中间架的上端固定，另一端与所对应一侧的桁架上端固定，还包括设置在支撑架底部的行走轮，行走轮固定在支撑腿的下端。支撑腿之间设置有水平的固定板，固定板上设置有抽水泵，抽水泵的输出端设置有抽水管，抽水管上端与抽水泵输出端连接，下端向下自然垂落，抽水泵的输出端与供水管中部相通连接，固定板上端还设置有储药箱，储药箱下部设置有抽药泵，抽药泵输入端与储药箱底部相通连接，输出端与供水管中部通过管道相通连接。

所述的供水管固定设置于中间架及两侧桁架形成的架体结构的内部，供水管在高于支撑腿的高度均匀设置有多个出水口，灌溉装置与供水管的出水口连接，灌溉装置与出水口的数量相同。

所述的灌溉装置为喷头或软管，软管的长度不小于支撑腿的高度。

所述的支撑腿之间设置有发动机，发动机的输出端设置有传动轴，传动轴上分别安装设置有第一主动带轮、第二主动带轮以及第三主动带轮。

所述的抽水泵的动力输入端设置有第一被动带轮与第一主动带轮相配合。

所述的抽药泵的动力输入端设置有第二被动带轮与第二主动带轮相配合。

所述的行走轮的轴端设置有变速器，变速器的输出端与行走轮的轴同轴固定连接，变速器的输入端设置有第三被动带轮与第三主动带轮相配。

本实用新型的有益效果是：由于在支撑架底部设计了行走轮，可以实现移动浇灌的目的，节省了大量的准备工作，省去了水渠的挖设和地下管路的铺设，降低了人工成本和设备成本，而设计了两种不同的灌溉装置，又能完美解决不同高度植株的浇灌需求，大大提高了对水资源的利用率。

3.4　附图说明

图 1 是本实用新型的结构示意图。

图 2 是实施例 2 中本实用新型的结构示意图。

3.5　实施方式

本实用新型为一种节水型农田灌溉设备，由于在支撑架底部设计了行走轮，可以实现移动浇灌的目的，节省了大量的准备工作，省去了水渠的挖设和地下管路的铺设，降低了人工成本和设备成本，而设计了两种不同的灌溉装置，又能完美解决不同高度植株的浇灌需求，大大提高了对水资源的利用率。下面结合附图和具体实施例对本实用新型做进一步说明。

3.5.1　实例 1

如图 1 所示，一种节水型农田灌溉设备，包括支撑架、供水管和灌溉装置，供水管架设在支撑架上，供水管与灌溉装置相连通，所述的支撑架包括支撑腿、桁架、中间架和拉杆，中间架为四棱锥框架型结构，此结构有利于降低空气阻力，减小其在大风中的风阻系数，支撑腿为 4 个且分别设置在中间架下端面的 4 个拐角处，桁架对称设置在中间架左右两侧，两侧桁架分别与中间架的左右两端固定，拉杆对称设置在中间架上端左右两侧，拉杆一端与中间架的上端固定，另一端与所对应一侧的桁架上端固定，还包括设置在支撑架底部的行走轮，行走轮固定在支撑腿的下端。

供水管固定设置于中间架及两侧桁架形成的架体结构的内部，供水管在高于支撑腿的高度均匀设置有多个出水口，灌溉装置与供水管的出水口连接，灌溉装置与出水口的数量相同，灌溉装置分为喷头。

支撑腿之间设置有发动机，发动机的输出端设置有传动轴，传动轴上分别安装设置有第一主动带轮、第二主动带轮以及第三主动带轮，抽水泵的动力输入端设置有第一被动带轮与第一主动带轮相配合，抽药泵的动力输入端设置有第二被动带轮与第二主动带轮相配合，行走轮的轴端设置有变速器，变速器的输出端与行走轮的轴同轴固定连接，变速器的输入端设置有第三被动带轮与第三主动带轮相配合。发动机提供的动力能够同时提供给抽水泵、抽药泵及行走轮，而且行走轮可以通过变速器调节行走速度，抽水泵和抽药泵的工作量是固定的。因此，通过行走轮的行走速度的调节可以控制灌溉和喷药的量。

当需要对田地农作物进行浇灌时，将本实用新型移动到田地的一头，行走轮之间是水渠，将抽水泵的抽水管向下垂落至水渠中，然后启动发动机，此时喷头在田地进行相应的喷灌操作，控制好移动速度，即可均匀地完成对田地的浇灌。

3.5.2 实例2

作为对本实用新型的改进，如图2所示，当需要对玉米或高粱等植株生长过高并且密度大的田地进行浇灌时，使用普通的喷头已经不能很好地对植株底部的土壤进行喷灌，因为密集的植株阻挡了喷灌的水珠从高处均匀的落到植株底部的土壤中，会造成浇灌不均匀的问题，此时将灌溉装置设计为软管，软管的长度不小于支撑腿的高度，当田地作物需要浇水时，水从供水管流进软管内，并从软管的底部直接流出对植株底部的土壤进行浇灌，很好的解决了上述浇灌不均匀的问题。

本实用新型投入成本较低、操作简单，相比于现有技术，省去了挖渠和设置地下喷灌设施的人力和时间，使用该灌溉设备时准备时间较短，其中的灌溉装置根据所灌溉的植株高度可以在喷头和软管之间进行选择，不会造成水资源的浪费，而且灌溉均匀，利用发动机对行走轮、抽水泵及抽药泵提供动力，通过变速器可以调节行走轮的行走速度，从而改变喷水量和喷药量。

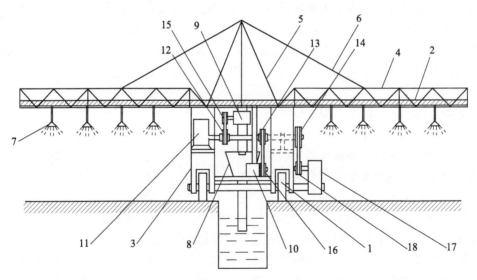

1. 行走轮　2. 供水管　3. 支撑腿　4. 桁架　5. 中间架　6. 拉杆　7. 喷头　8. 储药箱　9. 抽水泵
10. 抽药泵　11. 发动机　12. 第一主动带轮　13. 第二主动带轮　14. 第三主动带轮
15. 第一被动带轮　16. 第二被动带轮　17. 变速器　18. 第三被动带轮

图1　节水型农田灌溉设备的结构示意

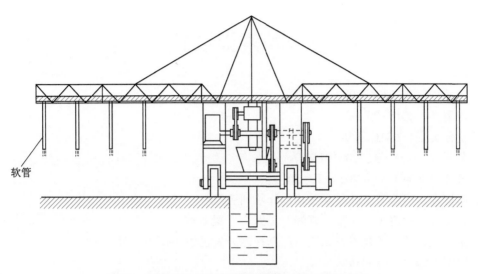

软管

图 2　实施例 2 中节水型农田灌溉设备的结构示意

一种淋灌装置

申请号：201510637982

申请日：2015-09-30

主分类号：A01C23/04

公开（公告）号：105191562A

公开（公告）日：2015-12-30

申请人：河北省农林科学院粮油作物研究所

发明人：籍俊杰　李谦　张峰　王跃军　梁双波

申请人地址：河北省石家庄市高新技术开发区恒山街 162 号

申请人邮编：050035

1　摘　要

一种淋灌装置，包括与水源连接的输水管路、与输水管路连通的淋洒装置，关键是：还包括借助可伸缩支架设置在地面上的桁架，所述输水管路设置在桁架的内腔中，所述输水管路借助压力管与水源连通，所述输水管路上开设有多个输水口，每个输水口处连接有淋洒装置。灌水均匀、节水高效、宽幅灌溉、易实现水肥一体化、生产效率有了极大的提升。

2　权利要求书

（1）一种淋灌装置，包括与水源连接的输水管路、与输水管路连通的淋洒装置，其特征在于：还包括借助可伸缩支架设置在地面上的桁架，所述输水管路设置在桁架的内腔中，所述输水管路借助压力管与水源连通，所述输水管路上开设有多个输水口，每个输水口处连接有淋洒装置。

（2）根据权利要求（1）所述的一种淋灌装置，其特征在于：所述的桁架为梯形桁架。

（3）根据权利要求（1）所述的一种淋灌装置，其特征在于：所述的桁架为可折叠桁架。

（4）根据权利要求（1）所述的一种淋灌装置，其特征在于：所述的可伸缩支架底部设置有行进轮，所述的行进轮上设置有调整桁架行进方向的自动导航装置。

（5）根据权利要求（1）所述的一种淋灌装置，其特征在于：所述的输水管路上的输水口等间隔设置，相邻两个输水口之间的间距为 60～240 cm。

（6）根据权利要求（1）所述的一种淋灌装置，其特征在于：所述的淋洒装置包括与输水管路的输水口连通的空心吊杆、与空心吊杆出口端连通的喷头。所述空心吊杆的长度比可伸缩支架短。

（7）根据权利要求（1）所述的一种淋灌装置，其特征在于：本装置还包括控制器、传感器、土壤墒情监测装置、借助管路与输水管路连通的供肥系统，所述的土壤墒情监测装置的测量端埋设在土壤内，土壤墒情监测装置的输出端与传感器连接，传感器、供肥系统都与控制器电连接。

（8）根据权利要求（6）所述的一种淋灌装置，其特征在于：所述管路上设置有与控制器电连接的电磁阀，所述供肥系统包括借助供肥泵与管路连通的肥料罐，所述肥料罐内设置有计量器。

（9）根据权利要求（6）所述的一种淋灌装置，其特征在于：所述的喷头为折射式喷头，喷头处压强小于 0.1MPa。

3 说明书

3.1 技术领域

本发明涉及农业节水灌溉装置领域，特别是一种淋灌装置。

3.2 背景技术

目前我国水资源十分紧缺，而农业用水浪费极为严重，传统的大水漫灌方式使农业成了用水大户，其用水量占全国总用水量的 70% 以上，而水的有效利用率只有 30%～40%，仅为发达国家的 50% 左右，每立方米水的粮食生产能力只有 0.85 kg，远远低于发达国家每立方米水的粮食生产能 2 kg 以上的水平。

改变人们千百年来传统的灌溉习惯，用较少的水获得较高的产出效益，推广高效节水灌溉技术是一项重任，也是缓解我国水资源紧缺的途径之一，更是现代农业发展的必然选择。

淋灌技术是适用于湿润、半湿润、半干旱、干旱缺水地区的大田作物种植，是一种最有效的节水灌溉方式，可将各种灌溉水源的水近乎 100% 地输送到田间。淋灌技术具有优质、高效、高产的效果。尤其适用于大田作物灌溉，有条件的地区应积极发展淋灌。然而，现有的灌溉技术具有以下缺点。

第一，土地利用率低传统的渠系灌溉方法是水通过总干渠、干渠、支渠、斗渠、毛渠五级渠道输送到田间的，而在田间还要修挖大量的埂、畦、沟渠，这样真正有效的种植面积只有 70%～80%。

第二，水资源流失严重一方面，采用淋灌技术可节约大量的水，目前渠系水利用系数只有 0.4～0.6，即大约 50% 的水不能输送到田间，虽然采用淋灌技术使作物全生长期的淋灌次数大幅增加，这就增加了田间蒸发损失，单位面积的灌溉用水量也会有所增加，但以此来增加产量，减少水肥流失。

第三，人工工作量大，时间资金投入多。传统的地面沟灌、畦灌、自流漫灌，每年都要进行田间土地平整、挖沟打埂、渠系的修筑，这就加大了农田水利基本建设的工作量和资金投入。

现有卷盘式喷灌机具有需要压力大、能耗高，尤其是单喷头喷灌水分在空气中蒸发损失大、对农作物冲击严重等缺点，并且现有的喷灌移动不方便，劳动强度大，工作效率低。

3.3 发明内容

为了克服现有技术的缺点，本发明设计了一种淋灌装置，灌水均匀、节水高效、宽幅灌溉、易实现水肥一体化、生产效率有了极大的提升。

本发明采用的技术方案是，一种淋灌装置，包括与水源连接的输水管路、与输水管路连通的淋洒装置，关键是：还包括借助可伸缩支架设置在地面上的桁架，所述输水管路设置在桁架的内腔中，所述输水管路借助压力管与水源连通，所述输水管路上开设有多个输水口，每个输水口处连接有淋洒装置。

所述的桁架为梯形桁架。

所述的桁架为可折叠桁架。

所述的可伸缩支架底部设置有行进轮，所述的行进轮上设置有调整桁架行进方向的自动导航装置。

所述的输水管路上的输水口等间隔设置，相邻两个输水口之间的间距为 60~240 cm。

所述的淋洒装置包括与输水管路的输水口连通的空心吊杆、与空心吊杆出口端连通的喷头，所述空心吊杆的长度比可伸缩支架短。

本装置还包括控制器、传感器、土壤墒情监测装置、借助管路与输水管路连通的供肥系统，所述的土壤墒情监测装置的测量端埋设在土壤内，土壤墒情监测装置的输出端与传感器连接，传感器、供肥系统都与控制器电连接。

所述管路上设置有与控制器电连接的电磁阀，所述供肥系统包括借助供肥泵与管路连通的肥料罐，所述肥料罐内设置有计量器。

所述的喷头为折射式喷头，喷头处压强小于 0.1 MPa。

本发明的有益效果是：该装置是一种农田节水型灌溉方式。采用低压力、桁架式、宽幅灌溉，易实现水肥一体化。采用淋灌方法灌溉均匀、对农作物冲击强度低。淋灌技术是适用于湿润、半湿润、半干旱、干旱缺水地区的大田作物种植，是一种最有效的节水灌溉方式，可将各种灌溉水源的水近乎 100% 地输送到田间。该技术劳动强度低，易于实现自动化控制，尤其适用于大田作物灌溉。

高效节水：灌水均匀，不会造成局部的渗漏损失，灌水量容易控制，可根据作物不同生育期需水规律和土壤含水状况适时灌水，提高水分利用率，比常规灌溉用水可减少30% 以上。桁架高低可调节，水滴直接从农作物上下落，减少空中滞留时间。桁架可安装吊杆，喷头接近农作物根部灌溉，避免喷灌作业时水滴落在作物茎叶上，最大限度降低水分在空中的蒸发。

高效节能：整个系统所需压力 0.03 MPa，远小于单喷头卷盘式喷灌机额定压力0.7 MPa，节能 20% 以上。

易于实现水肥一体化：灌溉系统安装施肥器，可以在灌水的同时进行施肥，可根据作物需肥规律与土壤养分状况进行精确施肥，肥料溶解后随水施入，有利于作物吸收利用，可以大大减少施肥量，提高肥效。

提高土地利用率：田间不必预留其他畦埂、水渠，提高土地利用率。

大幅提高劳动生产力效率：系统可实现自动化作业，可配有自动导航机构、智能化控制系统实现无人值守远程监控，大大减少用工、降低劳动强度。

功能转换容易，更换工作系统、调整系统参数，可进行植保打药作业。

效率高、适应性好：可进行多种作物灌溉作业，1 台设备可控制土地面积 100～500 亩。

灌溉系统工作压力低，可充分利用现有农田已有地下管道进行输水作业，减少了重复投资，大大降低了基础建设投入。

该系统的应用具有省工、省地、节水、节能、增产、增效的效果。适用于小麦、玉米、大豆、蔬菜等大田作物，有利于农业的规模化集约化生产和经营，是大田作物比较适宜的灌溉模式之一。

本发明具有系统压力低、所需能耗低、水分蒸发小、对农作物冲击力小、水分利用率高、易于操作、扩展性强等特点。淋灌是以水滴形式对作物根部进行灌溉，水分利用率高，是一项高效节水的方法和措施。本发明解决了现有卷盘式喷灌机需要压力大、能耗高，尤其是单喷头喷灌水分在空气中蒸发损失大、对农作物冲击严重等缺点。可伸缩机构使桁架可以高低调节，同时满足对高秆和低秆作物需求，可进行玉米等作物全生育期定时定额灌溉。可折叠式桁架，解决了普通桁架式喷灌移动不方便的弊端，提高作业效率，降低劳动力。

3.4　附图说明

图 1 是本发明的结构示意图。

图 2 是图 1 中 A 的放大图。

图 3 是图 1 的折叠状态图。

3.5　具体实施方式

下面结合附图对本发明做进一步说明。

具体实施例，如图 1～图 3 所示，一种淋灌装置，包括与水源连接的输水管路，与输水管路连通的淋洒装置，关键是：还包括借助可伸缩支架设置在地面上的桁架，淋灌装置工作时，桁架在农作物上方，淋洒装置在地面上方 10～50 cm 处进行淋灌作业，根据农作物性状及土壤类型，通过调节可伸缩支架来调节工作时淋洒装置距离地面高度，所述输水管路设置在桁架的内腔中，所述输水管路借助压力管与水源连通，所述输水管路上开设有多个输水口，每个输水口处连接有淋洒装置。

优选的，所述的桁架为梯形桁架。

所述的桁架为可折叠桁架，便于管理，占地面积小。

所述的可伸缩支架底部设置有行进轮，便于流动性灌水作业。

所述的行进轮上设置有调整桁架行进方向的自动导航装置。本装置可应用于卷盘式灌溉机，喷灌机的 PE 管一端连接在本装置输水口处，工作时喷灌机自动回收 PE 管带动本装置移动完成淋灌作业；本装置可应用于固定水渠式淋灌，装置需配置动力及水泵，动力传送至行走轮及其水泵，装置上设置自动导航装置，自动导航装置一端与伸缩支架的行进轮连接，自动导航装置另一端置于水渠，依靠水渠侧壁控制方向，实现无人值时自动控制路径，节省人力资源，降低劳动强度。

为了使淋灌均匀，所述的输水管路 3 上的输水口等间隔设置，相邻两个输水口之间的间距为 60～240 cm。

所述的淋洒装置包括与输水管路的输水口连通的空心吊杆、与空心吊杆出口端连通的喷头，所述空心吊杆的长度比可伸缩支架短，吊杆的设置便于喷头接近作物根部灌溉，避免喷灌作业时水滴落在作物茎叶上，最大限度降低水分在空中的蒸发。

本装置还包括控制器、传感器、土壤墒情监测装置、借助管路与输水管路连通的供肥系统，所述的土壤墒情监测装置的测量端埋设在土壤内，土壤墒情监测装置的输出端与传感器连接，传感器、供肥系统都与控制器电连接，易于实现水肥一体化，即在灌水的同时进行施肥，可根据作物需肥规律与土壤养分状况进行精确施肥，肥料溶解后随水施入，有利于作物吸收利用，可以大大减少施肥量，提高肥效。

所述管路上设置有与控制器电连接的电磁阀，所述供肥系统包括借助供肥泵与管路连通的肥料罐，所述肥料罐内设置有计量器。电磁阀是控制施肥的开关，计量器用来控制施肥肥料的用量。

所述的喷头为折射式喷头，喷头处压强小于 0.1 MPa。喷头工作原理是利用出水压力冲击喷头顶部的圆形接口在 360°折射出去，水再如雨状（半雾化）滴落地面，对农作物不会有水压冲力影响，调整压力控制水滴大小，降低雾化程度，减少水分空气中蒸发，以达到节水目的。

该装置是一种农田节水型灌溉方式。具有高效节水、高效节能、土地利用率高、生产力效率高、适应性好的优势，采用低压力、桁架式、宽幅灌溉，易实现水肥一体化。采用淋灌方法灌溉均匀、对农作物冲击强度低。淋灌技术是适用于湿润、半湿润、半干旱、干旱缺水地区的大田作物种植，是一种最有效的节水灌溉方式，可将各种灌溉水源的水近乎 100%地输送到田间。该技术劳动强度低，易于实现自动化控制，尤其适用于大田作物灌溉。

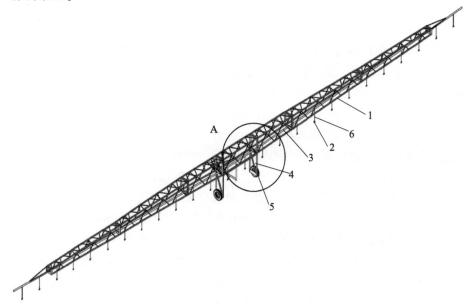

1. 桁架　2. 淋洒装置　3. 输水管路　4. 可伸缩支架　5. 行进轮　6. 空心吊杆

图1　淋灌装置的结构示意

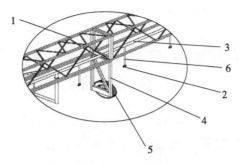

图 2　图 1 中 A 部分的放大图

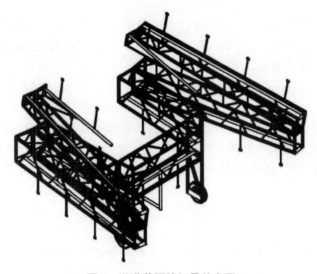

图 3　淋灌装置的折叠状态图

● 计算机软件著作权 ●

均衡营养测算软件 V1.0
（用户手册）

河北省农林科学院谷子研究所

刘敬科，赵巍，张爱霞，张玉宗，李少辉，张佳丽，刘莹莹，任素芬

1 系统简介

均衡营养测算软件 V1.0 是借助于计算机系统，利用其庞大的微处理器实现快速运算和结果输出，大大提高了工作效率，可以方便，准确，高效地完成营养均衡食品配方设计和食品营养均衡性评价工作。

2 编写目的

制定本使用手册的目的是充分叙述本软件所能实现的功能及其运行环境，以便使用者了解本软件的使用范围和使用方法，正确有效地使用均衡营养测算软件 V1.0。并为软件的维护和更新提供必要信息。使用者应仔细阅读本说明书并严格遵守说明中的规定。

3 目标读者

该软件可广泛用于科研、学校、食品、医院、餐饮服务等行业，开展科学研究、优化产品配方、指导营养配餐等研究工作，得到一个营养相对均衡或适合不同人群营养需求的比较理想的产品配方，均衡营养食品搭配和快速评价食品营养均衡性，快速计算，方便，准确，高效地完成营养均衡食品配方设计和食品营养均衡性评价工作。

4 申　明

本手册仅供参考，介绍系统主要功能的操作方法，图文如与实际系统有差别，以实际系统为准，如差别较大或有其他问题，请与我司客服联系。

5 技术支持

如果您在使用系统时遇到困难，请先仔细阅读本手册，其中对普遍遇到的问题提供了可以采取的步骤。如果没有找到问题的答案，请打电话与我们公司客服联系。为了让技术支持人员快速了解您系统的运行环境，更好地为您服务，在打电话之前，请准备以下相关信息。

（1）计算机硬件配置情况。

（2）计算机所使用的操作系统。

（3）出现的问题及您尝试处理的方法。

6 主要功能

该软件包括4个功能块：营养档案、知识库、我的营养配餐、系统管理（图1）。

图1 均衡营养测算软件V1.0主界面

6.1 "营养档案"模块

进入"营养档案"界面，建立档案文件，包括：档案名称、建档时间、建档人、对比年龄度、案描述，便于查询（图2）。

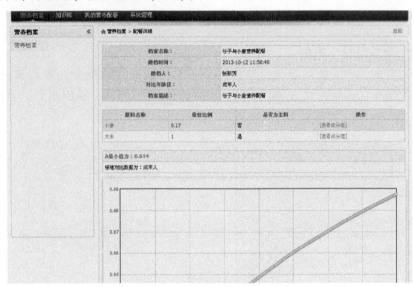

图2 "营养档案"模块界面

6.2 "知识库"模块

功能表"知识库"包括了一些营养相关知识，方便查询和参考，主要有3部分内容：营养素知识、食物禁忌、营养知识，可以实现实时更新和完善相关的知识（图3、图4）。

图3 "知识库"模块界面1

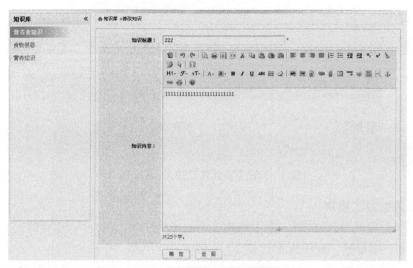

图4 "知识库"模块界面2

6.3 "我的营养配餐"模块

进入"我的营养配餐"界面，选择原料名称，选择计算成分，输入成分值管理，选择标准数据库（成年人），根据系统设定的营养均衡性分析，输出不同原料的最佳搭配比例（图5~图9）。

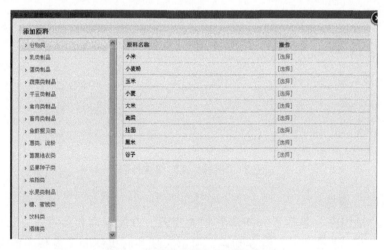

图5 "我的营养配餐"模块界面1

6.4 "系统管理"模块

"系统管理"模块是管理员实现对系统进行维护和管理的功能块，不断更新和完善相应的数据库，包括：用户管理、原料管理、常用数据管理、营养素摄入参考值（图10）。

（1）系统管理员进入"用户管理"，可以实现添加用户和修改用户操作（图11、图12）。

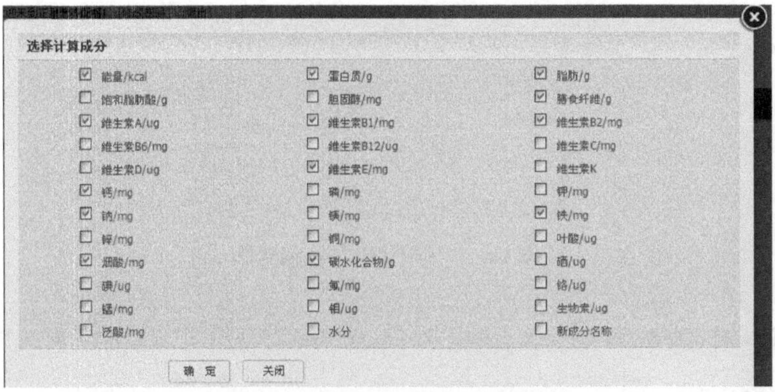

图6 "我的营养配餐"模块界面2

图7 "我的营养配餐"模块界面3

图8 "我的营养配餐"模块界面4

图9 "我的营养配餐"模块界面5

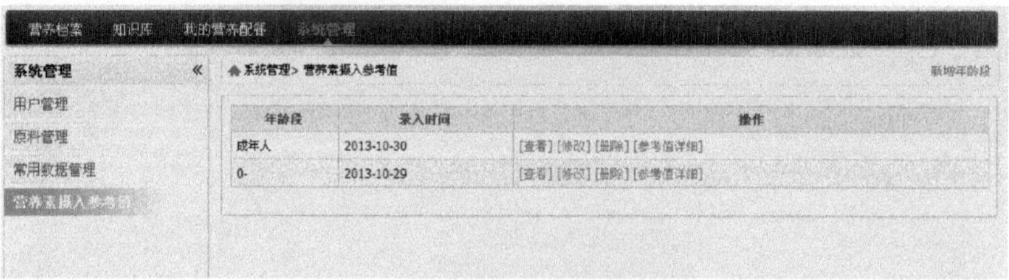

图 10 "系统管理"模块界面

图 11 "系统管理"模块用户管理的新增用户窗口

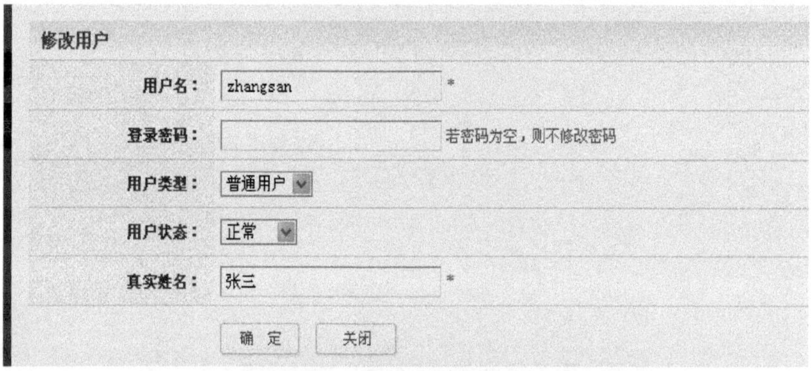

图 12 "系统管理"模块用户管理的修改用户窗口

（2）系统管理员进入"原料管理"界面，可以进行"新增原料"操作，丰富原料数据库，目前本软件中已包括了 16 个系列 100 多种食品和原料的数据（图 13、图 14）。

（3）系统管理员进入"常用数据管理"，可以实现相关原料和食品成分数值的编辑工作（图 15、图 16）。

（4）系统管理员进入"营养素摄入参考值"界面，建立不同人群对不同营养素的推荐摄入量标准，可以实现标准数值的输入和编辑操作。目前本软件主要包括了针对健康成年人的营养素需求量，今后可以进一步完善儿童、孕妇、产妇等人群标准数据库（图 17、图 18）。

图 13 "系统管理"模块"原料管理"界面 1

图 14 "系统管理"模块"原料管理"界面 2

图 15 "系统管理"模块"常用数据管理"界面 1

大米——成分值管理

蛋白质/g	7.4 [删除]	钠/mg	3.8 [删除]	铁/mg	2.3 [删除]
烟酸/mg	1.9 [删除]	维生素E/mg	0.46 [删除]	维生素B1/mg	0.11 [删除]
维生素B2/mg	0.05 [删除]	维生素A/ug	0 [删除]	钙/mg	13 [删除]
膳食纤维/g	0.7 [删除]	脂肪/g	0.8 [删除]	能量/kcal	346 [删除]
碳水化合物/g	77.2 [删除]				

确定　关闭

图 16 "系统管理"模块"常用数据管理"界面 2

图 17 "系统管理"模块"营养素摄入参考值"界面 1

类别名称	标准摄入量	操作
能量/kcal	8400	[修改] [删除]
碘/ug	150	[修改] [删除]
蛋白质/g	60	[修改] [删除]
脂肪/g	<60	[修改] [删除]
饱和脂肪酸/g	<20	[修改] [删除]
胆固醇/mg	<300	[修改] [删除]
膳食纤维/g	25	[修改] [删除]
维生素A/ug	800	[修改] [删除]
维生素B1/mg	1.4	[修改] [删除]
维生素B2/mg	1.4	[修改] [删除]
维生素B6/mg	1.4	[修改] [删除]
维生素B12/ug	2.4	[修改] [删除]
维生素C/mg	100	[修改] [删除]
维生素D/ug	5	[修改] [删除]
维生素E/mg	14	[修改] [删除]
维生素K	80	[修改] [删除]
钙/mg	800	[修改] [删除]
镁/mg	700	[修改] [删除]
钾/mg	2000	[修改] [删除]
钠/mg	2000	[修改] [删除]

图 18 "系统管理"模块"营养素摄入参考值"界面 2

谷子生长环境监测系统 V1.0
（用户手册）

河北省农林科学院谷子研究所

宋世佳，李海山，夏雪岩，李顺国，赵宇，任晓利，

崔纪菡，刘猛，魏志敏，刘斐，南春梅

1 系统简介

谷子生长环境监测系统是一款对于谷子生长环境的监控的系统，该系统主要功能是对于谷子生长环境数据的监控，主要监控除了参数信息外还包含有视频监控，详细的记录谷子生长作物的成长过程，有效地避免了谷子生长作物因为各种原因造成的损失，该系统是一款功能全面、操作简单、使用方便的系统。

2 编写目的

本用户手册的目的是让初次接触的用户能够很快地进入本系统提供参考，并通过它逐步熟悉整个系统的操作流程，文中的图片例示操作界面。

3 目标读者

本手册面向谷子生长环境监测系统的用户，让用户了解谷子生长环境监测系统的组成及功能；了解如何使用谷子生长环境监测系统各子系统；了解谷子生长环境监测系统运行中可能出现的一些问题及解决对策。

4 申　明

本手册仅供参考，介绍系统主要功能的操作方法，图文如与实际系统有差别，以实际系统为准，如差别较大或有其他问题，请与我司客服联系。

5 技术支持

如果您在使用系统时遇到困难，请先仔细阅读本手册，其中对普遍遇到的问题提供了可以采取的步骤。如果没有找到问题的答案，请打电话与我们公司客服联系。为了让技术支持人员快速了解您系统的运行环境，更好地为您服务在打电话之前，请准备以下相关信息。

（1）计算机硬件配置情况。

（2）计算机所使用的操作系统。

（3）出现的问题及您尝试处理的方法。

6 主要功能

6.1 登录系统

安装完毕以后，双击桌面的软件运行图标，即可进入用户登录的界面如图1所示。

图1 用户登录界面

我们看到登录界面需要输入用户和密码以及验证码，我们输入软件提供的默认系统管理员的用户和密码后，点击登录按钮，即可登录，登陆成功后进入主页。

6.2 系统主页

在上一步登录成功之后就会进入软件的主界面，主界面包含多个核心功能，但是在第一次加载系统的时候系统会加载数据所以需要一定的时间，待加载完成后就会成功进入系统。详情如图2所示。

其中包含有多个功能按钮和导航栏，导航栏包含有实时数据显示、历史监测数据、调节系统和系统设置等功能。

快捷工具栏包含有重新登录、修改密码和用户管理等多个快捷功能按钮。

点击其中任意按钮都能进入到对应的界面中了。界面中还包含有主界面显示的大棚数据监控的信息。

6.3 数据节点安装

点击界面上导航栏中的系统设置中的数据节点安装按钮，就能进入对应的功能界面了，具体包括其中显示的大气湿度、光照度和土壤湿度等相关的数据信息。点击其中的开始、停止、卸载按钮就能对其中设备进行控制（图3）。

6.4 用水监控

点击界面上导航栏中的实时数据显示下拉菜单中的用水监控控钮，就能进入对应的功能界面了，具体包括其中显示的各个出水阀门出水量的数据信息。其中界面上还显示有总用水量的显示数据。用水总量点击相应的按钮就会进入对应的功能界面中（图4）。

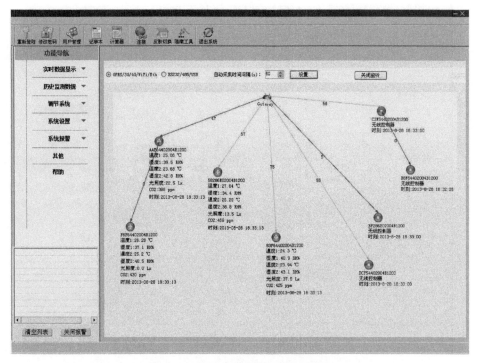

图2 谷子生长环境监测系统主界面

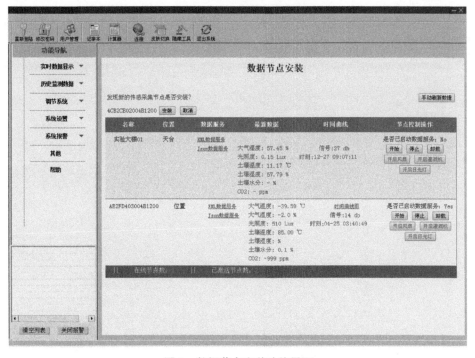

图3 数据节点安装功能界面

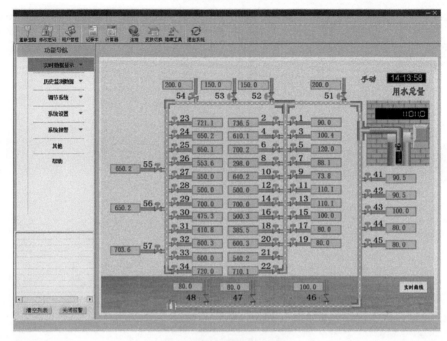

图 4　实时数据显示界面

6.5　数据曲线图

6.5.1　实时曲线

点击界面上实时曲线按钮，就能进入对应的功能界面了，具体包括其中显示的节点、温度、湿度的信息（图 5）。点击相应的按钮就会进入对应的功能界面中（图 6）。

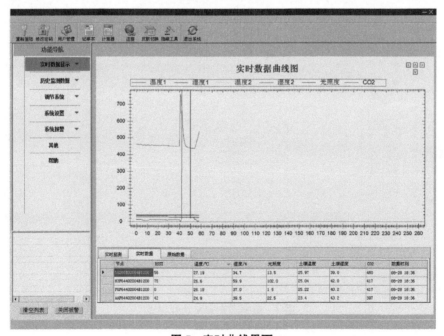

图 5　实时曲线界面

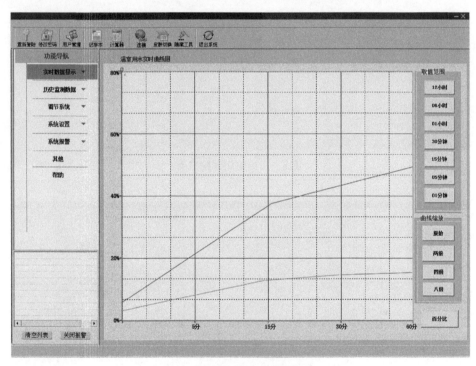

	节点	RSSI	温度/℃	湿度/%	光照度	土壤温度	土壤湿度	CO2	数据时刻
▶	5D286E02004B1200	56	27.19	34.7	13.5	25.97	39.0	460	08-28 18:36
	83F64402004B1200	75	25.6	59.9	102.0	25.04	42.0	417	08-28 18:36
	F6F64402004B1200	0	26.18	37.0	1.5	25.22	40.2	417	08-28 18:36
	AAF64402004B1200	42	24.9	39.5	22.5	23.4	43.2	397	08-28 18:36

图6　实时曲线界面中的实时数据窗口

6.5.2　实时用水曲线

点击导航栏中实时数据显示下拉菜单中的实时用水曲线图的按钮，就能进入对应的功能界面了，具体包括其中设置的取值范围和曲线缩放的功能信息。点击相应的按钮就会进入对应的功能界面中。界面就会显示出相对应的数据信息了（图7）。

图7　温室用水实时曲线界面

6.6　历史数据显示

点击界面上历史监测数据按钮，就能进入对应的功能界面了，具体包括其中显示出来的站点名称、温度、湿度盒二氧化碳参数信息等。点击清除按钮可以清除数据信息（图8）。

6.7　调节系统

点击界面上导航栏中调节系统按钮，就能进入对应的功能界面了，具体包括其中显示的各种控制按钮，点击后可以对其中的设备进行控制，其中还包含有数据值显示的参数数据，当测点数值超过参数数值时系统会自动报警提示，点击其中的报警确认按钮可以对报警进行确认（图9）。

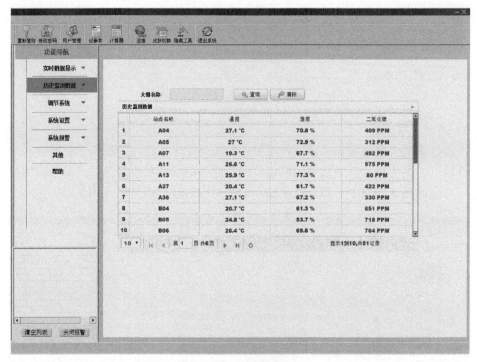

图8 历史监测数据界面

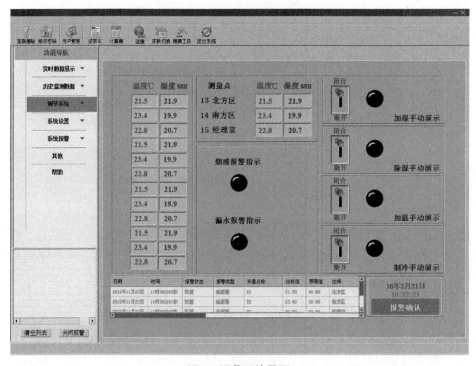

图9 调节系统界面

6.8 视频监控

点击界面上视频监控的按钮，就能进入对应的功能界面了，具体包括其中显示的连接的摄像头拍摄的画面信息（图10）。点击其中的未连接界面就能将摄像头进行连接，连接后可以看到相对应的摄像信息。将界面双击后就能切换到大窗口模式，是画面更加清晰。

图 10   视频监控界面

盐碱地谷子滴灌系统 V1.0
（用户手册）

河北省农林科学院谷子研究所

宋世佳，李海山，李顺国，夏雪岩，刘猛，任晓利，崔纪菡，
赵宇，魏志敏，刘斐，南春梅

1 简 介

盐碱地谷子滴灌系统是一个用于盐碱地谷子滴灌设备控制的系统，盐碱地谷子滴灌系统的主要功能有控制系统功能与水泵参数功能，控制系统功能主要用于控制谷子灌溉，水泵参数功能主要用于查看水泵参数，盐碱地谷子滴灌系统是一个节能，高效，方便快捷的软件。

2 编写目的

该用户手册是用户使用盐碱地谷子滴灌系统的操作说明，用户通过阅读用户手册，能够直接对盐碱地谷子滴灌系统的功能、操作有一定的了解，按照用户手册上的说明，通过实际操作，用户能够迅速掌握盐碱地谷子滴灌系统的使用方法。

3 系统支持

盐碱地谷子滴灌系统所支持的电脑系统有 Windows 7 32 位、Windows 7 64 位、Windows 8、Windows 10 和 Windows XP 等多种系统。

4 登 录

电脑桌面中找到盐碱地谷子滴灌系统的图标，点击即可进入盐碱地谷子滴灌系统的登录界面中如图 1 所示。

5 系统主页

在登录界面中输入正确的账号与密码，点击登录按钮即可进入盐碱地谷子滴灌系统的首页界面中如图 2 所示。

6 导航栏

在系统界面中左侧可以看到导航栏，在导航栏中可以看到多个功能按钮其中包括，温度测量、水泵参数、设备信息、设备设置、节点设定、加压水泵、高线调整、传感控制、参数设置如图 2 所示。

图1 系统登录界面

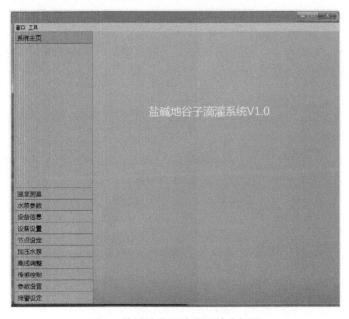

图2 盐碱地谷子滴灌系统主界面

7 温度测量

在系统界面中找到温度测量功能按钮，点击即可进入温度测量功能界面中，在界面中可以进行温度测量操作如图 3 所示。

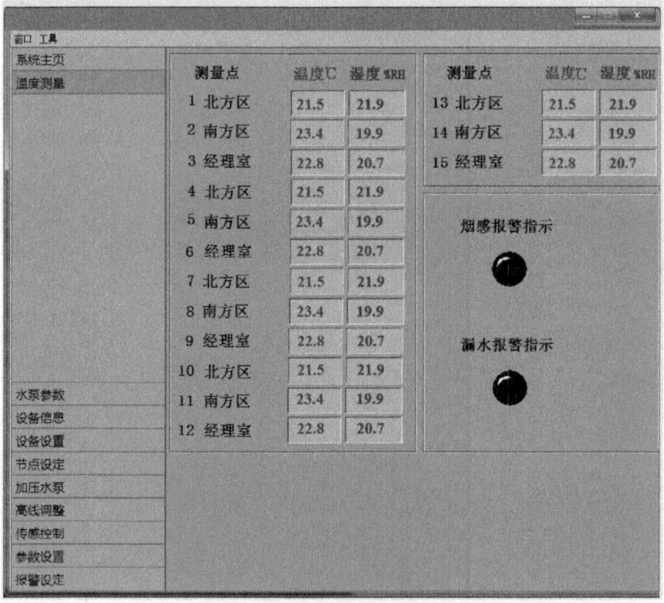

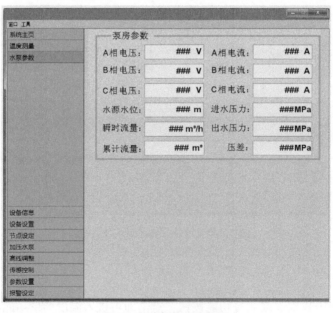

图 3　温度测量功能界面

8　水泵参数

在系统界面中找到水泵参数功能按钮，点击即可进入水泵参数功能界面中在界面中可以看到水泵参数信息如图 4 所示。

图 4　水泵参数功能界面

9　设备信息

在系统界面中找打设备信息功能按钮，点击即可进入设备信息功能界面中，在界面中可以看到设备信息如图 5 所示。

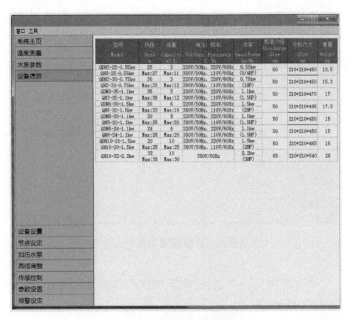

图 5　设备信息功能界面

10　设备设置

在系统界面中找到设备设置功能按钮，点击即可进入设备设置功能界面中，在界面中可以进行设备设置操作如图 6 所示。

11　节点设定

在系统界面中找到节点设定功能按钮，点击即可进入节点设定功能界面中，在界面中可以进行节点设定如图 7 所示。

12　加压水泵

在系统界面中找到加压水泵功能按钮，点击即可进入加压水泵功能界面中，在界面中可以进行增加水压设置如图 8 所示。

13　高线调整

在系统界面中找到高线调整功能按钮，点击即可进入高线调整功能界面中，在界面中可以进行高效调整如图 9 所示。

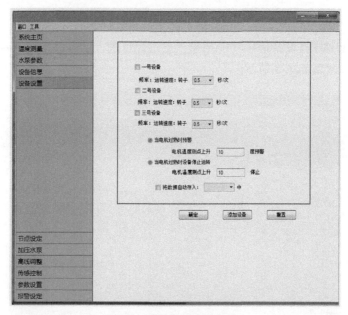

图 6 设备设置功能界面

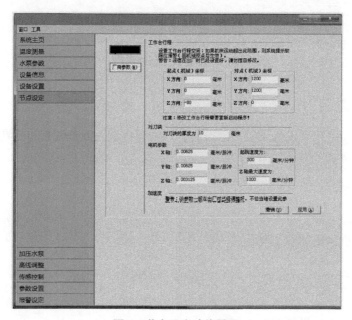

图 7 节点设定功能界面

14 传感控制

在系统界面中找到传感控制功能按钮，点击即可进入传感控制功能界面中，在界面中可以进行传感控制操作如图 10 所示。

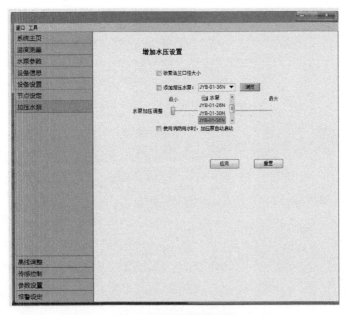

图 8　加压水泵功能界面

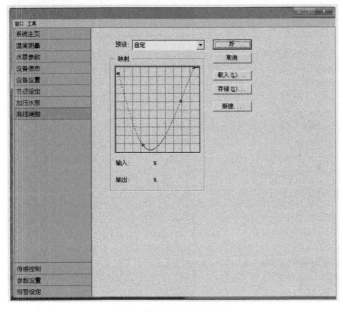

图 9　高线调整功能界面

15　参数设置

在系统界面中找到参数设置功能按钮，点击即可进入参数设置功能界面中，在界面中可以进行参数设置如图 11 所示。

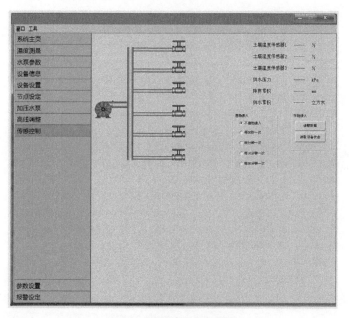

图 10　传感控制功能界面

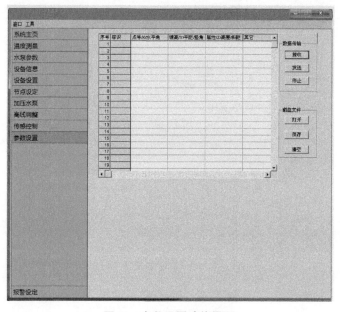

图 11　参数设置功能界面

渤海粮仓科技示范工程
信息服务系统
（使用说明书）

河北省农林科学院农业信息与经济研究所

1 系统要求

1.1 硬件环境

PC 服务器，CPU E5504，内存 2G 以上，硬盘 80G。

1.2 软件环境

IIS6.0 以上版本，ASP+Access 数据库。

1.3 网络环境

独立的 IPv4 地址便于发布。

2 系统发布

IIS 配置、平台发布（图1、图2、图3）

图1 系统 IIS 配置

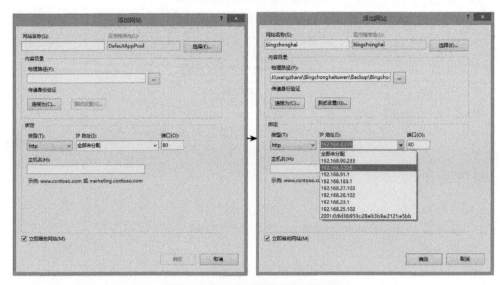

图 2　系统 IIS 配置添加网站路径

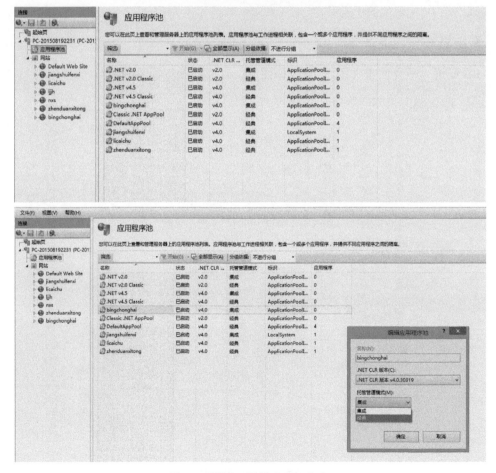

图 3　系统 IIS 配置应用程序池

3　web 页面

3.1　主页面（图4）

图4　渤海粮仓科技示范工程信息服务系统主界面

3.2 系统模块

3.2.1 项目概况模块（图5）

图5 项目概况模块界面

3.2.2 项目信息模块（图6）

图6 项目信息模块界面

3.2.3 项目简报（图7、图8）

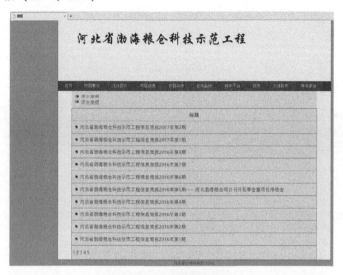

图7 项目简报模块界面

图8 项目简报模块例子

3.2.4 优良品种模块（图9、图10）

图9 项目优良品种模块

图10 项目优良品种模块例子

3.2.5 关键技术模块

3.2.5.1 关键技术列表（图11）

图11 项目关键技术列表

3.2.5.2 关键技术信息（图12）

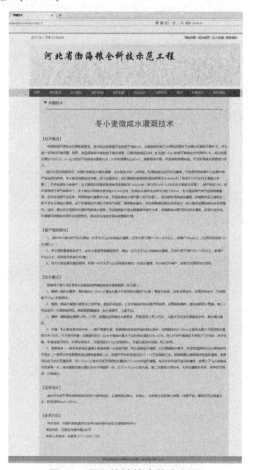

图12 项目关键技术信息例子

3.2.6 关键技术视频模块

3.2.6.1 视频列表（图13）

图13 关键技术视频模块视频列表

3.2.6.2 视频播放（图14、图15）

图14 关键技术视频模块视频播放例子1

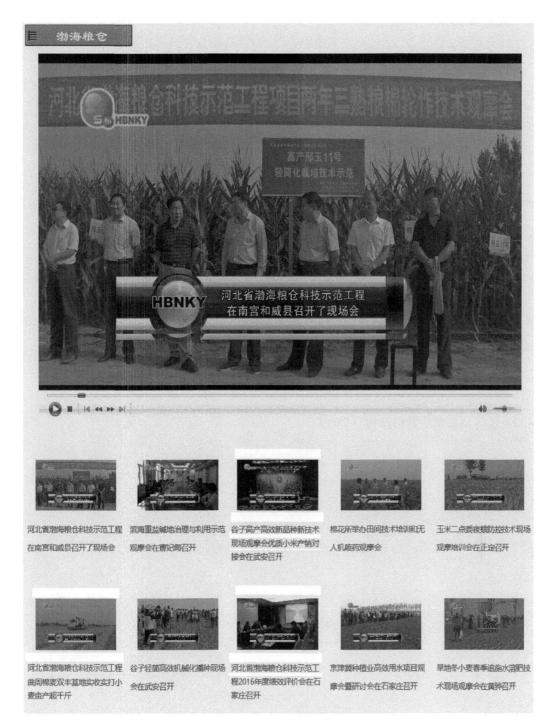

图15 关键技术视频模块视频播放例子2

4 数据库结构

4.1 项目概况模块数据结构（图16）

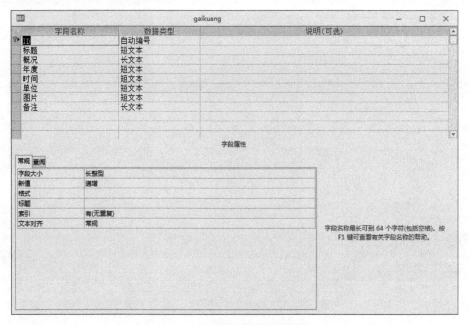

图16 项目概况模块数据结构

4.2 执行团队模块数据结构（图17）

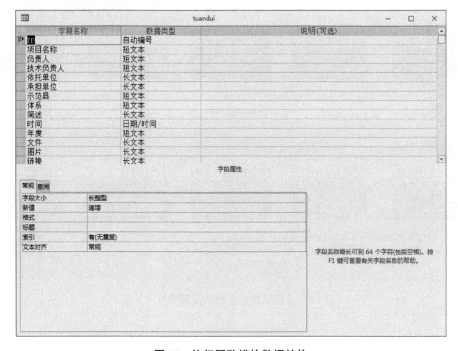

图17 执行团队模块数据结构

4.3 项目信息模块数据结构（图18）

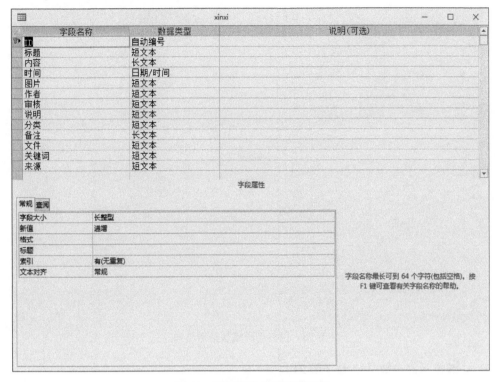

图18 项目信息模块数据结构

4.4 项目简报模块数据结构（图19）

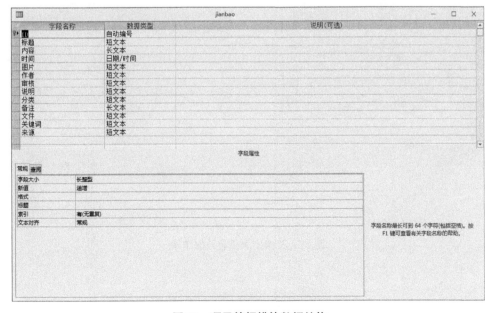

图19 项目简报模块数据结构

4.5 优良品种模块数据结构（图20）

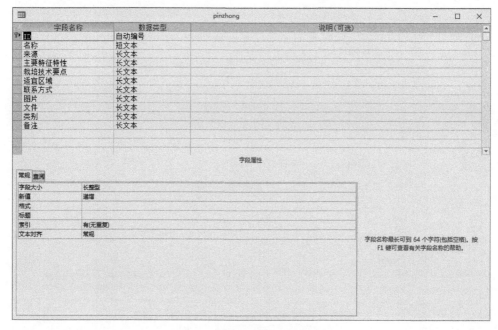

图20 优良品种模块数据结构

4.6 关键技术模块数据结构（图21）

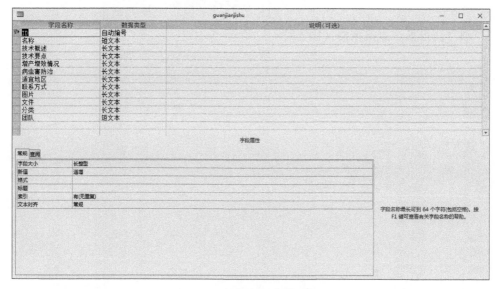

图21 关键技术模块数据结构

4.7 科研平台模块数据结构（图22）

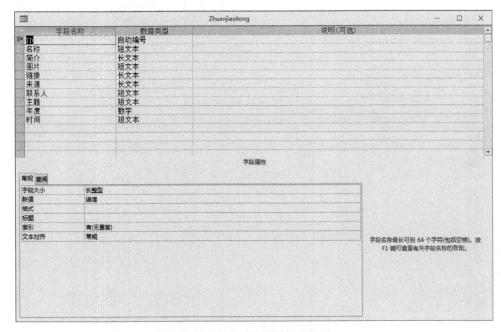

图22 科研平台模块数据结构

4.8 视频模块数据结构（图23）

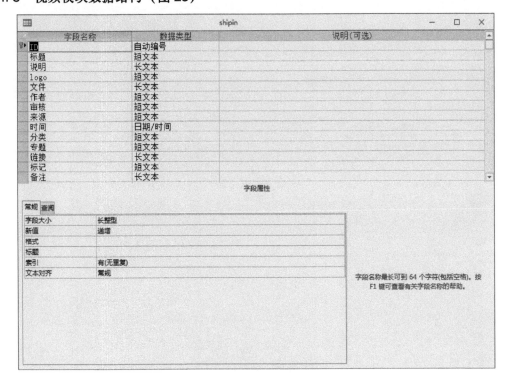

图23 视频模块数据结构

4.9 媒体报道模块数据结构（图24）

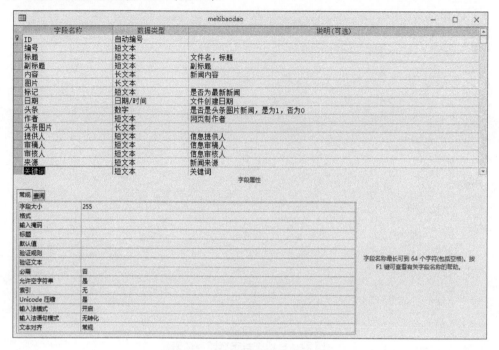

图24 媒体报道模块数据结构

附　录

专利及著作权证书

证书号第2315539号

发明专利证书

发明名称：一种盐碱地粘质土壤田间盐分调控方法

发明人：张国新；王秀萍；刘雅辉；鲁雪林；李强；李可晔；孙宝泉
张晓东；郝桂琴

专利号：ZL 2015 1 0053452.0

专利申请日：2015年02月02日

专利权人：河北省农林科学院滨海农业研究所

授权公告日：2016年12月21日

本发明经过本局依照中华人民共和国专利法进行审查，决定授予专利权，颁发本证书并在专利登记簿上予以登记。专利权自授权公告之日起生效。

本专利的专利权期限为二十年，自申请日起算。专利权人应当依照专利法及其实施细则规定缴纳年费。本专利的年费应当在每年02月02日前缴纳。未按照规定缴纳年费的，专利权自应当缴纳年费期满之日起终止。

专利证书记载专利权登记时的法律状况。专利权的转移、质押、无效、终止、恢复和专利权人的姓名或名称、国籍、地址变更等事项记载在专利登记簿上。

局长
申长雨

第1页（共1页）

证书号第2979101号

发明专利证书

发明名称：盐地碱蓬-苜蓿-玉米梯次种植治理淤泥质滨海滩涂的方法

发明人：王秀萍；刘雅辉；鲁雪林；张国新；姚玉涛；孙建平；王婷婷

专利号：ZL 2016 1 0585408.9

专利申请日：2016年07月25日

专利权人：河北省农林科学院滨海农业研究所

地址：063200 河北省唐山市曹妃甸区唐海镇滨海大街东段

授权公告日：2018年06月29日　　授权公告号：CN 106211846 B

本发明经过本局依照中华人民共和国专利法进行审查，决定授予专利权，颁发本证书并在专利登记簿上予以登记。专利权自授权公告之日起生效。

本专利的专利权期限为二十年，自申请日起算。专利权人应当依照专利法及其实施细则规定缴纳年费。本专利的年费应当在每年07月25日前缴纳。未按照规定缴纳年费的，专利权自应当缴纳年费期满之日起终止。

专利证书记载专利权登记时的法律状况。专利权的转移、质押、无效、终止、恢复和专利权人的姓名或名称、国籍、地址变更等事项记载在专利登记簿上。

局长
申长雨

第1页（共1页）

证书号第2492480号

发明专利证书

发明名称：一种棉田土壤耕层重构及其配套栽培方法

发明人：王树林；祁虹；林永增；王燕；张谦；冯国艺；梁青龙

专利号：ZL 2016 1 0070374.X

专利申请日：2016年02月02日

专利权人：河北省农林科学院棉花研究所

授权公告日：2017年05月24日

本发明经过本局依照中华人民共和国专利法进行审查，决定授予专利权，颁发本证书并在专利登记簿上予以登记。专利权自授权公告之日起生效。

本专利的专利权期限为二十年，自申请日起算。专利权人应当依照专利法及其实施细则规定缴纳年费。本专利的年费应当在每年02月02日前缴纳。未按照规定缴纳年费的，专利权自应当缴纳年费期满之日起终止。

专利证书记载专利权登记时的法律状况。专利权的转移、质押、无效、终止、恢复和专利权人的姓名或名称、国籍、地址变更等事项记载在专利登记簿上。

局长
申长雨

第1页（共1页）

证书号第2017986号

发明专利证书

发明名称：一种秸秆粉碎清理免耕精量玉米播种机

发明人：籍俊杰；冯晓静；李谦；梁双波；贾秀领；吕丽华；张经廷
赵建民；张峰；杨梦龙；李磊；孙海军；董志萍

专利号：ZL 2014 1 0798232.6

专利申请日：2014年12月19日

专利权人：河北省农林科学院粮油作物研究所

授权公告日：2016年04月06日

本发明经过本局依照中华人民共和国专利法进行审查，决定授予专利权，颁发本证书并在专利登记簿上予以登记。专利权自授权公告之日起生效。

本专利的专利权期限为二十年，自申请日起算。专利权人应当依照专利法及其实施细则规定缴纳年费。本专利的年费应当在每年12月19日前缴纳。未按照规定缴纳年费的，专利权自应当缴纳年费期满之日起终止。

专利证书记载专利权登记时的法律状况。专利权的转移、质押、无效、终止、恢复和专利权人的姓名或名称、国籍、地址变更等事项记载在专利登记簿上。

局长
申长雨

第1页（共1页）

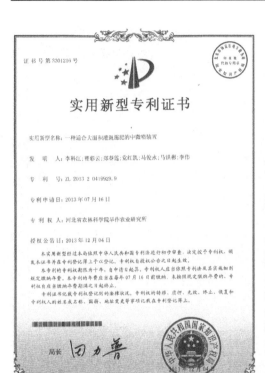

证书号 第3945944号

实用新型专利证书

实用新型名称：起垄覆膜机

发 明 人：徐玉鹏;四旭东;林长青;王秀领;肖宇;岳明强;刘振敏

专 利 号：ZL 2014 2 0278493.0

专利申请日：2014 年 05 月 29 日

专 利 权 人：沧州市农林科学院

授权公告日：2014 年 12 月 03 日

　　本实用新型经本局依照中华人民共和国专利法进行初步审查，决定授予专利权，颁发本证书并在专利登记簿上予以登记。专利权自授权公告之日起生效。

　　本专利权的期限为十年，自申请日起算。专利权人应当依照专利法及其实施细则规定缴纳年费。本专利的年费应当在每年 05 月 29 日前缴纳。未按照规定缴纳年费的，专利权自应当缴纳年费期满之日起终止。

　　专利证书记载专利权登记时的法律状况。专利权的转移、质押、无效、终止、恢复和专利权人的姓名或名称、国籍、地址变更等事项记载在专利登记簿上。

局长
申长雨　　申长雨

第 1 页 (共 1 页)

证书号 第4145208号

实用新型专利证书

实用新型名称：可伸缩护苗挡板

发 明 人：李伟明;王树林;刘文艺;祁虹;张谦;冯国艺;林永增;任景河

专 利 号：ZL 2014 2 0364879.8

专利申请日：2014 年 07 月 03 日

专 利 权 人：河北省农林科学院棉花研究所;曲周县银絮棉花种植专业合作社;曲周县农牧局

授权公告日：2015 年 02 月 25 日

　　本实用新型经本局依照中华人民共和国专利法进行初步审查，决定授予专利权，颁发本证书并在专利登记簿上登记。专利权自授权公告之日起生效。

　　本专利权的期限为十年，自申请日起算。专利权人应当依照专利法及其实施细则规定缴纳年费。本专利的年费应当在每年 07 月 03 日前缴纳。未按照规定缴纳年费的，专利权自应当缴纳年费期满之日起终止。

　　专利证书记载专利权登记时的法律状况。专利权的转移、质押、无效、终止、恢复和专利权人的姓名或名称、国籍、地址变更等事项记载在专利登记簿上。

局长
申长雨　　申长雨

第 1 页 (共 1 页)

证书号 第4241029号

实用新型专利证书

实用新型名称：一种可调式拢禾装置

发 明 人：王树林;祁虹;刘文艺;张谦;冯文艺;林永增;李伟明;任景河

专 利 号：ZL 2014 2 0680608.9

专利申请日：2014 年 11 月 14 日

专 利 权 人：河北省农林科学院棉花研究所;曲周县银絮棉花种植专业合作社;曲周县农牧局

授权公告日：2015 年 04 月 01 日

　　本实用新型经过本局依照中华人民共和国专利法进行初步审查，决定授予专利权，颁发本证书并在专利登记簿上予以登记。专利权自授权公告之日起生效。

　　本专利权的期限为十年，自申请日起算。专利权人应当依照专利法及其实施细则规定缴纳年费。本专利的年费应当在每年 11 月 14 日前缴纳。未按照规定缴纳年费的，专利权自应当缴纳年费期满之日起终止。

　　专利证书记载专利权登记时的法律状况，专利权的转移、质押、无效、终止、恢复和专利权人的姓名或名称、国籍、地址变更等事项记载在专利登记簿上。

局长
申长雨　　申长雨

第 1 页 (共 1 页)

证书号 第4240427号

实用新型专利证书

实用新型名称：起苗施肥旋耕覆膜除草一体机

发 明 人：徐玉鹏;四旭东;陈萍文;孔德平;肖宇;冉松吉;刘艳坤

专 利 号：ZL 2014 2 0272073.1

专利申请日：2014 年 05 月 27 日

专 利 权 人：沧州市农林科学院

授权公告日：2015 年 04 月 15 日

　　本实用新型经过本局依照中华人民共和国专利法进行初步审查，决定授予专利权，颁发本证书并在专利登记簿上予以登记。专利权自授权公告之日起生效。

　　本专利权的期限为十年，自申请日起算。专利权人应当依照专利法及其实施细则规定缴纳年费。本专利的年费应当在每年 05 月 27 日前缴纳。未按照规定缴纳年费的，专利权自应当缴纳年费期满之日起终止。

　　专利证书记载专利权登记时的法律状况，专利权的转移、质押、无效、终止、恢复和专利权人的姓名或名称、国籍、地址变更等事项记载在专利登记簿上。

局长
申长雨　　申长雨

第 1 页 (共 1 页)

证书号第4673513号

实用新型专利证书

实用新型名称：一种土壤水分张力计

发　明　人：李科江；曹彩云；党红凯；郭丽；马俊永；郑春莲

专　利　号：ZL 2015 2 0437813.7

专利申请日：2015年06月24日

专　利　权　人：河北省农林科学院旱作农业研究所

授权公告日：2015年10月14日

本实用新型经过本局依照中华人民共和国专利法进行初步审查，决定授予专利权，颁发本证书并在专利登记簿上予以登记，专利权自授权公告之日起生效。

本专利的专利权期限为十年，自申请日起算。专利权人应当依照专利法及其实施细则规定缴纳年费。本专利的年费应当在每年06月24日前缴纳。未按照规定缴纳年费的，专利权应自应当缴纳年费期满之日起终止。

专利证书记载专利权登记时的法律状况。专利权的转移、质押、无效、终止、恢复和专利权人的姓名或名称、国籍、地址变更等事项记载在专利登记簿上。

局长　申长雨

第1页（共1页）

证书号第5147750号

实用新型专利证书

实用新型名称：氧压强度可调型镇压器

发　明　人：党红凯；曹彩云；郑春莲；李科江；马俊永；郭丽；李伟；马洪彬

专　利　号：ZL 2015 2 1017837.3

专利申请日：2015年12月10日

专　利　权　人：马洪彬；河北省农林科学院旱作农业研究所

授权公告日：2016年04月20日

本实用新型经过本局依照中华人民共和国专利法进行初步审查，决定授予专利权，颁发本证书并在专利登记簿上予以登记，专利权自授权公告之日起生效。

本专利的专利权期限为十年，自申请日起算。专利权人应当依照专利法及其实施细则规定缴纳年费。本专利的年费应当在每年12月10日前缴纳。未按照规定缴纳年费的，专利权应自应当缴纳年费期满之日起终止。

专利证书记载专利权登记时的法律状况。专利权的转移、质押、无效、终止、恢复和专利权人的姓名或名称、国籍、地址变更等事项记载在专利登记簿上。

局长　申长雨

第1页（共1页）

中华人民共和国国家知识产权局
STATE INTELLECTUAL PROPERTY OFFICE
OF THE PEOPLE'S REPUBLIC OF CHINA

专利登记簿副本

专利号：ZL201520512956.X　　　　证书号：4897361

I 著录项目

实用新型名称：一种谷子微渗铺膜覆上精量穴播机

申　请　日：2015年07月15日

授　权　日：2015年12月30日

主分类号：A01B 49/06 (2006.01)

发　明　人：赵明、李顺国、夏雪岩、刘猛、陈其鲜、裴云峰、刘志刚、张润生、赵伟

专利权人：定西市三牛农机制造有限公司

专利权人地址：甘肃省定西市安定区巉口镇巉口村西街社19号

专利权人邮政编码：743000

国籍或注册的国家或地区：中国

专利权人：河北省农林科学院谷子研究所

专利权人地址：河北省石家庄市东开发区恒山街162号

专利权人邮政编码：050000

国籍或注册的国家或地区：中国

II 法律状态

专利权有效

III 其他登记事项

中华人民共和国国家知识产权局
2016年05月11日

第1页　共3页

证书号第5293375号

实用新型专利证书

实用新型名称：农药混配罐

发　明　人：王树林；任晓瑞；刘文艺；祁虹；王燕；张谦；冯国艺；林永增；任景河

专　利　号：ZL 2016 2 0048787.3

专利申请日：2016年01月19日

专　利　权　人：河北省农林科学院棉花研究所；曲周县银絮棉花种植专业合作社；曲周县农牧局

授权公告日：2016年06月15日

本实用新型经过本局依照中华人民共和国专利法进行初步审查，决定授予专利权，颁发本证书并在专利登记簿上予以登记，专利权自授权公告之日起生效。

本专利的专利权期限为十年，自申请日起算。专利权人应当依照专利法及其实施细则规定缴纳年费。本专利的年费应当在每年01月19日前缴纳。未按照规定缴纳年费的，专利权应自应当缴纳年费期满之日起终止。

专利证书记载专利权登记时的法律状况。专利权的转移、质押、无效、终止、恢复和专利权人的姓名或名称、国籍、地址变更等事项记载在专利登记簿上。

局长　申长雨

第1页（共1页）

证书号第5350897号

实用新型专利证书

实用新型名称：旋转式深耕犁

发　明　人：王树林；祁虹；林永增；王燕；张谦；冯国艺；梁青龙

专　利　号：ZL 2016 2 0103412.2

专利申请日：2016年02月02日

专　利　权　人：河北省农林科学院棉花研究所

授权公告日：2016年07月06日

　本实用新型经过本局依照中华人民共和国专利法进行初步审查，决定授予专利权，颁发本证书并在专利登记簿上予以登记。专利权自授权公告之日起生效。

　本专利的专利权期限为十年，自申请日起算。专利权人应当依照专利法及其实施细则规定缴纳年费。本专利的年费应当在每年02月02日前缴纳。未按照规定缴纳年费的，专利权自应当缴纳年费期满之日起终止。

　专利证书记载专利权登记时的法律状况。专利权的转移、质押、无效、终止、恢复和专利权人的姓名或名称、国籍、地址变更等事项记载在专利登记簿上。

局长
申长雨

第1页（共1页）

证书号第5395768号

实用新型专利证书

实用新型名称：盐碱地开沟起垄多功能棉花播种机

发　明　人：平文超；刘贞贞；张洪强；张忠波；李洪芹；孙玉英；柴卫东；刘永平；孙世军；馆向宁；刘毅；杨长青；徐晓丽；李洪民；王安路；钟如芬

专　利　号：ZL 2015 2 0927773.4

专利申请日：2015年11月20日

专　利　权　人：沧州市农林科学院

授权公告日：2016年08月03日

　本实用新型经过本局依照中华人民共和国专利法进行初步审查，决定授予专利权，颁发本证书并在专利登记簿上予以登记。专利权自授权公告之日起生效。

　本专利的专利权期限为十年，自申请日起算。专利权人应当依照专利法及其实施细则规定缴纳年费。本专利的年费应当在每年11月20日前缴纳。未按照规定缴纳年费的，专利权自应当缴纳年费期满之日起终止。

　专利证书记载专利权登记时的法律状况。专利权的转移、质押、无效、终止、恢复和专利权人的姓名或名称、国籍、地址变更等事项记载在专利登记簿上。

局长
申长雨

第1页（共1页）

证书号第5421579号

实用新型专利证书

实用新型名称：追施水溶肥机

发　明　人：阎旭东；孙世军；陈普义；肖宇；刘震；徐玉鹏

专　利　号：ZL 2016 2 0161800.6

专利申请日：2016年03月03日

专　利　权　人：沧州市农林科学院；孙世军

授权公告日：2016年08月10日

　本实用新型经过本局依照中华人民共和国专利法进行初步审查，决定授予专利权，颁发本证书并在专利登记簿上予以登记。专利权自授权公告之日起生效。

　本专利的专利权期限为十年，自申请日起算。专利权人应当依照专利法及其实施细则规定缴纳年费。本专利的年费应当在每年03月03日前缴纳。未按照规定缴纳年费的，专利权自应当缴纳年费期满之日起终止。

　专利证书记载专利权登记时的法律状况。专利权的转移、质押、无效、终止、恢复和专利权人的姓名或名称、国籍、地址变更等事项记载在专利登记簿上。

局长
申长雨

第1页（共1页）

证书号第5478397号

实用新型专利证书

实用新型名称：农作物试验水分蒸渗计量仪

发　明　人：党红凯；曹彩云；郑春莲；马俊永；李科江；李伟；郭丽；宋翠娣；马洪彬

专　利　号：ZL 2016 2 0312673.5

专利申请日：2016年04月14日

专　利　权　人：河北省农林科学院旱作农业研究所

授权公告日：2016年08月24日

　本实用新型经过本局依照中华人民共和国专利法进行初步审查，决定授予专利权，颁发本证书并在专利登记簿上予以登记。专利权自授权公告之日起生效。

　本专利的专利权期限为十年，自申请日起算。专利权人应当依照专利法及其实施细则规定缴纳年费。本专利的年费应当在每年04月14日前缴纳。未按照规定缴纳年费的，专利权自应当缴纳年费期满之日起终止。

　专利证书记载专利权登记时的法律状况。专利权的转移、质押、无效、终止、恢复和专利权人的姓名或名称、国籍、地址变更等事项记载在专利登记簿上。

局长
申长雨

第1页（共1页）

证书号第5707334号

实用新型专利证书

实用新型名称：一种地膜覆盖装置

发　明　人：宋世佳;刘猛;夏雪岩;李顺国;赵宇;任晓利;崔纪菡;刘斐;南春梅

专　利　号：ZL 2016 2 0662874.8

专利申请日：2016年06月29日

专　利　权　人：河北省农林科学院谷子研究所

授权公告日：2016年11月30日

本实用新型经过本局依照中华人民共和国专利法进行初步审查，决定授予专利权，颁发本证书并在专利登记簿上予以登记，专利权自授权公告之日起生效。

本专利的专利权期限为十年，自申请日起算。专利权人应当依照专利法及其实施细则规定缴纳年费。本专利的年费应当在每年06月29日前缴纳，未按照规定缴纳年费的，专利权自应当缴纳年费期满之日终止。

专利证书记载专利权登记时的法律状况，专利权的转移、质押、无效、终止、恢复和专利权人的姓名或名称、国籍、地址变更等事项记载在专利登记簿上。

局长
申长雨

第1页（共1页）

证书号第5747993号

实用新型专利证书

实用新型名称：完整植株或植株群体光合作用测定装置

发　明　人：宋世佳;李顺国;刘猛;任晓利;夏雪岩;崔纪菡;赵宇;刘斐;南春梅

专　利　号：ZL 2016 2 0761958.7

专利申请日：2016年07月19日

专　利　权　人：河北省农林科学院谷子研究所

授权公告日：2016年12月07日

本实用新型经过本局依照中华人民共和国专利法进行初步审查，决定授予专利权，颁发本证书并在专利登记簿上予以登记，专利权自授权公告之日起生效。

本专利的专利权期限为十年，自申请日起算。专利权人应当依照专利法及其实施细则规定缴纳年费。本专利的年费应当在每年07月19日前缴纳，未按照规定缴纳年费的，专利权自应当缴纳年费期满之日终止。

专利证书记载专利权登记时的法律状况，专利权的转移、质押、无效、终止、恢复和专利权人的姓名或名称、国籍、地址变更等事项记载在专利登记簿上。

局长
申长雨

第1页（共1页）

证书号第5771640号

实用新型专利证书

实用新型名称：农作物穗部光合速率测试装置

发　明　人：宋世佳;夏雪岩;任晓利;刘猛;李顺国;赵宇;崔纪菡;刘斐;南春梅

专　利　号：ZL 2016 2 0761485.0

专利申请日：2016年07月19日

专　利　权　人：河北省农林科学院谷子研究所

授权公告日：2016年12月14日

本实用新型经过本局依照中华人民共和国专利法进行初步审查，决定授予专利权，颁发本证书并在专利登记簿上予以登记，专利权自授权公告之日起生效。

本专利的专利权期限为十年，自申请日起算。专利权人应当依照专利法及其实施细则规定缴纳年费。本专利的年费应当在每年07月19日前缴纳，未按照规定缴纳年费的，专利权自应当缴纳年费期满之日终止。

专利证书记载专利权登记时的法律状况，专利权的转移、质押、无效、终止、恢复和专利权人的姓名或名称、国籍、地址变更等事项记载在专利登记簿上。

局长
申长雨

第1页（共1页）

证书号第5823603号

实用新型专利证书

实用新型名称：一种工作深度可调的中耕机

发　明　人：杨志杰;夏雪岩;吴海岩;李顺国;焦海涛;刘猛;刘焕新;李宵鹏

专　利　号：ZL 2016 2 0868288.5

专利申请日：2016年08月11日

专　利　权　人：河北省农业机械化研究所有限公司
河北省农林科学院谷子研究所

授权公告日：2017年01月04日

本实用新型经过本局依照中华人民共和国专利法进行初步审查，决定授予专利权，颁发本证书并在专利登记簿上予以登记，专利权自授权公告之日起生效。

本专利的专利权期限为十年，自申请日起算。专利权人应当依照专利法及其实施细则规定缴纳年费。本专利的年费应当在每年08月11日前缴纳，未按照规定缴纳年费的，专利权自应当缴纳年费期满之日终止。

专利证书记载专利权登记时的法律状况，专利权的转移、质押、无效、终止、恢复和专利权人的姓名或名称、国籍、地址变更等事项记载在专利登记簿上。

局长
申长雨

第1页（共1页）

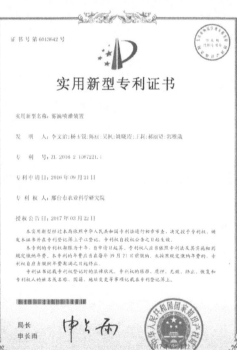

证书号第6104083号

实用新型专利证书

实用新型名称：一种微垄覆膜侧播种机

发　明　人：夏雪岩;李顺国;刘猛;陈爱民;杨志态;宋世佳

专　利　号：ZL 2016 2 0861697.6

专利申请日：2016 年 08 月 10 日

专　利　权：河北省农林科学院谷子研究所

授权公告日：2017 年 04 月 26 日

本实用新型经过本局依照中华人民共和国专利法进行初步审查，决定授予专利权，颁发本证书并在专利登记簿上予以登记。专利权自授权公告之日起生效。

本专利的专利权期限为十年，自申请日起算。专利权人应当依照专利法及其实施细则规定缴纳年费。本专利的年费应当在每年 08 月 10 日前缴纳，未按照规定缴纳年费的，专利权自应当缴纳年费期满之日起终止。

专利证书记载专利权登记时的法律状况。专利权的转移、质押、无效、终止、恢复和专利权人的姓名或名称、国籍、地址变更等事项记载在专利登记簿上。

局长
申长雨

第 1 页（共 1 页）

证书号第6171049号

实用新型专利证书

实用新型名称：一种折叠式谷田中耕除草装置

发　明　人：李顺国;夏雪岩;刘猛;宋世佳;崔纪菡;任晓利;赵宇;刘斐;南存梅

专　利　号：ZL 2016 2 0861627.0

专利申请日：2016 年 08 月 10 日

专　利　权：河北省农林科学院谷子研究所

授权公告日：2017 年 05 月 24 日

本实用新型经过本局依照中华人民共和国专利法进行初步审查，决定授予专利权，颁发本证书并在专利登记簿上予以登记。专利权自授权公告之日起生效。

本专利的专利权期限为十年，自申请日起算。专利权人应当依照专利法及其实施细则规定缴纳年费。本专利的年费应当在每年 08 月 10 日前缴纳，未按照规定缴纳年费的，专利权自应当缴纳年费期满之日起终止。

专利证书记载专利权登记时的法律状况。专利权的转移、质押、无效、终止、恢复和专利权人的姓名或名称、国籍、地址变更等事项记载在专利登记簿上。

局长
申长雨

第 1 页（共 1 页）

证书号第6213656号

实用新型专利证书

实用新型名称：一种轮式谷田中耕除草装置

发　明　人：夏雪岩;李顺国;宋世佳;刘猛;任晓利;崔纪菡;赵宇;刘斐;南存梅

专　利　号：ZL 2016 2 0862156.5

专利申请日：2016 年 08 月 10 日

专　利　权：河北省农林科学院谷子研究所

授权公告日：2017 年 06 月 09 日

本实用新型经过本局依照中华人民共和国专利法进行初步审查，决定授予专利权，颁发本证书并在专利登记簿上予以登记。专利权自授权公告之日起生效。

本专利的专利权期限为十年，自申请日起算。专利权人应当依照专利法及其实施细则规定缴纳年费。本专利的年费应当在每年 08 月 10 日前缴纳，未按照规定缴纳年费的，专利权自应当缴纳年费期满之日起终止。

专利证书记载专利权登记时的法律状况。专利权的转移、质押、无效、终止、恢复和专利权人的姓名或名称、国籍、地址变更等事项记载在专利登记簿上。

局长
申长雨

第 1 页（共 1 页）

证书号第6255230号

实用新型专利证书

实用新型名称：一种耙式残膜回收机

发　明　人：李顺国;夏雪岩;杨志杰;刘猛;吴海岩;宋世佳;朱海军

专　利　号：ZL 2016 2 1421232.5

专利申请日：2016 年 12 月 23 日

专　利　权　人：河北省农林科学院谷子研究所
河北省农业机械化研究所有限公司
武安市科源种植有限公司

授权公告日：2017 年 06 月 27 日

本实用新型经过本局依照中华人民共和国专利法进行初步审查，决定授予专利权，颁发本证书并在专利登记簿上予以登记。专利权自授权公告之日起生效。

本专利的专利权期限为十年，自申请日起算。专利权人应当依照专利法及其实施细则规定缴纳年费。本专利的年费应当在每年 12 月 23 日前缴纳，未按照规定缴纳年费的，专利权自应当缴纳年费期满之日起终止。

专利证书记载专利权登记时的法律状况。专利权的转移、质押、无效、终止、恢复和专利权人的姓名或名称、国籍、地址变更等事项记载在专利登记簿上。

局长
申长雨

第 1 页（共 1 页）

证书号第6501855号

实用新型专利证书

实用新型名称：一种新能源农田驱鸟装置

发　明　人：李文治；姚晓霞；郭计欣；吴枫；杨玉锐；郭雅薇；陈丽；王莉
　　　　　　郝丽贤；李真；刘小民

专　利　号：ZL 2017 2 0107951.8

专利申请日：2017年02月04日

专　利　权　人：邢台市农业科学研究院

授权公告日：2017年09月29日

　　本实用新型经过本局依照中华人民共和国专利法进行初步审查，决定授予专利权，颁发本证书并在专利登记簿上予以登记。专利权自授权公告之日起生效。

　　本专利的专利权期限为十年，自申请日起算。专利权人应当依照专利法及其实施细则规定缴纳年费。本专利的年费应当在每年02月04日前缴纳。未按照规定缴纳年费的，专利权自应当缴纳年费期满之日起终止。

　　专利证书记载专利权登记时的法律状况。专利权的转移、质押、无效、终止、恢复和专利权人的姓名或名称、国籍、地址变更等事项记载在专利登记簿上。

局长
申长雨

第1页（共1页）

证书号第6575695号

实用新型专利证书

实用新型名称：农田碎土镇压平整器

发　明　人：冯国艺；刘金诚；梁青龙；张谦；雷晓鹏；王树林；祁虹；王燕
　　　　　　杜海英；林永增

专　利　号：ZL 2017 2 0257125.1

专利申请日：2017年03月16日

专利权人：河北省农林科学院棉花研究所（河北省农林科学院特种经
　　　　　济作物研究所）
　　　　　海兴县建筑工程质量安全监督站

授权公告日：2017年10月31日

　　本实用新型经过本局依照中华人民共和国专利法进行初步审查，决定授予专利权。颁发本证书并在专利登记簿上予以登记，专利权自授权公告之日起生效。

　　本专利的专利权期限为十年，自申请日起算。专利权人应当依照专利法及其实施细则规定缴纳年费。本专利的年费应当在每年03月16日缴纳。未按照规定缴纳年费的，专利权自应当缴纳年费期满之日起终止。

　　专利证书记载专利权登记时的法律状况。专利权的转移、质押、无效、终止、恢复与专利权人的姓名或名称、国籍、地址变更等事项记载在专利登记簿上。

局长
申长雨

第1页（共1页）

证书号第7396619号

实用新型专利证书

实用新型名称：农田环境监测系统

发　明　人：陈丽；李文治；杨玉锐；姚晓霞；吴枫；王莉；郭雅薇；李真
　　　　　　郝丽贤

专　利　号：ZL 2017 2 1264696.4

专利申请日：2017年09月29日

专　利　权　人：邢台市农业科学研究院

地　　　址：054000 河北省邢台市莲池大街699号

授权公告日：2018年05月25日　　授权公告号：CN 207408396 U

　　本实用新型经过本局依照中华人民共和国专利法进行初步审查，决定授予专利权，颁发本证书并在专利登记簿上予以登记，专利权自授权公告之日起生效。

　　本实用新型的专利权期限为十年，自申请日起算。专利权人应当依照专利法及其实施细则规定缴纳年费。本专利的年费应当在每年09月29日前缴纳。未按照规定缴纳年费的，专利权自应当缴纳年费期满之日起终止。

　　专利证书记载专利权登记时的法律状况。专利权的转移、质押、无效、终止、恢复和专利权人的姓名或名称、国籍、地址变更等事项记载在专利登记簿上。

局长
申长雨

第1页（共1页）

证书号第7133748号

实用新型专利证书

实用新型名称：便捷移动施肥装置及方便撒运的送肥系统

发　明　人：杨玉锐；李文治；陈丽；吴枫；姚晓霞；王莉；郝丽贤；郭雅薇

专　利　号：ZL 2017 2 1210242.9

专利申请日：2017年09月21日

专　利　权　人：邢台市农业科学研究院

授权公告日：2018年03月30日

　　本实用新型经过本局依照中华人民共和国专利法进行初步审查，决定授予专利权，颁发本证书并在专利登记簿上予以登记，专利权自授权公告之日起生效。

　　本专利的专利权期限为十年，自申请日起算。专利权人应当依照专利法及其实施细则规定缴纳年费。本专利的年费应当在每年09月21日前缴纳。未按照规定缴纳年费的，专利权自应当缴纳年费期满之日起终止。

　　专利证书记载专利权登记时的法律状况。专利权的转移、质押、无效、终止、恢复和专利权人的姓名或名称、国籍、地址变更等事项记载在专利登记簿上。

局长
申长雨

第1页（共1页）

中华人民共和国国家版权局

计算机软件著作权登记证书

证书号：软著登字第2035625号

软 件 名 称：盐碱地谷子滴灌系统
V1.0

著 作 权 人：河北省农林科学院谷子研究所;宋世佳;李海山;李顺国;夏雪岩;刘猛;任晓利;崔纪菡;赵宇;魏志敏;刘斐;南春梅

开发完成日期：2016年12月08日

首次发表日期：未发表

权利取得方式：原始取得

权 利 范 围：全部权利

登 记 号：2017SR450541

根据《计算机软件保护条例》和《计算机软件著作权登记办法》的规定，经中国版权保护中心审核，对以上事项予以登记。

No. 01900376　副本　2017年08月15日

中华人民共和国国家版权局

计算机软件著作权登记证书

证书号：软著登字第2167798号

软 件 名 称：渤海粮仓科技示范工程信息服务系统
V1.0

著 作 权 人：河北省农林科学院农业信息与经济研究所

开发完成日期：2015年08月13日

首次发表日期：2016年08月13日

权利取得方式：原始取得

权 利 范 围：全部权利

登 记 号：2017SR582514

根据《计算机软件保护条例》和《计算机软件著作权登记办法》的规定，经中国版权保护中心审核，对以上事项予以登记。

No. 02045016　2017年10月24日